东西南北中

2017 全国城乡规划专业五校研究生设计课程作品集

苏州科技大学

西南交通大学

华侨大学 编

北京建筑大学

武汉大学

中国建筑工业出版社

图书在版编目（CIP）数据

东西南北中 2017全国城乡规划专业五校研究生设计课程作品集/苏州科技大学等编.—北京：中国建筑工业出版社，2018.8

ISBN 978-7-112-22529-3

Ⅰ.①东… Ⅱ.①苏… Ⅲ.①城乡规划–设计–作品集–中国–现代 Ⅳ.①TU984.2

中国版本图书馆CIP数据核字（2018）第179652号

责任编辑：杨 虹 周 觅
责任校对：王 瑞

东西南北中
2017全国城乡规划专业五校研究生设计课程作品集

苏州科技大学
西南交通大学
华侨大学 编
北京建筑大学
武汉大学
＊
中国建筑工业出版社出版、发行（北京海淀三里河路9号）
各地新华书店、建筑书店经销
北京雅盈中佳图文设计公司制版
北京富诚彩色印刷有限公司印刷
＊
开本：880×1230毫米 1/16 印张：$9^3/_4$ 字数：298千字
2018年9月第一版 2018年9月第一次印刷
定价：**88.00**元
ISBN 978-7-112-22529-3
　　　（32604）

东·苏州科技大学

西·西南交通大学

南·华侨大学

北·北京建筑大学

中·武汉大学

目录 CONTENTS

序言 *PREFACE*

　　城乡规划高等教育肩负着为我国现代城乡规划体系建设和可持续人居环境发展提供人才支撑的历史重任。随着城乡规划改革的不断深入，城乡规划人才培养的理念、模式、内容、方法等都在发生巨大变革，高校间的联合教学和交流蓬勃发展，日益深入，尤其是本科阶段不同形式、不同类型的联合设计教学方兴未艾，大大促进了本科人才培养质量的提高，而硕士研究生阶段课程教学的校际合作与交流相对较少，各院校在研究生培养目标、培养方向、教学内容、教学组织和实施改革中的丰富经验宣传示范不足，面临的困难和疑惑共商、协同有限，一定程度上制约了人才培养改革的深入和学科发展。

　　因此，为了搭建一个相互交流研讨的平台，提高相关院校城乡规划硕士研究生的培养水平，由地处祖国东西南北中的苏州科技大学、西南交通大学、华侨大学、北京建筑大学、武汉大学等五所志同道合的规划院校共同商定并发起，于 2017 年 12 月在苏州举办了首届"东西南北中——五校城乡规划硕士研究生设计课程教学"研讨会，苏州规划设计研究院股份有限公司、江苏省城镇与乡村规划设计院等两个江苏省研究生工作站的代表也参加了研讨会。会议以研究生阶段的设计类课程教学为主题展开深入讨论，同步开展了各校研究生设计课程的成果交流。研讨和交流显示，设计类课程的教学依然是我国当今城乡规划硕士研究生培养的主要环节之一，也是近年来各院校教学内容、教学方法改革的重要领域，各校特点突出、差异明显。大家一致同意搭建一个城乡规划硕士研究生设计类课程教学的交流平台、建立一个长期联系与互动的机制，并就具体的联合形式、主题、成果推广等议题达成了广泛的共识。本书正是这次研讨会的重要成果之一。

序言 PREFACE

　　从本次出版的成果来看，各校在硕士研究生阶段规划设计类课程的教学上具有明显特点：首先，规划设计类课程的性质与教学组织方式有差异，例如武汉大学的设计作业成果是作为《人居环境科学理论与实践》中的课程任务来完成的，而其他四校均是作为独立的设计课程进行。其次，课程选题范围十分广泛，既有城市设计、乡村规划、保护规划，也有规划评估、社区更新或专项研究，集中反映了当前城市发展和乡村振兴战略中的热点和重点领域。第三，相较于本科阶段的设计教学，规划研究占有很大的比重，特别是注重新技术方法在调研分析阶段的应用，充分反映了研究性设计的特征，大大提升了研究生解决复杂问题的综合能力。

　　设计类课程教学是硕士研究生培养过程中的重要一环，本次五校共同完成的首次研讨和成果展示，是我们着力推进研究生培养改革、提高研究生培养质量的一种努力和尝试。东西南北中，不仅代表我们高校所在的地理方位，更反映了在国家转型发展过程中城乡规划人才培养面临问题的复杂性、多样性以及我们五校勇于共同迎接挑战、开展深入合作与交流的全面性、代表性。我们有理由相信并期待，五校对于硕士研究生设计课程教学的联合改革探索一定会更加深入、更加精彩！

高等学校城乡规划学科专业指导委员会委员
苏州科技大学建筑与城市规划学院教授
2018 年 7 月

苏州科技大学

指导教师：范凌云　彭　锐　于　淼　顿明明　周　静

东

苏州科技大学
SUZHOU UNIVERSITY OF SCIENCE
AND TECHNOLOGY

课程介绍

　　本学期研究生设计课以《苏州市高新区华通社区社区更新规划研究》为题，结合苏州市高新区真实项目"真题假做"，开展为期 16 周的课程设计。教学特色总结如下：

　　1. 在教学目标上，训练研究生从目标导向型设计方法，转向为问题导向型设计方法，自觉培养调查分析与综合思考的能力，积极主动地寻找基地内需要解决的问题与矛盾，提出具有针对性的设计对策，理论联系实际；

　　2. 在教学过程中，强调"设计的研究＋研究的设计"，训练研究生在规划设计领域中的理论研究与空间设计的协同能力，力求将理论、研究与实践相结合；

　　3. 在教学课题上，紧扣热点问题，以"存量规划"时代为最大背景，扎根地方，将抽象的社会经济动力与具体的物质空间操作相结合，选取特定区域开展城市更新，以学校所在城市的真实课题为寄托；

　　4. 在教学组织上，采取混合分组的方式，将不同师门、不同方向、不同专业同学混编组成设计小组，加强交流合作，发挥不同专业背景的特长优势，培养协同规划的能力；

　　5. 在教学评价上，引入"第三方多元化评估"机制，由来自地方规划院、开发商、其他高校和地方规划管理部门的专家组成评审团，进行中期和终期答辩和模拟评审。

　　通过本课程训练，学生基本掌握了包括规划设计工具准备、规划设计过程控制、设计研究方法及设计总结与理论提炼等方面的基本技能。初步具备了对于城市的观察、解读能力和分析具体问题的能力，提高了理论知识的学习和运用能力，增强了研究问题、提出策略的能力，城乡规划与设计的成果表达能力也得到了进一步提高。

苏州市高新区华通社区社区更新规划研究
RESEARCH ON SUZHOU HUATONG COMMUNITY RENEWAL PLANNING

选题与任务书

课程名称

规划设计与分析（一）。本次课程设计的题目为：苏州市高新区华通社区社区更新规划研究。

课程背景

（1）存量时代的到来。截至2013年，我国城镇化率已经超过了50%，进入了新型城镇化阶段。城市规划手段由增量开发向存量挖潜转变，由新城建设向城市更新转变。

（2）中央城市工作会议提出"提高城市建设发展的宜居性"已成为当今城市工作的六大任务之一。

（3）十八大以来，习近平总书记多次提出了要增强人民群众的获得感。"获得感"来自日渐丰厚的收入、来自不断完善的制度保障、来自更加美好的生活、来自充分选择的机会、来自不断接近的梦想。经过改革开放近四十年的发展，我国社会生产力水平明显提高；人民生活显著改善，对美好生活的向往更加强烈，人民群众的需要呈现多样化、多层次、多方面的特点，期盼有更好的教育、更稳定的工作、更满意的收入、更可靠的社会保障、更高水平的医疗卫生服务、更舒适的居住条件、更优美的环境、更丰富的精神文化生活。

基地条件

（1）规划范围东、北至华金路，南沿通浒路，西至中、西唐路。规划范围内共包含五个分区。

（2）华通社区地处苏州市高新区北部、通安镇东部，其中1—5区占地面积约为152.3ha。社区交通便捷，位于绕城高速和沪霍线之间，依通浒路而建，至新区中心驾车约需25分钟。华通社区目前是苏州市占地面积最大、居住人口最多的新型"组团式"农民动迁社区。

教学目的

通过本课程，训练研究生在规划设计领域中的理论与设计的协同能力，包括规划设计工具准备、规划设计过程控制、设计研究方法及设计总结与理论提炼等方面的基本技能，力求将理论、研究与实践相结合。

教学要求

在教学过程中，学生应训练从目标导向型设计方法，转向为问题导向型设计方法，自觉培养调查分析与综合思考的能力，积极主动，理论联系实际。设计成果既要创新又要严谨求实。具体要求做到以下几方面：

（1）提高对于城市（乡村）的观察、解读能力和分析具体问题的能力，不仅需要了解城市总体发展的背景，而且也要掌握地区发展的历史及现状特征。

（2）提高理论知识的学习和运用能力，提高理论修养及判断分析问题的水平。

（3）提高研究问题、提出策略的能力，提高将抽象的社会经济动力与具体的物质空间操作相结合考虑的能力。

（4）提高城乡规划与设计的成果表达能力，学习如何通过图形、文字相配合等手段来表达抽象的思考过程及最终的规划意图。

主要内容

（1）对基地未来发展进行定位功能研究和项目策划，并提出规划设计策略。

（2）分析基地发展的困境和问题，明确解决方向，并进行设计研究。

（3）提出规划设计方案并给予阐述分析。

（4）结合设计方案进行理论提炼与总结。

规划要求

（1）规划设计应在《苏州市城市总体规划（2011—2020年）》和《苏州高新区（虎丘区）城乡一体化暨分区规划（2009—2030年）》的指导下，延续与挖掘农民安置社区原有的乡村文化与如今的城市文化，探索农民安置社区困境的出路。

（2）规划设计应注重传统乡村文化的融合，保持和延续现有的社区格局，同时从不同角度考虑，提升社区居住品质。

（3）规划应注重激发社区整体活力，通过分析提出合理的社区更新模式与发展措施策略。

（4）在规划方案的基础上，明确功能结构、交通组织、公共服务设施分布、景观体系及公共空间组织与改造措施，并为规划管理提供可操作的控制和引导依据。

设计成果提交形式

（1）工作过程以手绘草图形式交流讨论。

（2）中期考核与期末考核以PPT形式讨论交流。

（3）设计成果形式不限，以表述清晰为准。

（4）设计成果包括A3文本、A1图纸和A4提案。

指导老师：范凌云、彭　锐、于　淼、顿明明、周　静
参与同学：17级城乡规划学术型硕士研究生
17级城市规划专业型硕士研究生

基于行为需求和人本导向的全民友好型社区研究

——华通社区更新规划设计

Study of All People - Friendly Community Based on the Behavioral Needs and People - Oriented Theory

I · LOCAL

01 背景与现状

■ 社区更新背景

新发展理念　人口市民化　改善民生　乡村振兴

● 十九大：

①坚定不移贯彻新发展理念，坚持人与自然和谐共生。

②实施乡村振兴战略，建立健全城乡融合发展体制机制和政策体系。

③实施区域协调发展战略，以城市群为主体构建大中小城市和小城镇协调发展的城镇格局，加快农业转移人口市民化。

④提高保障和改善民生水平，加强和创新社会治理。

解读：十九大强调了随着城镇化水平的提高，"新城市人"的市民化问题凸显，集中社区作为容纳安置人口的特殊住区，社区更新研究是改善民生、使安置人口更好融入城市的途径和保障。

■ 社区更新——以最小的动静对抗社区衰朽

定义：主要是针对城市中旧有社区进行的多方面的综合整治工程，是城市更新的重要组成部分。

目的：通过先进的规划理念、有效的沟通协调和完善的实施保障，来解决原有社区规划中资源分配不均、缺乏人性化关怀、不能满足居住需求等方面的问题，是基于原有社区规划基础的一次再提升规划设计。"社区"不仅是人们生活的实体，更是乡愁和记忆的载体。

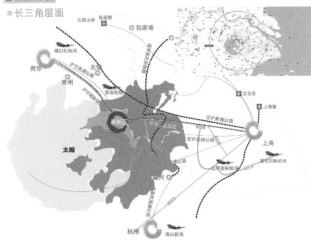

■ 上位规划

● 苏州市层面

《苏州市城市总体规划（2011—2020年）》
"一心两区两片"的"T形"城市空间结构
一心：苏州古城为核心，老城为主体组成的城市中心区；
两区：即高新区城区和工业园区城区；
两片：为相城片和吴中片。

通安镇
定位：工业商贸镇
策略：依托自身产业基础，适当发展工业和商贸业，提高产业准入门槛，推进产业升级换代；提高城镇建设标准；完善与中心城区的交通联系。

● 高新区层面

《苏州高新区（虎丘区）城乡一体化暨分区规划（2009—2030年）》
"一核两轴三心六片"
一核：以阳山森林公园为核心；
两轴：太湖大道发展主轴：是新区"二次创业"的活力之轴；京杭运河发展主轴；
三心：浒通片区中心、科技城片区中心、狮山城市中心；
六片：包括狮山片区、浒通片区、横塘片区、科技城片区、湖滨片区（苏州西部生态城）、阳山片区。
通安镇
定位：现代产居主题片区
策略：位于浒通组团，处于浒通片区中心、科技城片区中心和阳山主核形成的三角核心区域，应借助片区中心辐射作用，挖掘自身发展潜力。

● 通安镇层面

《苏州市通安镇总体规划（2010—2030年）》

"一轴、两区、两心、七组团"

一轴：指昆仑路和通浒路发展主轴；
两区：两大片区，即西侧的生态城组团和以东的城镇功能区；
两心：环阳山片区内山体及周边景观形成的绿核；生态城内230省道以西众多山体组成的绿核；
七组团：两个居住组团、两个公共设施组团、一个工业组团、一个环太湖组团、一个阳山生态组团。

华通社区
策略：位于通浒路发展主轴上，西靠东侧城镇功能片区商业核心，南邻阳山绿核。在绿核和商业辐射的影响下，住区具有很大的吸引力，宜打造生态住区。

■ 区位分析

◉ 长三角层面

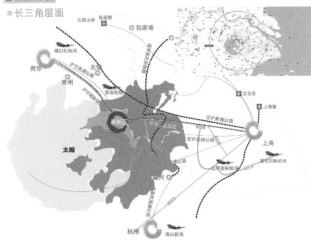

长江三角洲城市群是我国经济最具活力、开放程度最高、创新能力最强、吸纳外来人口最多的区域之一，是"一带一路"与长江经济带的重要交汇地带，在国家现代化建设大局和全方位开放格局中具有举足轻重的战略地位。华通社区位于长三角重要城市苏州西部，地理位置优越，交通便捷，而苏州市正处长江三角洲城市群有利区位中，位于苏锡常都市圈中，是国家历史文化名城和风景旅游城市，国家高新技术产业基地，同时处于沪宁杭发展带上，更与国际都市上海进行了功能上的有利对接与互动。

◉ 高新区层面

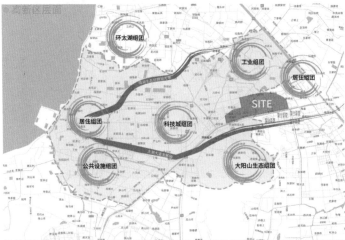

华通社区位于江苏省苏州市高新区通安镇东，依通浒路而建，交通便利，是苏州目前占地面积最大、居住人口最多的新型组团式农民动迁社区。
社区沿通浒路联系科技城组团、工业组团、大阳山生态组团，直接承担居住配套辐射功能。

基于行为需求和人本导向的
全民友好型社区研究 ——华通社区更新规划设计

Study of All People - Friendly Community Based on the Behavioral Needs and People - Oriented Theory

01 背景与现状

■ 基地概况

基地简图

华通社区地处苏州市高新区北部、通安镇东部，其中 1—5 区占地面积约为 152.3ha。
基地周围自然环境较好，南侧和东北角有大阳山生态公园和真山生态园作为苏州市重要的城市公园、自然生态文化展示中心。

交通现状分析图

华通花园是动迁社区，位于江苏省苏州市高新区通安镇东，依通浒路而建，设有 85 路、441 路、442 路、443 路、306 路等公交停靠站，交通十分便利，目前是苏州市占地面积最大、居住人口最多的新型"组团式"农民动迁社区。

土地利用分析图

土地利用以居住用地为主，同时为了配合居民的生活需求，配有商业、学校、社区服务中心等配套设施的用地。共分5个小区，5个居委会，总建筑面积 124 万平方米，绿化率达 36%，现有453 幢五层楼建筑，入住规模近 5 万人。目前已安排住户 8000 多户，人口 30000 多人，逐步实现农民散居向社区集中的目标。

■ 建筑现状分析

建筑高度分析图

建筑质感分析图

建筑分期时序

建筑肌理图

华通社区并未做做空间开合设计，空间肌理呈行列式均质分布。现有空间单调呆板，并且极易产生穿越交通干扰，缺乏空间变化以及景观节点营造。

■ 公共服务设施现状分析

公共服务设施现状分析图

教育设施分布图

华通幼儿园
华通路南、中庸路东
职工62人
学生538人
15班
占地9313㎡
建筑面积4470㎡

通安实验幼儿园
一区4号门入口处
职工71人
学生590人
17班
占地7985㎡
建筑面积5906㎡

通安中心小学
华通路北、东庸路东
职工170人
学生2060人
47班
占地31333㎡
建筑面积45376㎡

华通公共服务设施汇总表

社区广场等绿化景观严重缺乏，不能满足居民日常所需——社区内共有 4 处广场，面积均较小，且广场绿化不足，多为硬质铺装。路边绿化带多已遭到破坏，社区内无集中绿化观赏空间。
宅前的硬质铺装，使居民缺少宅前绿化所营造的半私密空间——宅前多为硬质铺装，宅间绿化带景观设置单一，草坪破坏严重。在一区和五区已经开始宅间停车位增加改造工程，取消宅间绿化，将宅间空地全部改为硬质铺装，划分停车位。
绿化以草坪为主，缺乏本土化景观——绿化空间单一，以草坪为主，缺乏本土性、特色性植物。

■ 景观系统分析

景观核点
商业节点
组团景观节点
生态景观节点

社区广场等绿化景观严重缺乏，不能满足居民日常所需——社区内共有 4 处广场，面积均较小，且广场绿化不足，多为硬质铺装。路边绿化带多已遭到破坏，社区内无集中绿化观赏空间。
宅前的硬质铺装，使居民缺少宅前绿化所营造的半私密空间——宅前多为硬质铺装，宅间绿化带景观设置单一，草坪破坏严重。在一区和五区已经开始宅间停车位增加改造工程，取消宅间绿化，将宅间空地全部为硬质铺装，划分停车位。
绿化以草坪为主，缺乏本土化景观——绿化空间单一，以草坪为主，缺乏本土性特色性植物。

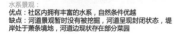

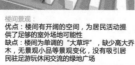

水系景观：
优点：社区内拥有丰富的水系，自然条件优越
缺点：河道景观暂时没有被挖掘，河道呈现封闭状态，堤岸处于萧条境地，河道边现状存在部分菜园

楼间景观：
优点：楼间有开阔的空间，为居民活动提供了足够的室外场地可能性
缺点：楼间为单调的"大草坪"，缺少高大乔木，无景观小品等景观变化，没有吸引居民驻足游玩休闲交流的绿地广场

宅前景观：
优点：宅前绿地面积多，空间开敞
缺点：宅前为硬质铺装，无入户路，未营造出归属感

■ 社区文化与产业

山 阳山文化
湖 太湖文化
河 大运河文化

茶 茶文化
王 吴王文化
绣 刺绣文化

刺绣

历史地位
苏绣是中国优秀的民族传统工艺之一，苏绣具有图案秀丽、构思巧妙、绣工细致、针法活泼、色彩清新的独特风格。2006年5月20日，苏绣经苏州刺绣厂第一批国家级非物质文化遗产名录。
通安镇是苏州"苏绣"工艺美术品的发源地之一。20世纪50年代通安镇有绣娘 800 余人，所代作为商著皆绣工；20世纪60年代发展到 2000 人左右。2005年全镇刺绣收入 6000 万元，从业人员达到 10000 人。

发展现状
在华通社区中，仍有部分居民保留刺绣的传统工艺，从刺绣广场社承包一定量的特工刺绣品，交由华通社区一些较为年长且在家无事的居民加工，居民从中获得微薄的加工费，约 500～1000 元/月。

缝纫

产业地位
缝纫，旧时指女子所做的纺织、缝纫等工作。我国三千多年的农业社会，不仅建立了以农为本的经济思想，同时也形成了男耕女织的自然分工，女子从小学习缝纫，承担纺织和缝纫工作，以贴补一带大的家庭。
1954年12月，通安安金钟恩、汤家荣、石玉林以及新钱村的薛王普等 13 名缝纫工（俗称裁缝），自发组织缝纫社。
华通社区缝纫
在华通社区中，将车库出租或自用，改造为缝纫家庭作坊式的情况较为突出，居民们加工作为一种传统手工艺成为华通社区的特色产业。

基于行为需求和人本导向的全民友好型社区研究
——华通社区更新规划设计
Study of All People - Friendly Community Based on the Behavioral Needs and People - Oriented Theory

■ 问卷调查

	男	女				合计
性别	57	48				105
年龄	20岁及以下	20-45岁	45-60岁	60岁以上		
	16	51	16	22		105
文化程度	小学	初中/中专	高中/大专	本科	硕士以上	
	24	30	43	8	0	105
籍贯	本市居民	外地居民				
	70	35				105
职业	党政机关	企事业单位	个体经营者	学生	打工兼业者	退休/下岗	无业待业
	0	11	30	16	24	11	13	105
居住时间	1年内	1-3年	3-5年	5-10年	10-20年	20-30年	
	8	13	8	24	40	12	105
家庭居住人口数	1人	2-3人	4-5人	6-8人	9-11人		
	0	31	43	32			105
月收入	500以下	500-1000元	1000-2000元	2000-3000元	3000-4500元	4500-6000元	6000+
	5	16	22	22	5	19	16	105
出行方式	步行	电动车	出租车	公交	地铁	私家车	
	38	8		16	3	40	105
拥有住房套数	0套	1套	2套	3套	4套	5套以上	
	22	18	53	8	3	0	105

	非常满意	比较满意	一般满意	不太满意	非常不满意		
环境卫生及绿化	13	35	38	16	3		105
交通通信	15	43	43	4			105
供电供水	31	49	25				105
住房条件（房租、质量）	5	46	48	6			105
公共文娱设施（广场）	15	21	48	21			105
便民服务（购物、餐饮）	17	48	40				105
治安管理	25	51	25		4		105
教育医疗	8	46	40	11			105
低保或养老保险	13	40	30	8	14		105
邻里间人文关怀	28	46	19	8			105
社区建设参与程度	8	35	27	30			105

问卷回收情况：本次问卷采用面对面发放填写形式，共发放问卷 105 份，回收问卷 105 份，全部为有效问卷。
问卷涉及层面：问卷涉及调查对象的年龄、职业、家庭人口、文化程度、籍贯、收入、居住年限、房屋情况、出行方式以及对受访者行为轨迹的访谈。

男女比例
华通社区居民男女比例约各占一半。

居民来源
在华通社区内，约 67% 的居民是本地居民，33% 的居民为外来居民。

学历构成
41% 的华通社区居民为高中/大专毕业，仅 8% 的居民为本科毕业。

家庭人口构成
华通社区内基本家庭人口构成为 4-5 人，约 30% 的家庭为 6-8 人。

居住年限
华通社区内约 38% 的居民是当时拆迁安置在此的，在此居住 10-20 年，而其他部分外来居民暂住于此。

年龄构成
华通社区内 49% 的居民年龄为 20-45 岁，21% 的居民年龄大于 60 岁。

男女比例 男 54% 女 46%

居民来源 本地居民 67% 外来居民 33%

学历构成 小学 23% 初中/中专 28% 高中/大专 41% 本科 8%

年龄构成 20岁以下 15% 20-45岁 49% 45-60岁 15% 60岁以上 21%

职业构成 企事业单位 12% 个体经营者 29% 学生 15% 打工兼业者 23% 退休/下岗 10% 无业待业 11%

居住年限 1年内 8% 1-3年 12% 3-5年 8% 5-10年 23% 10-20年 38% 20-30年 11%

家庭人口构成 2-3人 29% 4-5人 41% 6-8人 30%

出行方式选择 步行 36% 电动车 8% 公交 15% 地铁 3% 私家车 38%

月收入工资 500以下 5% 500-1000元 15% 1000-2000元 21% 2000-3000元 21% 3000-4500元 5% 4500-6000元 18% 6000以上 15%

居民的主要不满：
1. 公共文娱设施，缺少活动，生活枯燥
2. 住房条件（房租、质量）
3. 交通通信
4. 便民服务（购物、餐饮）
5. 教育医疗
6. 环境卫生及绿化
7. 低保或养老保险
8. 社区参与建设程度

居民意见：
1. 小区规模偏大，管理不便
2. 公交间隔时间长
3. 由于二胎多，幼儿园配套不足
4. 停车场紧张，缺乏红白喜事的场地及健身场地，居民业余生活贫乏
5. 外来租户多，由于缺乏管理，整体环境及治安问题比较突出
6. 社区公共空间使用方式不当
7. 拆迁赔偿不合理
8. 安置社区居民缺乏劳动能力，无稳定收入
9. 旧有生活习惯与现代楼房生活冲突

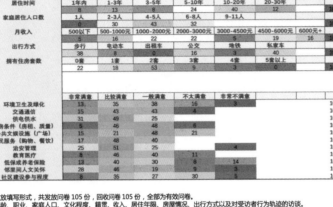

非常不满意 | 不太满意 | 一般满意 | 比较满意 | 非常满意

社区建设参与程度
邻里间人文关怀
低保或养老保险
教育医疗
治安管理
便民服务（购物、餐饮）
公共文娱设施（广场）
住房条件（房租、质量）
供电供水
交通通信
环境卫生及绿化

■ 案例与目标

■ 案例分析

案例——上海市静安区宁和小区社区空间微更新计划——老旧小区"转角有惊喜"

基于人的行为需求的"微创手术"

对小区公共空间进行梳理，挖掘空间潜力，提升功能空间针对性，形成"一核心三节点"的规划结构。

缤纷多彩的宁和文园：增添文化展示栏，用以展示居民文化艺术作品及社区文化活动的成果等。

多出来的运动场的宁和健园：改造利用率低的花园、分离幼儿活动与其他健身活动。

有活动、有交流、有活力的宁和花园：微花园，有限空间的墙面绿化。

案例二——美国佛罗里达太阳城中心老年社区

制度上增强老年人的归属感——由老年委员主组成社区委员会，社区对低龄人群活动严格限制

案例三——宁波海曙区万安社区微更新

居民的直接参与——居民意见对方案的生成起到了决策作用

■ 案例启示

全民精神，邻里包容友善 社区应该是包容的社区，对于不同人群、不同需求，建立多元的包容体系，建设全民社区，友好的社区。

以人为本，构建和谐社区 社区建设须从人的需求出发，考虑人群的需求，将不同人群的需求来与以契合，构建一个以人为中心的和谐空间。

根植文化，塑造地域特色 社区文化应以本土文化为立足点，依托地域文化产生和认同感，是有根文化。

有机更新，促可持续发展 正如一个良好的生态环境，可持续发展要保证多样性的统一。年龄结构的多样是保证可持续发展的关键。

■ SWOT分析

优势 S
1. 靠近浒光运河城市景观带，靠山邻水，自然环境优美。
2. 临近产业园，居民就业机会多，社区可为打工者提供居住需求。
3. 临城市干道，公共交通体系完善，交通便利。

劣势 W
1. 作为苏州市规模最大的集中社区，社区范围广、人员构成复杂，管理不便。
2. 公共服务设施匮乏且种类单一、分布不均。
3. 公共空间利用率低，可供改造空间较小。

机遇 O
1. 在中共十九大新发展理念指导下，在城市双修大背景下，华通社区更新迎来新机遇。
2. 周边高新技术产业发展的影响，阳山主核核心战略区发展的辐射。

挑战 T
1. 如何协调好各方利益，实现资源有效配置和各方利益最大化是一个巨大挑战。
2. 如何在有限的发挥空间创造出有特色和有辨识度的空间又是一大挑战。

基于行为需求和人本导向的
全民友好型社区研究 ——华通社区更新规划设计

Study of All People - Friendly Community Based on the Behavioral Needs and People - Oriented Theory

■ 定位研判

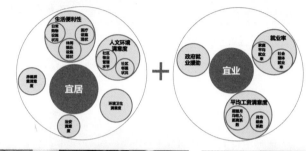

■ 设计理念

■ 基于亲缘关系视角

亲缘视角下的社区更新，就是指以家庭为单位，以年龄为量化指标，针对处于不同年龄段的家庭成员，以需求为导向，对家庭进行其主要出行规律的观察，从而了解各年龄段家庭成员的不同需求，引导后期具有针对性的更新设计。

■ 满足不同人群行为需求

行为需求的基础是哈格斯特朗提出的时间地理学，其直视人的基本属性与时间及空间的关系，认为时间和空间都是实际存在的一种资源，人在一定时间和空间内的存在就意味着对这些资源的消耗。

规划和设计就是假设人如何感受、认知和使用环境，空间环境设计也就是人的行为的设计，行为是带有目的性行动的连续集合，人类产生行为的初衷源于各种多样的生理及心理需求。

按照马斯洛的需要层级理论，使用者的需求可分为三个层次，包括：生理需要，如：吃、喝、寻求庇护等；心理需要，如安全感、私密性、领域性等；社会需要，如：交往、认同、自尊、为人尊敬、自我实现等。

随着物质生活水平的提高，使用者对空间的需求层次也逐渐提高。使用者的需求和行为模式因人群而异，了解不同人群的需求应当是规划设计基本前提之一。

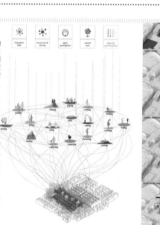

■ 遵循人本性规划原则

人本性

全民友好型社区从传统的城市规划和设计思想中发掘灵感，提出三方面的人本规划原则。

社区要尊重当地的社会文化和历史传统，使居民具有强烈的归属感让而激发社区的凝聚力。在实践过程中，全民友好型社区始终围绕人们日常生活行为的尺度，构建城市街道与公共活动空间，并把握设施对人的亲疏性场所与涉及范围，促使形成社区的生活空间活力。

全民友好型社区致力于规划健康的生活空间，把握休闲与体育活动、空气质量与水质、生态平衡、公共交通流量以及就业机会与社交网络等对公众健康生活方式的影响。

全民友好型社区非常注重设计中的公共参与，通过与各种社会力量密切合作来实现有关自己社区建设的价值理想。

社区平等感

全民友好型社区倡导的平等包括社会和经济的平等，提供阶层平等地拥有公共设施和服务。在社区中提供不同价格的住宅类型，使不同阶层的人都有可支付的住宅，提升了社会空间的可进入性。

社会环境协调性

全民友好型社区倡导"容器社会与个人，建设人性化的生态社区"的原则，体现了可持续发展的生态环境与社会环境协调的内涵。在顺应时代价值观的潮流下，社区规划关注的焦点是如何通过社区空间的规划达到整个城市（环境、经济与社会）协调发展的目标。可持续发展的三个目标之间存在三个制约性的冲突，即（环境）开发性冲突、（经济）财产性冲突和（社会）资源性冲突，全民友好型社区力图用规划的手段解决这三个冲突，实现社区和地方的可持续发展。

■ 构建全民友好型社区

全民友好型社区来源于全民友好型城市一词，原指以满足人民日益增长的美好生活需求作为城市发展的核心，实现从功能建设向活力营造的转变，打造儿童友好、人才友好、老年友好、国际友好的全民友好型城市。

全民友好型社区即谐各个年龄段人群的友好。

儿童友好：五分钟安全成长圈
中年友好：十五分钟活力社交圈
老人友好：十五分钟宜居健康圈

在社区内，全民友好型社区一般包括以下几点：

1. 坚持以人为本
2. 交通互联互通
3. 公共服务资源共享
4. 生活空间精细化营造
5. 产业共建
6. 生态共治

基于行为需求和人本导向的全民友好型社区研究
——华通社区更新规划设计
Study of All People - Friendly Community Based on the Behavioral Needs and People - Oriented Theory

■ 理论与模型

■ 研究方法与技术路线

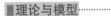
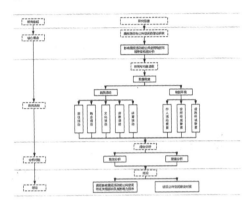

■ 分析框架结构

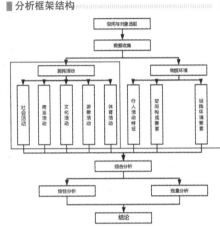

■ 活动分类

社会活动 居住社区内发生的活动。除了人们下班回家休息，居住区内所发生的活动更多的应该是交往性活动，邻里之间的交往有助于形成良好的社区文化。这种活动包括交谈、游戏、散步、欣赏等多种方式。

商业活动 商业购物是人们日常生活的重要组成部分。商业活动一般发生在主要的商业区、商业街。商业活动规模越来越不独立存在，常常伴随休闲、游憩以及文化等活动同时发生，因此商业街区发生的活动经常是混合性的。

文化活动 社区内有不同的公共建筑，包括图书馆、社区服务中心等公共建筑，由此引发的文化活动大致会有读书、展览、交流等。这种活动的发生对空间规模的要求比较高，需要能够提供满足活动需求的足够场地。

游憩活动 华通社区具有水系、绿地等休憩条件，游憩活动一般会在滨水、绿地发生。可能是同边散步，可能是公园内的游玩，这类活动的发生一般比较随意，只要提供了合适的场所，游憩活动一般都会发生。

体育活动 体育活动可以随时发生，体育活动可分为很多种。晨跑、社区内的健身、社区组织的体育活动、体育比赛等等都是可能发生的体育活动。

■ 综合分析——选取研究区域

- 集成度反映的是某空间的相对可达性，集成度越高表示可达性越高

- 由图可得出二区、三区的两纵一横的支路为基地内部可达性较高的道路，人流车流量也应相对较大，设施分布也相对集中在此

- 在二区三区进行改造更新相比其他区或许能获得较大的收益

● 平均最近邻分析结果

最邻近比率：	0.551288
z 得分为	−21.114289
p 值：	0.000000

z 得分为 −21.1142887393，则随机产生此聚类模式的可能性小于 1%。因此可得知该空间人群的集聚分布不是随机的，具有很强的目的性，接下来可以进一步分析导致集聚的原因。

平均最近邻汇总	
平均观测距离：	2.4042 Units
预期平均距离：	4.3610 Units
最邻近比率：	0.551288
z 得分：	−21.114289
p 值：	0.000000

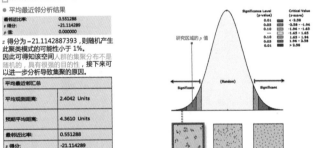

■ 综合分析——选取研究人群

- 如左图所示为某日下午 17:00-19:00 内某时刻二区商业服务中心的人群点分布情况，选取该区域作为调查区域

- 使用平均最近邻分析法分析该空间的人群分布格局

- 根据 z 值得出该空间内人群的空间分布状态（集聚、随机、发散）

- 根据结论选择研究人群

多距离空间聚类分析结果

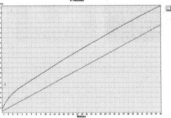

核密度分析结果

- 根据空间尺度的变化，人群的分布模式可能会发生变化，小尺度下可能会形成集聚分布，大尺度下可能会为随机分布或发散分布

- 根据多距离空间聚类分析法可以分析各尺度下的人群分布

- 如左图所示为结果图

- 结果揭示了该空间内的人群几乎在任何尺度的空间内都有集聚的趋势，这种趋势在 5m 以内的空间尺度时越来越强，在尺度大于 5m 的空间内，集聚的趋势渐渐趋平稳

- 如图为该空间内人群的核密度分析

- 该图可以直观反映人流集聚的位置、形状以及大小

- 人流主要由东北角入口输入，其中大量人流停留东北角停车场的临时摊贩处

- 人群集聚处主要分布在摊贩处、超市入口、菜场入口，以及部分有店面的快餐店

- 反映该小区内家庭氛围浓厚，亲缘较浓，由图可看出很少有单人出行，很大一部分都是家庭两口、三口甚至四口人一起出行，因此多个家庭集聚在一起，形成了非常明显的集聚效应

因此在人群选择上，从亲缘出发，以家庭为单位将人群分为老年、中年、青年，作为该研究对象。

● 可视图分析

● 基于可视图的集成度分析

左图为该空间的可视图分析，是一种用公共视图的形态分析的方法，在左图的基础上又可进行该空间集成度的分析，如右图所示

- 上图可以直观反映空间的公共性，集成度越高表示该地越容易被人看到以及到达，该地的可达性即越高，公共性越强，反之集成度越小则表示空间私密性越强，不易被发现

- 由结果可知该地的菜场东侧为公共性最强的区域，对人群走向具有很大的引力，把人群从东南侧、西侧以及南侧吸引过来，在后期中应加以考虑组织协调该区域的动线

- 如图为该空间内的集成度的量化，可以得知该空间的总体集成度较高，可达性尚可，没有特别的死角及隐私区域（蓝色），作为一个商业公共空间是合格的

- 根据空间句法，连接度越高，与其连接的空间节点就越多，证明该空间的空间渗透性较好

- 如图为该空间连接度与集成度的关系，可以得知基本与集成度保持正相关

基于行为需求和人本导向的全民友好型社区研究
——华通社区更新规划设计

Study of All People - Friendly Community Based on the Behavioral Needs and People - Oriented Theory

■ 数据收集——行人观测法

调研时段与活动特征		
序号	时段	活动特征
1	7:00-9:00	上班 上学
2	9:00-11:00	商店开门、老人儿童出门活动
3	15:00-18:00	休闲性活动、下班放学
4	19:00-21:00	完成购物、休闲性活动

考虑到天气对居民活动有很大的影响，调研时间定为2017年10月09日—15日和10月23日—29日这两段时间，在天气情况较好的前提下分别在工作日和双休日对社区进行调研。另外，由于同一区域不同时间的居民活动有所不同，故调研以2—3个小时为1时段，一天共计4个时段进行调研调查，为提供数据的准确性和科学性，工作日和双休日调查各2天，共4天，调研观测期间尽量减少其他因素的干扰保持连续性，保证所调研的数据结果真实可靠。每个时段均会整个区域内来回观测、计数，这样重复4个时段后汇总数据。

主要用行人观测法（行为地图映射法）来记录居民活动特征，以及其地点和数量，并确定他们参与的活动，用结构化的直接观测来记录人们在各个地点驻留。

■ 按人群记录

青年人＋儿童（工作日）不同时段活动轨迹

青年人＋儿童（周末）不同时段活动轨迹

青年人+儿童所有时段活动轨迹叠加图

分析结论

青年人活动需求大，社区内提供的商业以及公共活动较少。很多青年人会选择外出，社区内部在二区的商业中心记录较为聚集，其他活动点较为分散。

儿童的活动较为固定，工作日和休息日的行为轨迹变化不大。活动范围多在社区内部，一般位于二区商业中心、三区的社区广场以及社区内分散的绿地。

中年人（工作日）不同时段活动轨迹

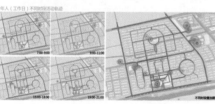

中年人（周末）不同时段活动轨迹

中年人所有时段活动轨迹叠加图

分析结论

中年人活动单一，活动场地少。活动集中于二区商业、一区永旺及华通公园。局限于宅前邻里交流，少数棋牌娱乐活动，多数行动伴随儿童发生。

工作日与周末的区别在于上班以及送儿童上学。

老年人（工作日）不同时段活动轨迹

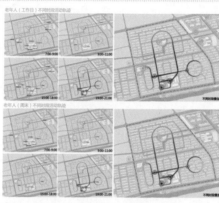

老年人（周末）不同时段活动轨迹

分析结论

老年人活动比较单一，社区内提供的活动场地较少，基本不受工作日与节假日的影响。

活动范围基本在社区内，一般是在二区的商业中心、三区的社区广场，因此活动的轨迹是相对固定的。

● **总分析结论（按人群）**

通过分析三种人群在不同时间段的活动轨迹可以得出，在研究的范围内：二区的商业中心，三区的社区广场，二、三区的入口处，人的活动轨迹重复率最高，并且人流聚集得最密集，在后期的公共空间改造的选取上提供了方向。

● **总分析结论（按活动类型）**

- 商业活动主要集中于二区商业中心以及三区东侧的永旺超市。

- 文化活动和体育活动较为分散，缺少集中的文化设施及体育设施，后期可考虑增设。

- 社会活动和游憩活动分散于宅前空地、社区公共绿地、滨水空间等。

不同活动需求的人群主要集中于二区商业中心、三区社区广场以及各社区的公共绿地。

■ 三种人群不同时段活动轨迹叠加图

■ 按活动类型记录

■ 各种活动需求不同时段活动轨迹叠加图

基于行为需求和人本导向的全民友好型社区研究 ——华通社区更新规划设计

Study of All People - Friendly Community Based on the Behavioral Needs and People - Oriented Theory

■ 行人观测分析结果总结

亲缘视角下总叠图

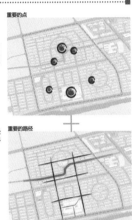

根据两种不同视角下的总叠图可以得出需要重点改造的点及路径

点的选取为人流较多的，能提供部分活动的，具有一定公共服务设施的点状或面状位置，以及一些具备发展潜力的地理位置

点：
二区商业中心
二区东西侧入口
三区居委会周围区域
三区东西侧与河流交汇处

活动需求下总叠图

路径的选取主要呈网状，需要针对路径组织人车流及周边公共设施，而不是单纯的对路径改造

路径：
二、三区南北向连接道路
二区东西向连接道路
三区东西侧连接道路

重要的点

重要的路径

■ 认知地图分析

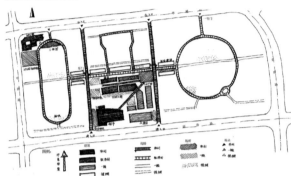

我们邀请了部分居民画出了他们印象中的"二区地图"，经过叠加整理，以出现次数多少对应印象深刻程度，绘制了二区的认知地图。

从图中我们可以看到，人们对建筑印象最深刻的是超市、幼儿园和部分商业店铺；对道路印象最深刻的是两条南北向小区级道路，其次是组团级道路；印象最深刻的场所是商业区入口广场和西北角游园；印象最深刻的标志是小区主入口。

■ GIS分析（基于POI）

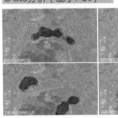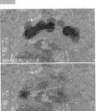

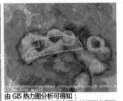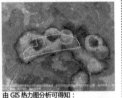

由 GIS 热力图分析可得知：华通社区人流吸引点主要为社区西北侧及东北侧。

■ 定量分析

物质环境特征

目标层	准则层	指标层	指标表达
物质环境特征	空间构成要素	建筑密度	n%
		绿地率	n%
		交往场所密度	n 个/ha
	设施环境要素	商业设施密度	n 个/ha
		体育设施密度	n 个/ha
		其他设施密度	n 个/ha

行人活动特征

目标层	准则层	指标层	指标表达
行人活动特征	人群活动要素	活动人口	个
		行人活动指标	

某区域某活动的行人活动指标=该种活动在该区域所有时段的活动人数/该天活动总人数（n%）

某时段某活动的行人活动指标=该活动在该时段所有区域的活动人数/该天活动总人数（n%）

地段的细分
在原有二区、三区的基础上，对基地进行以道路为分割线的系统的划分，使其分为六个区，并针对每个区进行针对性的调研。

行人数据收集
使用行人观测法记录行人活动特征、地点以及数量，确定其参与的活动，同时直接观测来记录人们在各个区域驻留的时间。

下面将通过简单比较不同区域的物质环境特征以及行人活动特征，初步分析不同区域物质环境特征与行人活动之间的关系。

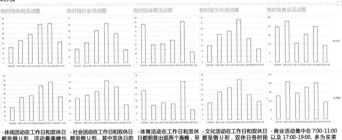

- 休闲活动在工作日和双休日都呈倒 U 形，活动最高峰均为 17:00-19:00。

- 在工作日中下午和傍晚活动量相当 14:00-16:00。工作日进行休闲活动的多为老人和孩子，在双休日，年轻人的比例会上升，利用休息时间陪伴老人和孩子。

- 社会活动在工作日和双休日都呈倒 U 形，其中双休日的活动量会更大迅速。

- 社会活动最活跃的时间段为 14:00-16:00，社会活动包括社会交往和公共活动，下午是交往的黄金时段。

- 体育活动在工作日和双休日呈现两个高峰，早上和傍晚是活动量最大的时间段。

- 体育活动主要为广场舞、健身、球类运动和慢跑。

- 活动种类和活动地有限，相对于庞大的居住群体，体育活动场所远远不够。

- 商业活动集中在 7:00-9:00 以及 17:00-19:00，多为买菜以及吃饭。

- 商业活动量在任何时候都比其他活动量要大。

- 文化活动最活跃的时间段是 14:00-16:00，文化活动偏低，活动场所的期限远远不能满足人们的文化需求。规划中应该考虑社区人群文化发展的诉求。

各区分时段活动数据表

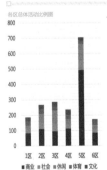

各区总体活动比例图

- 五区的总体活动最为活跃

- 商业活动在总体活动中占了很大比重，商业需求在所有区中都基本为主导需求

- 休闲和社会活动的地位仍然重要，与商业活动共同承载了基地内大部分的人的活动

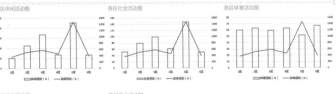

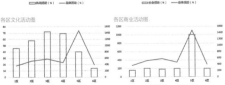

- 五个区的总体活动跨度较大

- 休闲、社会及商业活动与总体活动呈正相关

- 社会活动与总体活动的趋势均为相同

- 商业活动为总体活动的贡献值较高，不同区的分化严重

基于行为需求和人本导向的
全民友好型社区研究 ——华通社区更新规划设计

Study of All People - Friendly Community Based on the Behavioral Needs and People - Oriented Theory

总平面图
General Layout

人流数字模拟

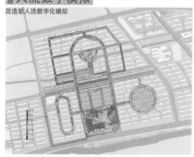

改造前人流数字化模拟

改造后人流数字化模拟

通过两次数字化模拟的对比，我们不难看出以下几点：

1. 南北向以及东西向的人流交通由原先的位于车行路转变为位于新规划的轴线与滨水带中。
2. 由于活动空间的增加，人流密度总体降低。
3. 由于新增各种活动设施，人群的活动总量更大，活动范围更广。
4. 南部原先的商业服务中心由于其他设施的分布，人流压力得到较大缓解。

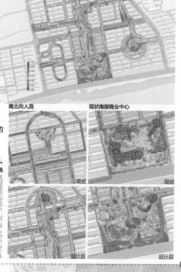

南北向人流　　　　　现状南部商业中心

现状　　　　　现状

东西向人流

现状

设计后　　　　　设计后

产业提升策略

- 梳理产业脉络
  通过梳理产业脉络，强化原有产业基础。

- 推动产业共建
  规划进一步深化华通社区与整个通安镇镇区产业对接与分工协作，推动传统产业与当地原有产业联动发展，通过产业共建实现产业高水平提升。

- 优化现有业态
  优化现有业态，使其满足对华通社区甚至更大范围内的居民的特定需求。

- 引入多元业态
  现状超市、菜市场占了大面积，引入健身房、电影院、主题餐厅、儿童娱乐世界等多元业态，建设功能齐全，集购物、娱乐、餐饮、服务为一体的全民友好型社区。

- 传承手工技艺
  规划秉持保护和传承地方性的传统手工技艺的原则，未来将苏绣等发展成为特色手工艺产业。

- 植入文创空间
  植入文创商业文化，利用现有的底层空间以及新建空间，打造特色文创空间，便于更好地宣传社区本土特色文化传统。

- 沿袭民俗文化
  华通社区内居民的红白喜事基本都在"木园堂"举办，沿袭该民俗文化，充分发挥民俗文化资源。

- 打造特色活动
  以体验苏绣主题活动为抓手，打造特色活动提升社区知名度，借助通安镇为苏绣发源地之一的优势，将体验苏绣、刺绣等文创活动打造成为华通社区的另一名片。

传统技艺
支撑　　　　推动
文创空间

特色手工　　特色婚庆　　特色餐饮

创意工坊　　婚礼策划　　底层餐饮

苏绣体验　　婚庆举办　　移动餐饮

大师工作室　摄影工作室　高档餐馆

产业布局图

基于行为需求和人本导向的全民友好型社区研究——华通社区更新规划设计

Study of All People - Friendly Community Based on the Behavioral Needs and People - Oriented Theory

鸟瞰图
Airscape

■ 空间改造策略

● 重塑空间认知要素，促进交往行为产生
强化领域感——触发记忆感——增强归属感

● 补全完善配套设施，建设共享社区中心
完善设施——改善质量——存量转化

社区服务中心
社区卫生、社会服务
社区图书馆
社区闲暇娱乐站
社区老年活动中心
社区青少年中心
文化活动中心
完善派出所
体育活动
警许室
幼儿园

● 利用山水人文资源，提升社区景观品质
充分利用滨水空间，拆除既有栅栏，营造亲水平台，
清理河道，重塑水景景观轴。

停车位优化

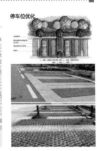

● 开辟公共活动空间，完善适龄空间规划
梳理公共空间网络体系——提高公共空间利用效率

● 构建社区绿色交通，满足动静交通需求
重新梳理路网结构——道路横断面改造
完善静态交通——设立口袋停车位

● 协调建筑风貌统一，优化居民居住空间
适当改造美化建筑立面，增加建筑特色，提高可识别度。

小区景观美化

建筑风貌美化

基于行为需求和人本导向的全民友好型社区研究
——华通社区更新规划设计

Study of All People - Friendly Community Based on the Behavioral Needs and People - Oriented Theory

05 策略与对策

■ 道路改造

居住区级道路横断面改造

规划增加机动车道数，减少其宽度，以限制机动车速度；机非分行，保障非机动车道不被机动车占用；适当增加人行道宽度，以保障行人有路可走。在道路中间增加钢铁护栏，防止对向车辆干扰。

小区级道路横断面改造

规划把道路拓宽至13米，增加非机动车道和绿化带；行人在人行主轴通行，此级道路尽量只允许车辆通行；双向机动车道之间增设双黄线，禁止越线；路段禁止停车。

组团级道路横断面改造

考虑在路旁增加行道树等绿化设施用地，以提高道路体验舒适度。

■ 静态交通

● 非机动车静态交通策略

利用楼与楼之间的院落空间，通过绿篱与植物的分隔实现从开敞空间到私密空间的过渡，在该院落设置美观实用的非机动车停车位，解决非机动车停车问题，完善宅前景观，将绿地"还给"居民。

● 机动车静态交通策略

建设口袋停车场（库）已成为必然选择。口袋停车狭义上可以理解为机械式立体停车场（库），在有限的土地上竖向增加停车场地，解决停车位不足问题。
二、三区共约3635户，以0.5个/户标准配置停车位，共需1817个车位

户数 人数 车位数

● 机动车停车策略

充分利用建筑与道路之间的公共绿地，在该区域设置三层立体停车位，大大提高停车率，在有限的土地上竖向增加停车场地，解决停车位不足问题。

口袋停车位

口袋停车场布点图

● 滨水景观营造

滨水岸线种类布局图

砌石型岸线
自然型岸线
阶梯入水型岸线
波动折梯型岸线
复合型岸线

合理利用地形、利用绿化设计等对滨水空间景观进行人性化的规划设计。
在最大程度地保护自然驳岸的同时，将多种驳岸类型相结合，让人们更大程度地体验到亲水互动和完整的水景环境，使其满足多种需求，也让驳岸更加赏心悦目，给人们带来较好的亲水性和视觉体验。

■ 景观美化

■ 行为分布

为小区景观提供雅致、生态的居住环境的同时，提供功能上的场所，充分考虑到人的行为活动模式，比如散步、休闲、玩耍、锻炼等行为方式，提供相应的活动场所空间，体现以人为本的原则。

■ 景观活动节点

在整体构图形式上以曲线、直线相结合，强调空间的柔和感与秩序感，通过大面积的绿地，营造生态、自然、和谐的绿色家园，中心绿地通过不同形式的小径、广场进行相互衔接，保证开放空间的完整性。

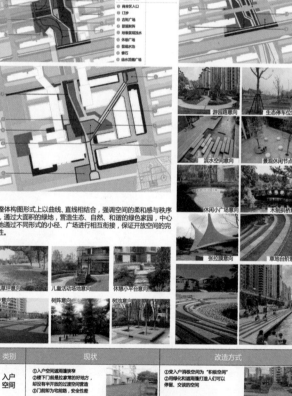

游园路意向　生态停车位意向
滨水空间意向　景观休闲节点意向
休闲小广场意向　木制拱桥意向
张拉膜意向　单地台台阶意向
硬地草坪意向　儿童活动场地意向　休闲小平台意向　树阵意向　树池意向

类别	现状	改造方式
入户空间	①入户空间过甬道逼狭窄 ②楼下门前是拉家常的好地方，却没有半开放的过渡空间营造 ③门前即为电表箱，安全性差	①变入户消极空间为"积极空间" ②用绿化和道闸遮阳造打造让人们可以停留、交谈的空间
健身空间	①健身器材仅分布在二区超市背面 ②器材数量少且陈旧 ③夜间无灯光照明 ④地上无铺装，雨天无法使用	①增设一个健身场地，增加健身器材数量 ②健身场地铺装标准化 ③增设几个照明路灯，保证安全
广场空间	①广场面积缩小，常被小车占用 ②广场数量很少，两个区仅有两个	①禁止广场上停车占用及商业活动占地用行为 ②增加广场数量，扩大广场规模 ③丰富广场空间，与绿化结合
宅前绿地	①部分宅前土地无绿或者仅有杂草 ②有宅前种菜的现象，影响美观 ③有人自己占楼水观地用于停车和活动	①一米菜园与绿化结合，丰富景观层次 ②小通和道路硬化打造小游跑道 ③植物高低、品种搭配，营造宅前景观

基于行为需求和人本导向的全民友好型社区研究
——华通社区更新规划设计

Study of All People - Friendly Community Based on the Behavioral Needs and People - Oriented Theory

▌景观美化

● 宅前绿地改造

- 统一规模拆除原有菜地，引入一米菜园，满足老年居民需求，形成社区特色

- 融入中式元素设置景观小品，增加健身设施，促进邻里交往

- 新增创意非机动车停车位，解决停车需求

- 合理划分硬质软质空间，提升空间可达性、引导性、趣味性

- 注意树种搭配，丰富院落空间

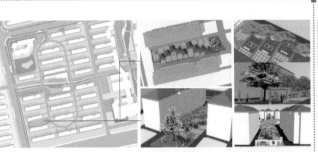

● 滨河广场改造

- 拆除部分建筑，引入水景资源丰富公共空间，塑造二、三区景观中轴

- 补全基础设施，沿河设置路灯、地灯、垃圾桶等公共设施

- 充分利用水景资源，合理布置广场空间，沿河设置景观小品，提升公共空间质量。增设观景座椅与廊架吸引各年龄段人群驻足，促进人际交往

● 滨河绿地改造

- 拆除河边现有栅栏，打开封闭河道，营造滨河岸线

- 在该处设置草地台阶，借助微地形的营造用以缓解平整地面造成的空旷感，丰富空间和视觉上的层次感

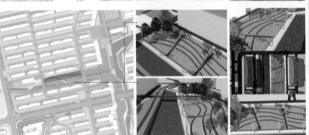

● 景观细部改造

构筑物的提炼
线性空间提炼
聚落空间提炼

苏式园林建筑是比较有代表性和地方特色的中国传统园林建筑，通过对其建筑、园林中空间和元素的理解，结合国际流行的现代空间设计营造理念和景观设计手法，改造出有特色的新苏式景观。

微地形
绿化
水景
铺装

▌建筑改造

● 建筑肌理

- 拆除部分住宅建筑，营造公共空间节点及景观轴线，打破空间单调感

- 植入产业建筑，新增建筑形式变化，改善呆板

● 居住建筑改造

居住建筑节点

建筑色彩

改造后社区建筑屋顶墙面颜色分别为：中高艳色系、赭红—暖灰粉系、冷灰系、米灰—黄色系、黄绿色系、无彩系。

● 建筑立面引导

● 居住建筑屋顶改造

- 强调实用原则，更替智能实用屋顶

- 融入地方元素，体现苏州住宅特色

- 采用苏式特色双坡屋顶和马头墙屋顶装饰的形式，活泼而且美观，体现本地建筑特色

- 屋顶颜色统一选用灰色，延续"白墙黛瓦"之苏式建筑风格

- 提高居住区内居民保护小区整体风貌的意识，实施监管机制，对随意晾晒衣物造成小区风貌破坏的行为进行惩治

- 对居住区内已经被破坏的墙面进行重新粉刷，结合苏州当地特色，进行创意墙面的设计及粉刷，创建特点鲜明的居住区

- 对居住区内的空调外机位置进行统一规划，重新粉刷被破坏的墙面，重新设计规划宅前绿地，恢复原有的绿地风貌

改造后

● 居住建筑立面整治

居住建筑西立面　居住建筑东立面

居住建筑南立面　居住建筑北立面

▸ 方案立面

立面 1-1

立面 2-2

基于行为需求和人本导向的全民友好型社区研究
——华通社区更新规划设计
Study of All People - Friendly Community Based on the Behavioral Needs and People - Oriented Theory

标识系统改造

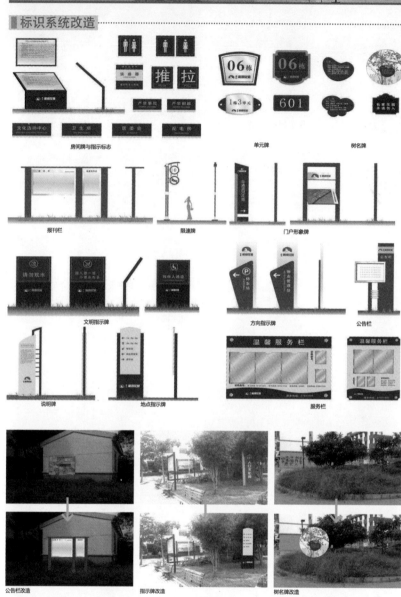

房间牌与指示标志　　　单元牌　　　树名牌

报刊栏　　　限速牌　　　门户形象牌

文明指示牌　　　方向指示牌　　　公告栏

说明牌　　　地点指示牌　　　服务栏

公告栏改造　　　指示牌改造　　　树名牌改造

标识系统是社区文化的象征，属于社区的公益配置。在社区片区、道路中能明确表示内容、位置、方向、原则等功能，以文字、图形、符号的形式构成的视觉图像系统设置。

在设计中，通过标识系统改造，我们可以把现代的需求和传统的形式相结合，在功能和形象上取得平衡和统一，可提升社区形象。一个社区的标识、标牌设计和设置，是衡量一个社区文化程度的标志之一，华通社区应该在此方面进行适当的投入和建设。

在社区管理过程中，除了公众自发地"自下而上"表达不同诉求外，政府"自上而下"的政策配合甚至主动提供有利环境以促成符合实际的"上下结合"机制。这种"上下结合"的机制需要从市场、政府和居民三者利益关系出发加以构建，具体而言，存在三种模式：

第一种模式是政府倡导、居民参与模式。政府主要负责公共空间的改造和配套服务设施的完善，编制相关的改造规划，规范改造的技术性措施，统一社区环境、风格和风貌，鼓励居民对自有房产进行改造。
第二种模式是市场主导、政府配合参与模式。在这一模式中，由于企业有盈利性的要求，因而需要界定清楚盈利的制度与模式。
第三种模式是政府主导、鼓励企业参与模式。在这一模式中，建议引入第三方机构共同参与，第三方机构优先选择非盈利的非政府组织（NGO），对整个更新规划进行全过程跟踪和监督。

规划管理

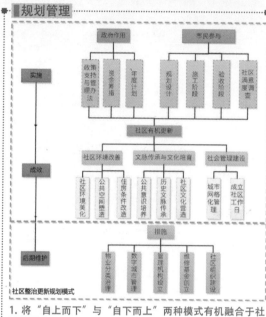

社区整治更新规划模式

1. 将"自上而下"与"自下而上"两种模式有机融合于社区管理中。

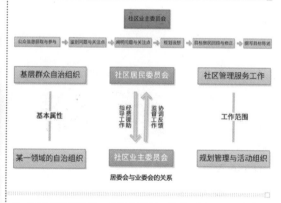

居委会与业委会的关系

2. 落实社区制度化、规范化管理，使社区居民委员会真正履行其功能。

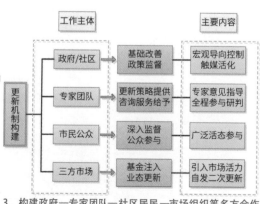

3. 构建政府—专家团队—社区居民—市场组织等多方合作的新模式。

唤醒失落社区——需求导向下的营造再生
THE RENEW PLANNING OF HUATONG COMMUNITY

指导老师：赖明明　小组成员：郑喜洋、吴凯、陈磊、寄佳倩、秦晴

规划背景 CONCEPT DISCRIMINATION

■社区更新认知 Community renewal cognition
■社区概念

有相对稳定的地域边界，其成员之间有着各种较为稳定的社会网络联系的共同体。
何正强.社会网络视角下改造型社区公共空间有效性评价研究[D].华南理工大学,2014.

社区"指一地人民的实际生活而言，至少要包括下列三个要素：(一)人民(二)人民所居地域(三)人民生活的方式或文化"。
齐轶昆.社区与文化——吴文藻"社区研究"的再回顾观[J].浙江社会科学,2014(03):13-18+155.

■更新概念

Renewal — 拆除重建 大手术 → 丢文化 失肌理 破生态 去人本

转化→

Regeneration — 小规模渐进式更新 小治理 → 存文化 织肌理 保生态 显历史

■规划视角 Perspective of planning

同一大组内部基于对社区更新内涵的不同理解分为政府规划师中与社区规划师中。两组贯穿整个规划过程进行互助与博弈。

■视角选择

政府规划师
内涵：从政府视角出发，以全局为考量，把社区作为城市的一个细胞。
职能：风貌协调 景观统一 城市发展 国家政策 区域研究 功能协调
政府

博弈+互助　调研 分析 主题 方案 实施

社区规划师
内涵：从居民视角出发，以解决具体需求为考量，社区是居民的休息游憩场所。
职能：解决居民需求

■台湾社区规划师解读

一级	二级	三级	四级
step1 寻找空间	环境调查 / 资源分析	议题共识 / 行动愿景	在地对策
step2 联系地主	社区联合 / 跨部门协调	公私合营	
step3 动手改造	规划设计		设点经营
step4 组团活动	活动策划		

社区营造

■社区规划师 Community planner

界定
Community planner:
规划师融入社区，以社区利益需求为导向，帮助社区规划融入社会，提升完善社区基本功能

需求为导向 技术为抓点

技术员 — 社区规划师 — 协调员

协调：充分了解社区居民的人本需求，协调不同个体和不同群体的利益诉求
技术：充分了解各项需求的同时以规划技术为抓点，实现需求的满足

技术背景

政府规划背景 社区自生长 规划设计院 社会热心人士

政府规划
规划设计院 委托方提出要求，综合上位规划技术条件形成规划成果
社会热心人士 从社区周边大环境着手，合理引导社区良性循环发展
社区自生长

工作导向

社区需求 政府意愿 社会发展
居民需求导向

工作导向：以社区基本需求为导向，兼顾政府意愿和社会发展，通过合理的社区规划，提升社区宜居性

运营 利用 环境 人

以人为基础，包括不同的需求以及人的尺度，寻找城市失落的空间，主动对其进行改造设计，同时寻找运营的方式，促使项目的生成运营。

唤醒失落社区 —需求导向下的营造再生
THE RENEW PLANNING OF HUATONG COMMUNITY

指导老师：赖明明　小组成员：郑睿洋、吴凯、陈淼、廖佳倩、窦颖

02基地认知

上位规划
MASTER PLANNING

■ 苏州层面
Suzhou level

基地地处高新区北部通安镇境内，紧紧贴靠高新技术产业带。

■ 高新区层面
High-tech zone level

基地地处高新区阳山主核核心战略区的辐射范围，基地应积极融入发展主核。

■ 通安层面
Tongan level

依轴沿带，现代产居主题景观区

基地紧靠通浒城市发展轴线，城镇景观层面紧靠浒光河城市景观带。未来将发展成为现代产居主题的景观区。

区域分析
REGIONAL ANALYSIS

■ 高新区层面
High-tech zone level

三山两河

基地周边区域的生态景观资源包括阳山国家森林公园为主要核心的风景区、基地北部的真山。两河是指京杭大运河景观带以及浒光河景观带。

■ 高新区层面
High-tech zone level

一高速、一国道、一主干

基地对外的区域交通主要通过基地南部的通浒路连接国道312和建林路。从而和太湖生态城、苏州主城、狮山中心城相联系。

现状分析
STATUS ANALYSIS

■ 公共服务设施现状分析
Analysis of the present situation of public service facilities

社区内部公共服务设施相对充足，有几处集中商业。部分居住区路两侧底层车库被改造为临街铺面。每个小区均有社区服务设施。除此之外还有图书馆一座。

景观结构分析
Analysis of landscape structure

市民广场

广场绿化

滨河景观

社区内部与周边景观资源丰富，河流贯穿，南面是大阳山森林公园，北面是真山公园。内部广场绿化设置简单，缺乏景观设计。整体景观断裂严重。

■ 道路交通现状分析
Analysis on the current situation of road traffic

基地南至通浒，北邻金华路，西接建林路，设有85路、441路、442路、443路、306路等公交停靠站，交通十分便利。规划有轨电车2号线。

■ 公共活动空间现状
Present situation of public activity space

住区尺度庞大，但缺乏广场绿地等游憩空间，内部景观空间不成体系。基地内有水系经过，但滨水空间未开发。西北角有一华通公园是基地周边唯一的集中绿地。

区位分析
REGIONAL ANALYSIS

阳山之侧，十里双心

华通花园是动迁社区，位于江苏省苏州市高新区通安镇东，目前是苏州市占地面积最大、居住人口最多的新型"组团式"农民动迁社区。花园占地2.5平方公里，共分四个小区，五个居委会，总建筑面积124万平方米，入住规模近5万人。

周边靠近高新区片区中心、科技城片区中心、阳山生态核、太湖发展轴。

唤醒失落社区 —需求导向下的营造再生
THE RENEW PLANNING OF HUATONG COMMUNITY

指导老师：顿明明 小组成员：郑春洋、吴凯、陈磊、麦佳倩、秦晴

需求认知
DEMAND COGINITION

社区调研
Community research

调研方法

团队采用定点问卷调研与访谈调研的方法对社区进行调研，共发出问卷240份，回收有效问卷228份，问卷有效率95%。

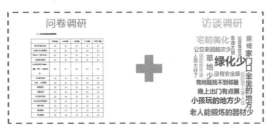

问卷调研 + 访谈调研

宅前美化
公交来回次少数
人来大
草地 绿化少 没有安全感
速度快
有问题找不到邻居
晚上出门有点黑
小孩玩的地方少
老人能锻炼的器材少

人口结构分析

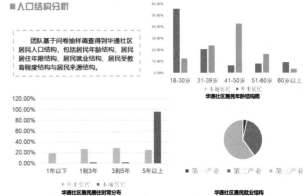

团队基于问卷抽样调查得到华通社区居民人口结构，包括居民年龄结构、居民居住年限结构、居民就业结构、居民受教育程度结构与居民来源结构。

18-30岁 31-39岁 41-50岁 51-60岁 60岁以上
华通社区居民年龄结构图

定点调研

调研选取社区内24个调研点，在其50m范围内进行问卷发放，每个调研点发放十份问卷，在体现样本的多样性和代表性的同时，也对具体空间进行评价。

● 空间节点
● 问卷发放范围

定点调研节点分布图

1年以下 1到3年 3到5年 5年以上
■外来居民 ■本地居民
华通社区居民居住时常分布

■第一产业 ■第二产业 ■第三产业
华通社区居民就业结构

本科及以上
大专
高中
初中
小学
0.00% 5.00% 10.00% 15.00% 20.00% 25.00% 30.00% 35.00% 40.00%
■本地居民 ■外来居民 ■总体
华通社区居民受教育程度构成

■外来居民 ■本地居民
华通社区居民来源构成

需求评分
Demand for grading

需求评分

问卷对各类需求分为5级，分别赋予1~5分。
取其平均数作为需求评分。

问卷评分	需求分级
对问卷中罗列的需求进行问卷调研与评分	按每个需求的评分对其进行需求分级

需求访谈	需求补充
除去问卷中的需求外，通过访谈征集其他需求	对补充的需求进行调研与评分

需求分级

研究对调研得到的不同需求进行评分，并基于该评分将各类需求从高到低分为A级需求、B级需求、C级需求三类。

A级需求

1.3 公共空间需求
1.7 健身空间需求
1.9 社区安全需求
2.4 停车空间需求
2.5 沟通交往需求

B级需求
2.6 文化娱乐需求
2.6 亲子空间需求
2.9 老年设施需求
3.1 出行便利需求
3.3 能力提升需求

C级需求
3.3 夜间照明需求
3.4 钓鱼空间需求
3.6 医疗服务需求
3.6 商业服务需求
3.9 大型宴会需求

核心需求分类
Core requirement classification

需求分类

研究将调研得到的需求按从高到底分为A级需求、B级需求、C级需求三类15种，并将其中前五种需求分为沟通交往需求、设施完善需求与空间提升需求。

01 沟通交往需求
沟通交往需求
设施完善需求
社区安全需求
交通停车需求
02
公共空间提升需求
运动空间提升需求
03
空间提升需求

技术路线
Technology roadmap

基地认知	区位 / 交通 / 概况 / 人群
需求认知与评价	问卷访谈 / 需求整理 / 需求分类 / 需求评价
重点需求分析	需求来源 / 解决方案 / 可行性研究
规划落实	目标提出 / 规划落实 / 整体协调 活动策划 安全提升 空间优化 组织保障
满足需求	

唤醒失落社区 —需求导向下的营造再生
THE RENEW PLANNING OF HUATONG COMMUNITY

指导老师：顿明明　小组成员：郑喜洋、吴凯、陈森、麦佳倩、袁晴

交往需求分析
ANALYSIS OF COMMUNICATION NEEDS

■ 基于熵权法的群体隔离现状研究
Study on group isolation based on entropy weight method
■ 群体综合关联度评价

社区人群分类
基于华通社区居民在调研过程中对本地居民与外来居民之间交流问题的反映。研究从本地居民与外来居民这两个典型群体入手研究华通社区群体隔离现状。

本地居民 ⟷ 外来居民

指标体系构建
研究选取18个指标构建群体关系指标体系。并将其分为工作性关系、礼节性关系、亲密性关系三类。并采用熵权法对其权值进行确定。

群体关系指标权值表

因素	指标	权值	分因素权值
工作性关系	相互讨论工作	0.0314	0.16
	彼此协助工作	0.044	0.2243
	向对方传授/获得工作经验与技巧	0.041	0.2093
	工作中聊天、拉家常	0.0359	0.183
	聚餐	0.0438	0.2234
礼节性关系	见面打招呼	0.0294	0.0868
	逢年过节问候（网络/短信）	0.0583	0.1722
	红白喜事或其他随礼	0.0665	0.1965
	平时一起休闲娱乐	0.0615	0.1816
	日常生活中帮点小忙	0.0456	0.1346
	为宠爱、婚姻问题牵线搭桥	0.0773	0.2282
亲密性关系	对方困难时借钱借物	0.0587	0.1262
	遇到性出时帮助开导、排忧解难	0.0563	0.1209
	生病时照顾/被照顾（不是随礼）	0.0733	0.1574
	经常串门（无具体目的）	0.0595	0.1279
	在对方/自己权利受到侵害时，为对方/自己主持公道	0.0772	0.1659
	照顾对方/对方照顾自己的子女	0.0741	0.1593
	在重大问题上相互援助	0.0663	0.1425

研究将本地居民与外来居民分为四组关系进行研究，即本地居民之间、外来居民之间、本地居民对外来居民、外来居民对本地居民四组。通过对这四组群体进行指标评价打分，得到四个综合关联度如下图。本地居民之间得分为3.52，本地居民对外来居民为2.42，外来居民之间为2.37，外来居民对本地居民为1.68。

研究基于熵权法对各指标进行赋权值，并在此基础上计算各群体间的综合关联度。综合关联度取值范围为1~5，两个群体间的综合关联度越大说明关系越密切。

■ 群体隔离现状特征研究

群体隔离现状特征
由各群体间综合关联度分析可知，本地居民之间、本地居民对外来居民、外来居民之间、外来居民对本地居民这四种群体关系亲密程度依次递减。说明华通社区本地居民之间仍存在较强联系，本地居民与外来居民之间存在隔离。外来居民之间由于来源不同也存在隔离。

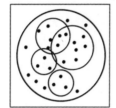

华通社区社会网络（拆迁前）

群体关系特点：
1. 以宗族血缘为纽带
2. 地域性特征明显
3. 村集体认同感强

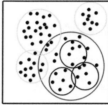

华通社区社会网络（拆迁后）

群体关系特点：
1. 社区存在两个主体
2. 群体间隔离程度高
3. 群体内存在小团体

■ 社会网络特征
Demand for grading
■ 群体关系分组

内向型关系

外向型关系

群体关系分组
研究将社区内群体关系进一步分为内向型关系与外向型关系两种。并基于此，通过对两组群体关系的分析进一步研究华通社区内部群体社会网络特征。

■ 不同类型群体关系研究

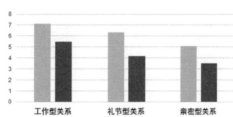

■ 内向型关系值总和　■ 外向型关系值总和

研究取内向型关系值与外向型关系在工作型关系、礼节型关系、亲密型关系三个维度上的数据进行对比得到结论如下：
1. 内向型关系与外向型关系在三种关系维度上依次递减。
2. 内向型关系相较于外向型关系更密切。

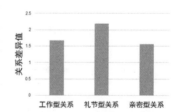

研究取内向型关系值与外向型关系在工作型关系、礼节型关系、亲密型关系三个维度上的数据进行对比得到结论如下：
1. 内向型关系与外向型关系在三种关系维度上依次递减。
2. 内向型关系相较于外向型关系更密切。

■ 社区社会网络变迁

社会网络变迁
通过对两种关系在三个维度上的对比分析可以得知，两种关系随着关系的密切增加而递减，原有密切的社会网络关系解体。此外，通过对两种关系差值的比较，得知工作性关系均较密切，亲密性关系均较小。说明新的以工作性关系为主的社会网络正在形成。

原有网络关系
1. 以宗族血缘关系为核心的社会网络团体
2. 社会网络以亲密性关系为主

■ 社区实地调研

现状网络关系
1. 社会网络以工作性为主
2. 社会网络内亲密性关系减弱

社区内部公共空间被大量占用并用作私人用途。

社区内部垃圾乱堆乱放问题较为突出，占用公共空间。

社区内部停车困难较为突出，大量车辆沿街占用道路或公共空间。

团队采用问卷与访谈结合的方法对社区进行调研。

唤醒失落社区 —需求导向下的营造再生
THE RENEW PLANNING OF HUATONG COMMUNITY

指导老师：赖明明　小组成员：郑喜洋、吴凯、陈淼、廖佳倩、袁晴

空间需求分析
ANALYSIS OF SPACE NEEDS

公共空间需求
Demand of public space
社区公共环境评价

研究基于对华通社区公共空间需求的分析需要，进一步针对华通社区进行社区公共环境评价，分别采用了问卷调查与访谈调研的方式。得到公共环境评价结果如右图，公共环境评价较差的比例最大为35%，其次为一般26%，较好与好分别为12%与8%，差为19%。

8%	好
12%	较好
26%	一般
35%	较差
19%	差

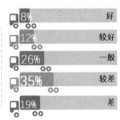

通安镇华通社区作为一个农村安置社区从2004年开始陆续搬迁，安置社区已有13年的时间，社区较为老旧。

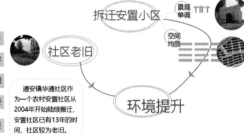

居民A，女，53岁
平时不怎么爱出门，就在家门口坐一坐，聊聊天，这边树荫比较少，太阳大就回家了。

带小孩　宅前美化

居民B，女，24岁
到这边来全职带小孩，带小孩出来玩基本就在这个广场上，希望能多一些场地。

居民D，男，60岁
平时下棋打牌都没地方，要自己带个小板凳在广场。楼梯道口平时又脏又乱，希望能整整。

居民C，男，31岁
小区里树还好，就是绿化太少了，要是能多一些草地就好了，现在在的草坪都很乱，上不了人。

绿化少

社区空间调研

结论：居民眼中环境较好的空间和公共建筑与公共空间基本重合，其他均质空间参差不齐。

居民提升意愿点	居民模糊评价
研究通过问卷调查和访谈调研总结出各区居民提升改造意愿点分布，如图所示。	针对社区居民对社区空间环境质量较差的反映，团队从社区居民的视角出发，通过访谈和问卷调查将社区居民眼中的社区环境质量进行评价。

- 空间节点
- 问卷发放范围

问卷发放空间定位点分布图

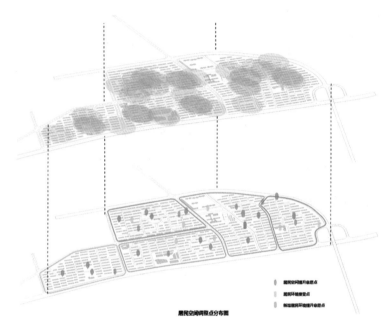

- 居民空间提升意愿点
- 居民环境变化点
- 新增居民环境提升意愿点

居民空间调整点分布图

空间调整提升范围选定

团队对空间分析结果与居民调研结果进行叠加分析得到适宜进行空间提升的空间范围，并提出新建提升、改造提升与线性空间三类。

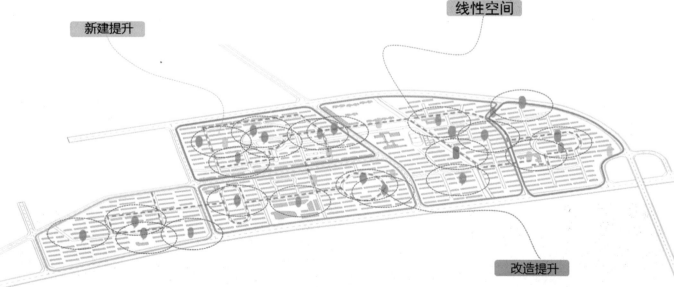

新建提升　　　线性空间　　　改造提升

华通社区空间调整节点分布图

唤醒失落社区 —需求导向下的营造再生
THE RENEW PLANNING OF HUATONG COMMUNITY

指导老师：顿明明　小组成员：郑奕洋、吴凯、陈磊、黎佳倩、秦晴

■ 运动空间需求
Demand of sport space

■ 社区运动空间问卷调研

研究基于对华通社区运动空间需求的分析需要，进一步针对华通社区运动空间评价，分别采用了问卷调查与访谈调研的方式。得到运动空间评价结果如右图，社区内进行健身运动频繁的12%，较频繁为46%，一般为72%，说明华通社区内有较大的健身需求。但与此同时，社区内健身设施的评价却并不乐观。运动设施的情况，好的仅占4%，较好以上仅占16%，较低。

您在社区内进行健身和运动活动的频率？

频繁　12%　较频繁　46%　一般　72%　较少　90%　

您认为社区内运动健身设施的情况？

好　4%　较好　16%　一般　43%　较差　75%　差

■ 社区空间调研

 篮球　24%
 足球　15%
羽毛球　41%
 跑步（散步）　69%
 乒乓球　28%
 广场舞　37%

基于对社区居民运动健身情况调查的需要，研究进一步针对社区内居民的运动类型进行调研。得到结果如下，居民的运动类型跑步（散步）为主，占69%，其原因为该小区主要居民构成为拆迁居民与外来务工人员，其消费景象相对较低。其他运动类型从高到低依次为羽毛球、广场舞、乒乓球、篮球与足球。

需求导向下的规划应对
DEMADN ORIENTED PLANNING RESPONSE

主要需求规划应对
团队以居民需求为导向，梳理出15个主要需求，并按迫切程度分为A、B、C三级，按近期、中期、远期序列推进解决。本方案取A级需求进行近期规划应对。分别为沟通交往需求、公共空间需求、运动空间需求、交通停车需求与社区安全需求。依次采取了社区活动营造、空间质量提升、运动设施提升、交通设施增加与安全设施增加等规划应对措施。

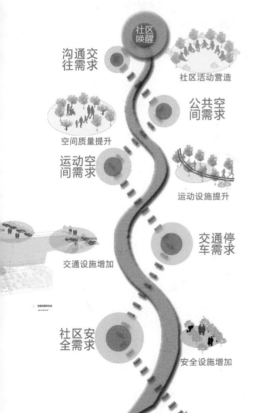

社区唤醒

沟通交往需求 — 社区活动营造
空间质量提升 — 公共空间需求
运动空间需求 — 运动设施提升
交通设施增加 — 交通停车需求
社区安全需求 — 安全设施增加

休闲健身设施　运动场地

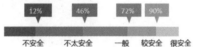

华通社区现状仅小学内有专门的健身场地，包括一个200米跑道和三个篮球场。除此之外，还有少量的休闲健身设施散布在中心广场。供跑步、散步的慢行系统，其空间品质也较低。

■ 访谈调研

运动空间访谈调研

居民A，女，41岁
平时也不怎么运动，就是爱跳跳广场舞，就在小区的广场上，人也比较多，地方还是比较足的。

居民C，男，55岁
运动就是平时早上晚饭后散散步，早上还好没有什么车，到了晚上散步，小区里面来来回回车比较多，有点影响。

居民B，女，22岁
喜欢慢跑和打羽毛球，但是小区里没有专门打羽毛球和跑步的场地，就报了小区边上的健身房。

居民A，女，53岁
平时不怎么爱出门，就在家门口坐一坐，聊聊天，这边树荫比较少，太阳大就回家了。

设施需求分析
ANALYSIS OF SPACE NEEDS

设施需求评价
Assessment of facility needs

■ 设施需求问卷调研

您觉得社区安全吗？

不安全　12%　不太安全　46%　一般　72%　较安全　90%　很安全

您认为社区交通情况怎么样？

好　4%　较好　16%　一般　43%　较差　75%　差

■ 访谈调研

设施需求访谈调研

居民A，女，65岁
社区区内人来人往好多人，做生意的、打工的，干什么的都有，感觉没安全感。

居民B，女，20岁
社区内晚上好黑，健身器材那里里晚上就没灯，每次晚上出去玩都感觉有点害怕。

居民C，女，35岁
车辆来往速度很快，而且现在私家车越来越多，都没处放，全放在路边。

居民D，男，28岁
单车收发点少，每次出门想骑个车都要跑好远才能找到。

交通不好 — 车位停少车
点单少车
设施缺乏
设施改善

苏州高新区通安镇华通社区作为一个农民拆迁安置社区，从2004年开始城镇陆续搬迁，至今已有13年的历史。社区内配套设施相对较少，公共设施不完善，现存设施较为老旧。目前在交通停车、基础设施方面存在较大问题。

■ 设施需求现场调研

公共自行车停靠点

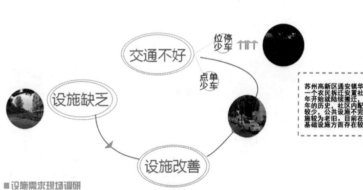

停车需求
华通社区内，现有停车场稀少，公共自行车停靠点覆盖面不足。

安全需求
来往人群复杂，缺少安全感。内部监控像头稀少，照明路灯较少，晚上活动不便。

停车场

交通设施问题
1. 停车位基本为路边地面停车，无法满足住户需求，且管理困难，宅前绿地被居民自发填筑浇筑为水泥路面用作停车
2. 社区周边公交班数少
3. 整片社区内仅有少数市民单车收发点，服务半径不足，且利用率极低

安全设施问题
1. 照明路灯十分少，晚上活动十分不便
2. 社区居民反映来往人群复杂，缺少安全感
3. 监控摄像头少稀少

路边停车

单车收发点

夜晚的广场

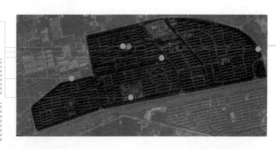

唤醒失落社区 —需求导向下的营造再生
THE RENEW PLANNING OF HUATONG COMMUNITY

导师：赖明明　小组成员：郑容洋、吴凯、陈磊、窦佳倩、秦晴

04规划策略

规划定位 PLANNING POSITION

■ 规划目标 Planning objectives

1 需求 ➡ 满足
2 空间 ➡ 优化
3 设施 ➡ 完善
4 组织 ➡ 保障

➡

社区**皆场所**
场所**有活动**
活动**促交流**
交流**活社区**

根据需求调查分析结果，满足社区居民A级需求制定了三大计划。

三大计划 ➡ **五大需求**

场所营造计划
设施完善计划
组织保障计划

需求1：沟通交往需求
需求2：社区安全需求
需求3：交通停车需求
需求4：公共空间提升需求
需求5：运动空间提升需求

满足居民的需求就是我们的目标！

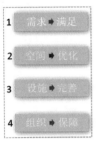

规划内容
组织保障
空间优化
设施完善
社区营造

现状社会网络关系
以工作为核心
亲密关系减少

规划社会网络关系
以兴趣、活动为纽带亲密关系增加

■ 方案博弈 Perspective of discussion

■ 规划主题

政府方提出路网方案 ➡ 社区方提出修改方案

政府规划师
社区规划师

开放街区
社区营造

基础设施 公共化
空间系统 外向化
沿街道路 生活化
公共管理 社区化

集合各种社会力量与资源通过居民的行动，社区完成自组织、自治理和自发展。

注重大范围街区改造
注重小范围空间营造

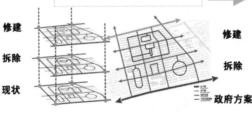

修建
拆除
现状

修建
拆除
政府方案

双方进行方案博弈

最终方案

交通系统
道路系统
Comprehensive Transport System

修建项目 社区方让步
拆除项目 政府方让步

理念研究 PHILOSOPHY STUDY

场所概念引入

场所：走向人本主义城市空间设计的价值趋向

有特定的人与特定的事所占有的具有特定意义的环境空间，以满足使用者需要的和理想的环境要求。这里环境空间不应狭义地理解为一种视觉艺术空间，而是一种与人的心理及感情有特定连结的综合的社会场所。当城市空间被赋予社会、历史、文化、人的活动等含义后才称为场所。

场所
社区
活动营造 → 集体记忆
转变
空间
小区
转变
植入

必要性活动

自发性活动　社会性活动

基于杨·盖尔对公共活动的三种分类，进一步对不同活动与社会交往活跃程度之间的关联程度进行研究。得到结果如下：必要性活动的社会交往活跃程度最低，自发性其次，社会性活动最高。三种活动共同存在时，社会交往活跃程度最高。

社会性活动 自发性活动 必要性活动 —高
社会性活动 必要性活动
自发性活动 必要性活动
社会性活动 必要性活动 —低

社会交往活跃程度

杨·盖尔基于不同活动的特征将公共活动分为必要性活动、自发性活动、社会性活动三类。三种活动的社会属性依次下降。后两种活动对空间质量的要求高。

研究通过对社区居民活动的再组织，增加了自发性与社会性活动，修正了原有的社会属性活动，提高了社会交往活跃程度。

现状居民活动

必要性活动	上学、上班、购物、拿快递等
自发性活动	跑步、晒太阳等
社会性活动	棋牌、广场舞、闲聊等

唤醒失落社区 —需求导向下的营造再生
THE RENEW PLANNING OF HUATONG COMMUNITY

指导老师：顿明明　小组成员：郑春洋、吴凯、陈磊、廖佳倩、秦晴

规划策略
CONCEPT DISCRIMINATION

■ 社区营造计划
Community renewal cognition

设计基于社区现状将华通社区居民分为外来群体、邻里群体、儿童群体、青年群体四类，并针对四个群体提出各自的空间及活动营造计划。

外来群体 — 兴趣角计划

选取社区内空间设立基于不同兴趣的空间角，包括钓鱼、棋类、羽毛球、广场舞、书法、国画等。

儿童群体 — 童梦空间计划

在社区内设立小型儿童乐园，为无暇看管孩子的上班族提供儿童课后场所，并配备相应教室。看管人员以社区志愿者为主配备一定量的专职人员。

青年群体 — "华通杯"联赛计划

针对社区内青年群体设立马拉松、篮球、排球、乒乓球、羽毛球四类比赛，每年举办一次社区联赛。

邻里群体 — 邻里花园计划

以每幢楼为单位，利用门前空地设立邻里花园，要求每户人家认领一株植物，共同建设邻里花园，并进行年度评比。

设计基于社区规划师与社区营造内涵，构建从资金、人员筹备到居民共同实施的社区营造线。以达到社区唤醒与满足居民实际需求的社区规划目标，提出社区营造范式。

社区营造路线

01 资金、人员筹备
03 方案共同制定
02 用地范围划定
04 居民共同实施
05 社区唤醒

设计基于社区营造内涵，进行设计方案生成的流程设计。设计方案通过对居民规划意识指导、居民意见收集、方案共同确定、方案共同实施等流程形成基于居民需求的社区营造。

设计方案确定流程

居民规划指导
居民意见走访
方案共同确定
现有资源整合

基于居民对公共空间的评价与需求，方案结合社区实际进行邻里花园计划，并选取8个社区公共空间进行童梦空间、兴趣角、华通联赛计划的社区营造。

■ 设施完善计划
Community renewal cognition

我国社会保障制度的理念演变：
1978年之前来自马克思主义，平均主义社会保障理念占主导地位。
1978 年改革开放使我国从计划经济过渡到社会主义市场经济，社会保障理念也随社会经济基础的变化而改变，从强调效率优先到强调公平优先，再到公平性与持续性并重的新的社会保障理念。

时间线

1978年前　平均主义
效率优先　1978年
2002年　公平优先
公平公正与可持续性　2012年
随经济基础变化而改变

01 Options — 设施均好性
配套设施的服务半径缩小更符合人的步行尺度。促进社区之间、不同户籍人口之间的基本公共服务差距不断缩小，体现人本主义的关怀和社会公正性。

02 Options — 向弱势群体倾斜
社区内的设施多考虑老人及儿童群体布局。实现公共资源配置"重心下移、扶弱补差"。

03 Options — 以人为本
以人为本的关怀，设施的布置须遵循居民的意向，最大限度满足居民需求。

完善自行车停车位
社区现状

公共自行车停放点

邻里花园（非机动车）停车场
公共自行车停放点

完善意向图

完善机动车停车位
社区现状

集中停车场
路边停车带

邻里花园停车场
随意停车场
集中停车场

完善意向图

完善摄像头&路灯
社区现状

摄像头
设有路灯的道路

摄像头
路灯

完善意向图

规划区内现有公共自行车停放点3处，服务半径约250米，区内无专门非机动车停车场，非机动车随意停放。
规划后新增公共自行车停放点2处，调整1处，服务半径150米，新增邻里花园非机动车停车场70处，停车位700个。

根据通安镇年鉴，华通二、三区总人口12638人，总户数3671户。若按照苏州市现行规范，华通社区位于停车三类区，按定销商品房0.8个/100平方米和0.8个/户计算，并取最高值，得出华通社区需停车位3120个。经估算，现状仅有停车位约950个，远远满足不了居民需求。
规划后，新增邻里花园停车场70处，车位630个。新增集中停车位2处，车位120个，合计790个。

华通二、三区仅在部分出入口设有摄像头，安全保障十分不足，路灯也仅仅设置在主要道路上。
规划后，新增摄像头26个，新增路灯14个，覆盖社区大部分地区。

唤醒失落社区 ——需求导向下的营造再生
THE RENEW PLANNING OF HUATONG COMMUNITY

规划策略
CONCEPT DISCRIMINATION

指导老师：赖明明　小组成员：郑窈泞、吴凯、陈磊、廖佳倩、蒋晴

组织保障计划
Community renewal cognition

华通之家志愿者会：主要结构

组织华通之家志愿者会，不隶属于任何机构，仅对社区内居民生活品质提升做出努力。
项目互助组：负责对社区内改造项目的确定、项目资金的筹措以及社区志愿者参与实施的组织。
技术互助组：负责设计方案的确定以及对其合理性、可行性、艺术性进行管控。

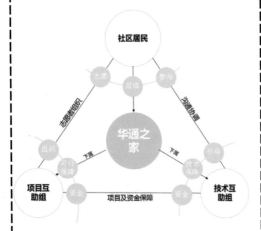

组织项目互助组，组织社区居民及专业人士共同建设社区公共空间，在社区公共空间内举办活动所得场地费用作为社区公共资金，用于组织社区内的社会性活动，并招募志愿者管理社区社会性活动。技术互助组除了引导辅助项目互助组外，掌握社区内空间设计的合理性，组织培训技术人员，创建网络平台为社区活动提供服务。

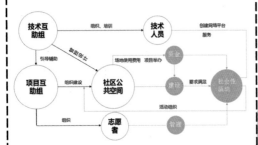

结合华通社区的实际情况及周边高校资源，互助组成员主要有以下人员构成：社区内部居民（相关专业从业人员）、苏州科技大学设计专业学生、社会热心人士（艺术家）以及网络技术人员。

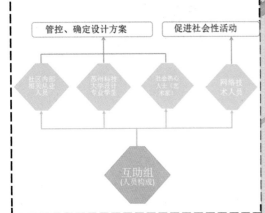

设施完善计划
Community renewal cognition

公共空间提升策略

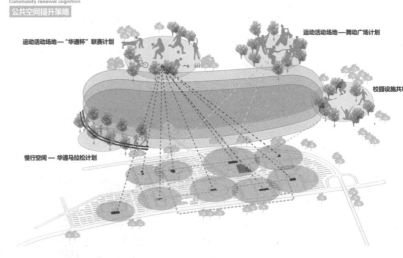

健身与运动空间落实

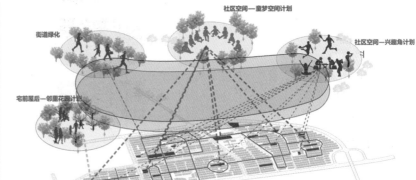

社区营造意向图

唤醒失落社区 —需求导向下的营造再生
THE RENEW PLANNING OF HUATONG COMMUNITY

指导老师：顿明明　小组成员：郑嘉洋、吴凯、陈淼、李佳倩、秦晴

场所营造计划
PLACE MAKING PLAN

■邻里花园
Neighbourhood Garden
■模式一

居民参与花园建设
居民按照规划好的方案布置绿植、花园，原有农户居民传授堆肥技术。

专业人员施工
部分建设仍然需要专业人员参与实施。

儿童参与墙绘
设计人员画图案引导儿童参与墙面的绘制。

老旧材料再利用
利用社区废弃材料如废旧轮胎、破碎砖瓦等进行场地铺设，采用周边资源如毛竹等进行建设。

邻里小剧场
在社区休憩空间定期举办电影公映活动。

邻里花园评比
每年度设立春夏季与秋冬季两次评比，评选出一、二、三等奖由社区提供一定额度奖金。

邻里运动场
在邻里内部花园设置小型休闲运动场，鼓励社区居民进行健身运动。

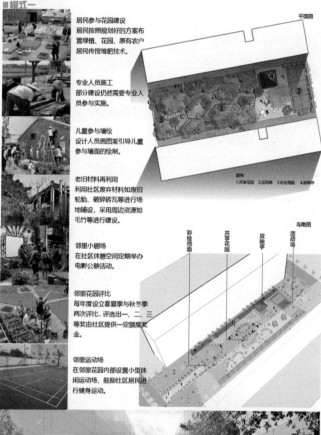

■模式二

植物培育技术推广
华通社区居民多为原农户居民，鼓励这类居民传授堆肥技术。

停车设施
结合邻里花园布置一定数量的停车位，既解决居民停车问题，又为社区改造筹集资金。

停车设施
结合邻里花园布置一定数量的停车位，既解决居民停车问题，又为社区改造筹集资金。

周边材料再利用
华通社区周边多毛竹、树木等资源，采用周边可再生资源进行建设。

邻里休憩空间
花园内设置滨水休憩空间，为居民休憩、活动提供场地。

邻里植物培育
邀请植物培育专家对居民进行花园植物培育培训。

回家路径建设
度花园内布置花园过道使居民从繁忙、快节奏的工作状态向慢节奏的居住状态过渡。

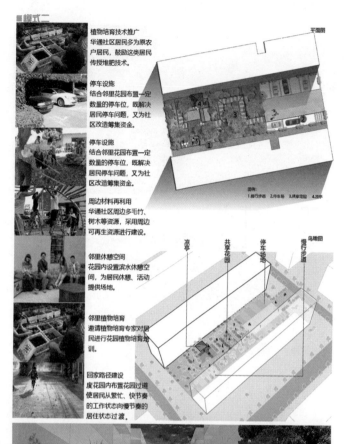

■童梦空间
Child dream space
■模式一

志愿者策划
前期志愿者做出图案，进行展示，居民投票；志愿者将票数最高的图案轮廓画在童梦空间的地面上。

全家总动员
让社区内的小朋友在家长的帮助下进行道路和图案填色。

专业人员协助
局部的建设需要专业人员施工。

物尽所用
利用家里的废旧材料进行改造，制作儿童游乐设施。

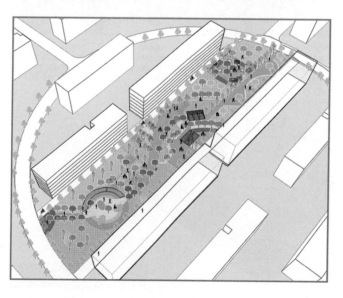

唤醒失落社区 —需求导向下的营造再生
THE RENEW PLANNING OF HUATONG COMMUNITY

指导老师：顿明明　小组成员：郑熹洋、吴凯、陈淼、廖佳倩、秦晴

场所营造计划
PLACE MAKING PLAN

■ 童梦空间
Child dream space
■ 模式一

■ 兴趣角
Interest angle
■ 阅读兴趣角

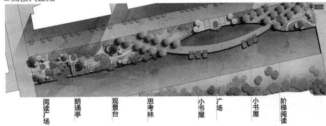

阅读广场　朗诵亭　观景台　思考林　小书屋　广场　小书屋　阶梯阅读

■ 垂钓兴趣角

垂钓台　垂钓台　垂钓屋　晒鱼林　鱼苗放生口　活动广场　观景台　诱饵田　垂钓亭

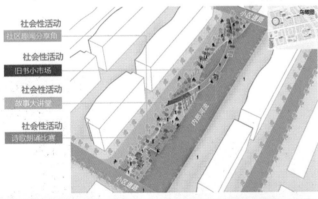

社会性活动　社区趣闻分享角
社会性活动　旧书小市场
社会性活动　故事大讲堂
社会性活动　诗歌朗诵比赛

社会性活动　鱼苗放生
社会性活动　鲜鱼市场
社会性活动　垂钓比赛
自发性活动　鱼饵田保育

诗歌朗诵比赛
多年龄段，多方参与，增加社区不同老人和儿童之间的亲密关系。

故事大讲堂
通过老人或者有故事的人以讲故事的形式给大家讲讲不一样的人生经历。

社区趣闻分享
通过互相分享社区居民之间的趣闻增加社区居民的关系纽带。

旧书小市场
推动资源的整合利用让居民将家中闲置的书拿出来交换或者当二手书进行买卖。

垂钓比赛
组织爱好垂钓的社区居民每月举行垂钓比赛。

鲜鱼市场
鲜鱼小卖部针对儿童之间的友谊，锻炼孩子的交往能力。

线上捕鱼
提升儿童线上捕鱼比赛通过游戏的方式加强社区居民的关系。

鱼苗放生
保护生态，促进人与自然的和谐，定期组织社区居民进行育苗放生的活动。

唤醒失落社区 —需求导向下的营造再生
THE RENEW PLANNING OF HUATONG COMMUNITY

指导老师：顿明明　小组成员：郑富洋、吴凯、陈森、麦佳倩、麦晴

场所营造计划
PLACE MAKING PLAN

■ 兴趣角
interest angle
■ 棋牌兴趣角

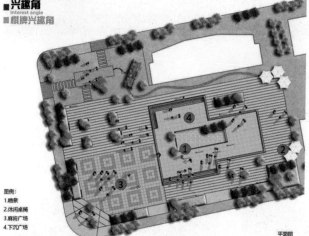

图例：
1.喷泉
2.休闲桌椅
3.麻将广场
4.下沉广场

平面图

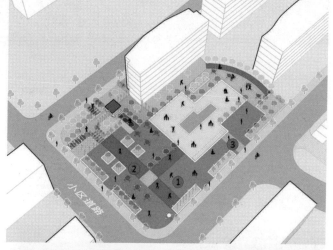

开敞广场
部分设施由儿童手工制作，兴趣老师引导儿童制作小摆设。

下沉广场
下沉广场、开敞广场部分铺装等建设仍然需要专业人员参与实施。

居民参与建设广场
居民按规划好的方案布置绿植、花园，原有农户居民传授堆肥技术。

老旧材料再利用
利用社区废弃材料如废旧轮胎、破碎砖瓦等进行场地铺设，采用周边资源如毛竹等进行建设。

■ 运动场地
Sport field
■ "华通杯" 运动场地

图例：
1.篮球场
2.停车场
3.花园
4.公共建筑

平面图

■ 慢行步道

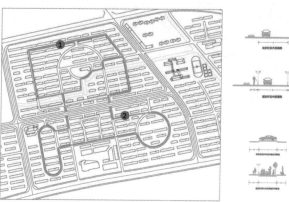

房屋　宅前绿地　步道　车行道　步道宅前绿地　房屋

鸟瞰图

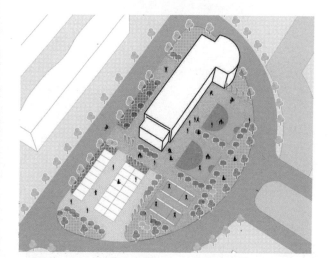

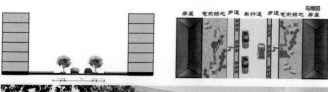

焕活菁华，追忆旧乡

基于民生改善视角下苏州市华通社区更新规划研究

Research on Suzhou Huatong community renewal planning based on the improvement of people's livelihood

工作历程

工作背景

存量时代到来： 截止2013年，我国城镇化率已经超过了50%，我国进入了新型城镇化阶段。带来城市规划手段的转变：由增量开发转向存量挖潜；由新城建设转向城市更新。

提高城市建设发展的宜居性成为当今城市工作的六大任务之一： 城市发展要把握好生产空间、生活空间、生态空间的内在联系，实现生产空间集约高效、生活空间宜居适度、生态空间山清水秀。

中央城市工作会议12月20日至21日在北京举行。

民生七有，十九大回应人民的新期待： 习近平同志在十九大报告中提出，提高保障和改善民生水平，加强和创新社会治理。报告指出：进入新时代，人民美好生活需要日益广泛，我国社会主要矛盾已经转化为人民日益增长的美好生活需要和不平衡不充分的发展之间的矛盾。十九大强调实施乡村振兴战略，建立健全城乡融合发展体制机制加快农业转移人口市民化；强调提高和保障民生水平，加强和创新社会治理。

国家层面 & 江苏省层面

土地储备不足，向城市更新要空间： 2015年7月3日，江苏省节约集约用地联席会，"控总量、优空间"的用地机制提上议程。2014年起，国土部对东部沿海地区建设用地指标实行减量化政策，当年我省扣减5万多亩用地指标。城市更新正成为我省新增用地的主要来源。

工作思路

安置社区更新 → 更新任务（农民安置社区更新）→ 更新手段（微更新）→ 更新策略（失落空间再生 完善配套设施 侯留乡村记忆 搭建互动平台）→ 改善人居环境

"四有"幸福社区 · 小处着手 · 以人为本

研究框架

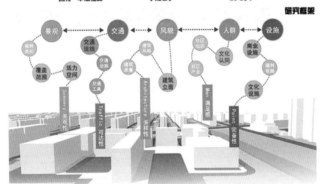

安置社区研究

□乡村居民点
农村人口聚居的场所，一般可分为农村集镇（为乡村所在地，又称为乡镇）、中心村和基层村。农村居民点主要沿道路或水系分布。村里有一些非农的商业和服务业，可吸收一部分剩余劳动力，举办村办工业。

村民自发建设

□农民安置社区
拆迁安置社区是指在城镇化进程中，城镇周边原属于农村的区域，即城乡结合部区域，由于城镇化建设的需要，通过集体动迁、政府集中安置的方式，让失地农民住具有一定配套设施的居民社区。

政府统一规划、统一建设

□城市社区
城市社区是指大多数人从事工商业及其他非农业劳动的社区，它是人类居住的基本形式之一，是一定区域内由特定生活方式并且具有成员归属感的人群所组成的相对独立的社区共同体。

商品化运作方式

拆迁的目的是为了集中、充分地利用资源，加快城市建设；安置的目的是提高农民生活水平、和城市居民一样享受城市化过程带来的便利生活。

拆迁安置社区是社区的一种特殊形式，是中国城镇化的产物，区别于乡村居民点和城市社区的概念，某种程度上是乡村居民点到城市社区的过渡。

20世纪80年代， 苏州坚持以解放思想为先导，以农村改革为契机，大力发展乡镇企业，实现了"农转工"的历史性跨越。

20世纪90年代， 苏州以浦东开发为契机，大力发展开发区和开放型经济，加速了农村城镇化及经济国际化步伐，取得了"内转外"的开放性生成效

21世纪以来， 苏州以科学发展观统筹经济社会发展全局，率先基本实现现代化的探索，整体推进新农村建设，推动了"量转质"的根本性提升。

不可避免的共同问题：农民安置问题

"十二五"期间有60%以上的农民要实现集中居住，2万多个自然村变成2000多个农村居民点，"苏州历史上最大规模的整体搬迁"。农民安置不仅是简单的居住空间的转移，更要妥善处理生活方式的转化。

区位概况

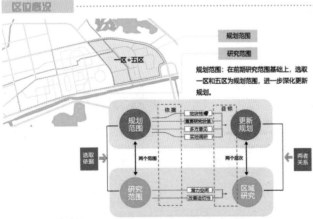

规划范围
研究范围
一区+五区

规划范围： 在前期研究范围基础上，选取一区和五区为规划范围，进一步深化更新规划。

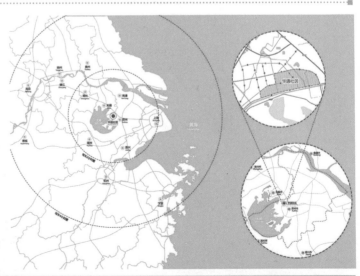

本次基地地处中国沿海东部，江苏省境内，经济较为发达，安置社区建设走在全国前列，具有样板的作用。华通社区地处长江三角腹地2小时经济圈内，是展示苏州市城市建设的窗口。

从苏州市层面来看，华通社区地处苏州市高新区北部，通安镇东部，其中1-5区占地面积约为152.3ha。社区交通便捷，位于绕城高速和沪霍线之间，依通浒路而建，至社区中心驾车需25分钟。

华通社区目前是苏州市占地面积最大、居住人口最多的新型"组团式"农民动迁社区。

焕活菁华，通忆旧乡

基于民生改善视角下苏州市华通社区更新规划研究
Research on Suzhou Huatong community renewal planning based on the improvement of people's livelihood

苏州农民安置

安置历程

第一阶段：自上而下
——城市化扩张背景下的农民安置

安置规模：较小
安置模式：货币安置，准安置
规划选址：当时的城市区
空间形态：多为共置式的多层小区
典型案例：解放新村、苏安新村

第二阶段：自下而上
——"三集中"背景下的农民安置

安置规模大，时间短，范围广
建设方式：统一规划，统管建设，
统筹管理
空间形态：多层、中高层、高层
典型案例：江阴市新南桥

第三阶段：双管齐下
——城乡一体化背景下的农民安置

一方面，以镇为单位的先导区得益于"控空间让给城市"的理念和城乡空间阶段演替的实现；另一方面，镇域以上村向城镇集中居住；另一方面，镇域以上村向城镇集中居住，并居的居民点自下而上集聚城区

安置模式

苏州农民安置主要模式一览表

安置方式		安置内容	优点	缺点
一次性安置	货币安置	将青苗费（有时包括部分征地补偿费）以货币的形式一次性发放给被征地农民，保证其自谋生路	操作简单，见效快	从长远看，一旦有限的补偿费用难以延续，缺乏新的经济来源，可能陷入困境，产生社会问题
	住宅安置	让被征地农民由"地主"变成"业主"，不仅满足自身居住，同时房产收入代替原来的土地收入	有利于节约城乡土地资源，拓展城市建设用地；从房屋退出到中获得房产安置收入，有利于子女教育支出等，有利于高水平规划建设型居农村社区	由于房屋定位、农民身份的转换等问题易导致农民权益难以得到切实保障；农民过于集中居住，不利于农民向城市流动
持续性安置	土地换社保安置	农民将自己所有的土地使用权一次性流转给政府委托的土地置换机构，机构根据土地管理部门规定的失地农民安置费用，再由政府部门们制定出政府、开发单位和失地农民可以接受的、合理的社会保障标准后，为符合条件的农户现有家庭成员统一办理整个社会保障项目	促进了土地流转解除失地农民的后顾之忧；促进农村社会保障体系建设，与农村集体组织的过渡可以衔接；有利于解决土地征用中的社会问题	操作复杂，执行困难；资金需求大，需要源政府能力支持；缺乏国家财政支撑、社保政府行为力，与土地相有直接关系，需要政策创新
	入股安置	通过集中流转中小份的集体土地承包权和集体资产所有权，分别置换成土地股份合作社股权和社区股份合作社股权，以股份分红的方式获取利益	土地入股促进了土地规模化经营，集体资产股合作社社区化管理，使土地和农村财产收益，使农民能部分享受城乡一体化发展带来的收益	分红收入占总收入比例不高，难以解决失去地农民现实的生活困难
	物业开发	主要指被征地农民利用有限的土地补偿款和部分被征地使用权参与城市功能配套的物业开发，通过分红从中得到长久的持续性收益	这种经营方式使农民在失地并不失权，达到取得的群众分红与投资成正比，可能部分农民群体的群众收入差异，即可解决农民收入矛盾	存在经营问题，如果经营不当，收入预期不理想，同时分红与投资成正比，可能部分农民群体的群众收入差异，即可能带来新的社会矛盾

上位规划

苏州市层面

《苏州市城市总体规划（2011—2020年）》
"一心两区两片"的"T形"城市空间结构
一心：苏州古城为核心、老城为主体组成的城市中心区；
两区：即高新区城区和工业园区城区；
两片：为相城片和吴中片。

通安镇
定位：工业商贸镇
策略：依托自身产业基础，适当发展工业和商贸业，提高产业入门槛，推进产业升级换代；提高城镇建设标准；完善与中心城区的交通联系。

高新区层面

《苏州高新区（虎丘区）城乡一体化暨分区规划（2009—2030年）》
"一核、两轴、三心、六片"
一核：以阳山森林公园为核心；
两轴：太湖大道发展主轴：是新区"二次创业"的活力之轴，京杭运河发展轴；
三心：浒通片区中心、科技城片区中心、狮山路城市中心；
六片：包括狮山片区、浒通片区、横塘片区、科技城片区、湖滨片区（苏州西部生态城）、阳山片区。

通安镇
定位：现代严品主题片区
策略：位于浒通组团，处于浒通片区中心、科技城片区中心和阳山主核形成的三角核心区，应借助片区中心辐射作用，挖掘自身发展潜力。

通安镇层面

《苏州市通安镇总体规划（2010—2030年）》
"一轴、两区、两心、七组团"

一轴：指昆仑山路和通浒路发展主轴；
两区：两大片区，即西侧的生态城组团与以东的城镇功能区；
两心：环阳山片区内山体及周边景观形成的绿核；生态城内230国道以西众多山体组成的绿核；
七组团：两个居住组团，两个公共设施组团，一个工业组团，一个环太湖组团，一个阳山生态组团。

华通社区
策略：位于通浒路发展主轴上，西靠东侧城镇功能片区商业核心，南邻阳山绿核。在绿核和商业辐射的影响下，住区具有很大的吸引力，宜打造生态住区。

确定研究视角

民生视角

民生问题普遍存在于农民安置社区

目前受多方面因素的影响，农民安置社区普遍存在民生问题，这一方面影响了农民安置社区建设的效率，另一方面也不利于农民居人群生活水平的提高。这些问题主要体现在以下几个方面：

◆ 就业情况	农民安置群体从最初的以土地为生的农民转变为城镇居民，失去了原本的生活保障来源，而不擅长在非农领域寻找就业机会，但受制于主客观原因，农民安置群体的总体就业情况不佳，主要体现在就业竞争力差和就业意愿不强。
◆ 社会保障	目前，农民安置社区群体的社会保障体系仍然沿用以前的保障形式，主要的形式包括农村社会养老保险、农村合作医疗或新型农村合作医疗以及农村最低生活保障制度。这些社会保障体系与城镇管理体系相比，差距较大，而且这些保障体系还存在覆盖面较窄、发展不均衡所引发的判断标准不统一的问题。
◆ 配套设施	农民安置社区的公共设施配置水平仍然较低，和城市中一般的社区进行比较，农民安置社区在整体环境、生活便捷性、文娱活动方面仍然存在配套设施缺乏的问题。
◆ 思想观念	由于失去了作为精神寄托的土地，城市中的生活又面临较大风险，许多安置居民的思想观念、生活方式均需要一个较长的心理适应和融合过程。而面对现阶段农民安置存在的诸多问题，这类群体可能会出现对生活的彷徨、焦虑等心理。对部分农民安置人员表现出一种对未来不确定性生活的担忧。而且由于在许多方面，农民安置人员无法享受到和市民一样的城市生活待遇，因此，他们对自己的居民身份还不认可，城市归属感不强。

"民生"一词最早出现在《左传·宣公十二年》，所谓"民生在勤，勤则不匮"。而《辞海》中对于"民生"的解释是"人民的生计"，老百姓的生活来源问题。在中国传统社会中，民生一般是指百姓的基本生计。民生概念有广义和狭义之分。

◆ 我们的理解：
　　民生：一定地域范围内民众的各种生活事项

华通社区民生改善的需求

华通社区民生改善的需求：华通社区始建于2003年，建成并投入使用已经有十多年，建设初期的一些设施和硬件条件已经不能满足居民如今的需要，影响了社区安置农民的生活质量。

焕活菁华，通忆旧乡

基于民生改善视角下苏州市华通社区更新规划研究
Research on Suzhou Huatong community renewal planning based on the improvement of people's livelihood

现场空间

华通社区概况

华通花园是动迁社区，依通浒路而建，目前是苏州市占地面积最大、居住人口最多的新型"组团式"农民动迁社区。社区占地2.5平方公里，共分四个小区，五个居委会。

到2015年末，通安镇下辖8个行政村、9个社区，共61个自然村，安置村落达150个，常住人口6.9万，其中一半以上人口安置于华通社区。

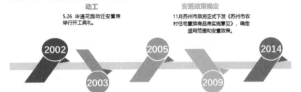

动工
5.26 华通花园动迁安置房举行开工典礼。

安置政策确定
11月苏州市政府正式下发《苏州市农村住宅置换商品房实施意见》，确定适用范围和安置政策。

2002 2003 2005 2009 2014

区划调整
7.15 通安镇划归苏州高新区、虎丘区，成为苏州新城区的一部分。

初步迁入
庞金镇在华通花园已全部安置4761户动迁户，9081套安置房，安置房总面积为826800平方米。

逐步转换
通安镇城乡一体化步伐加快，高标准建成140万平方米华通花园小区，逐步实现农民就置到社区集中。

社区用地现状

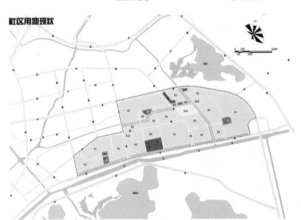

序号	行政村和居委会	自然村
1	新合村	7
2	北河村	5
3	华山村	7
4	石河村	7
5	新宜村	9
6	前桥头村	11
7	新钱村	8
8	严山村	8
9	青峰村	6
10	北庄村	13
11	通安村	6
12	华丰村	4
13	树山村	14
14	西泾村	12
15	和顺村	8
16	金厍村	8
17	金厍村	15
18	庄前村	9
19	街西村	10
20	街西村	10
21	航船浜村	8
22	珠庄村	13
23	东桥村	8
24	东庄村	10
25	渡家村	1
26	通安居委会	0
合计	26	216

2000年通安镇村庄社区统计表

序号	行政村和居委会	自然村
1	树山村	12
2	北桥村	9
3	北庄村	9
4	金市村	9
5	航船浜村	9
6	东泾村	7
7	华山村	6
8	同心村	7
9	华通花园一区	0
10	华通花园二区	0
11	华通花园三区	0
12	华通花园四区	0
13	华通花园五区	0
14	华通花园六区	0
15	新街社区	0
16	新街社区	0
17	西桥社区	0
总计	17	61

2015年通安镇村庄社区统计表

用地规模：152.30ha

用地名称	用地面积(hm²)	占城市建设用地比例(%)
城市建设用地	149.70	100.00
二类居住用地	109.15	72.91
服务设施用地	1.85	1.24
中小学用地	3.19	2.13
商业服务业设施用地	7.22	4.82
城市道路用地	20.09	13.42
交通场站用地	0.74	0.49
公共交通场站用地	0.33	0.22
社会停车场用地	0.41	0.27
防护绿地	6.72	4.49
非建设用地	2.60	
水域	2.60	
总用地面积	152.30	

社区布局与尺度

平面布局

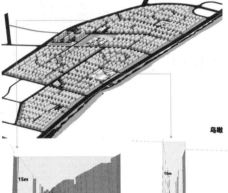

鸟瞰

D/H=2.47   D=6m

社区平面布局整体呈阵列式布局，分布整齐均匀，没有明显的中心感。

立面高度整齐划一，除北部荣华花苑高度较高，其余建筑高度基本一致。

社区大部分道路尺度较大，宽高比超过2，显得较为空旷；而部分住宅楼左右间距较小。

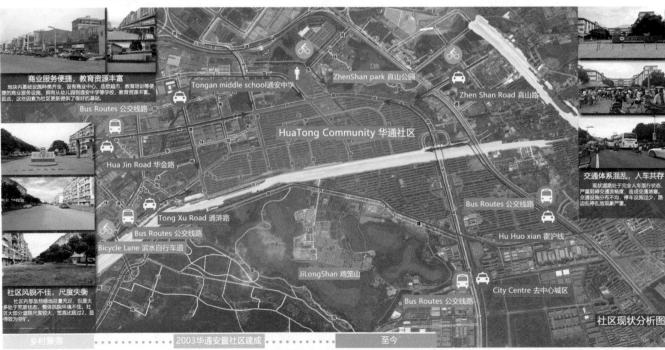

商业服务便捷，教育资源丰富
地块内基础设施种类齐全，没有商业中心，连接城市、教育培训便捷的商业服务设施。拥有从幼儿园到通安中学等学校，教育资源丰富。这区因素为社区更新提供了很好的基础。

Tongan middle school通安中学
ZhenShan park 真山公园
Zhen Shan Road 真山路
Bus Routes 公交线路
HuaTong Community 华通社区
Hua Jin Road 华金路
Tong Xu Road 通浒路
Bus Routes 公交线路
Bicycle Lane 滨水自行车道
JiLongShan 鸡笼山
Bus Routes 公交线路
Bus Routes 公交线路
Hu Huo xian 霍沪线
City Centre 去中心城区

交通体系混乱，人车共存
现状道路处于完全人车混行状态，严重妨碍交通流畅度，造成交通拥堵，交通设施分布不均，停车设施过少，路边乱停乱放现象严重。

社区风貌不佳，尺度失衡
社区内部易被破坏而丧现功能，地块大多处于荒置状态，整体风貌环境不佳，社区大部分道路尺度较大，宽高比超过2，显得较为空旷。

社区现状分析图

焕活菁华，通忆旧乡

基于民生改善视角下苏州市华通社区更新规划研究
Research on Suzhou Huatong community renewal planning based on the improvement of people's livelihood

人群特征

社区人口构成

类型	百分比	行为特点	活动类型	居民满意度
年龄构成	20岁以下 2%, 60岁以上 30%, 20-45岁 41%, 45-60岁 26%	20岁以下：早中晚集中出现; 20-45岁：早晚集中出现; 45-60岁：全天候出现; 60岁以上：全天候出现	20岁以下：购物、娱乐、上学; 20-45岁：交友、娱乐、散步; 45-60岁：散步、交友、娱乐; 60岁以上：散步、交友	
人口来源构成	苏州 63%, 江苏省 12%, 省外 25%	苏州：全天候出现; 江苏省：早晚集中出现; 省外：早晚集中出现	苏州：散步、交友、娱乐、上学; 江苏省：娱乐、娱乐、上班; 省外：娱乐、做生意	
学历构成	小学 25%, 初中/中专 52.5%, 高中\大专 12.5%, 本科及以上	小学：全天候出现; 初中/中专：早中晚集中出现; 高中\大专：早中晚集中出现; 本科：早中晚集中出现; 其他：偶尔出现	小学：交友、娱乐、上学; 初中/中专：交友、娱乐、上学; 高中\大专：交友、娱乐、上学; 本科：散步、交友、娱乐; 其他：演出、访亲	
从事行业	企业事业单位 7.5%, 无业/待业 28%, 个体经营 27.5%, 退休/下岗 30%, 打工兼职 5%	无业/待业：全天候出现; 退休/下岗：早中晚集中出现; 打工兼职：早中晚集中出现; 个体经营：全天候出现; 企业事业单位：早中晚集中出现; 其他：偶尔出现	无业/待业：交友、娱乐、找工作; 退休/下岗：交友、娱乐; 打工兼职：工作; 个体经营：做生意; 企业事业单位：工作、交友、娱乐、散步; 其他：偶尔出现	
住房来源	租住 30%, 拆迁补偿 58%, 自行购买 12%	拆迁补偿：全天候出现; 自行购买：早中晚集中出现; 租住：早中晚集中出现	拆迁补偿：交友、娱乐、散步; 自行购买：娱乐、散步、做生意; 租住：交友、娱乐、上学	
居住时间	1年以内 10%, 1-3年 10%, 3-5年 14%, 5-10年 11%, 10-20年 55%	1年以内：早中晚集中出现; 1-3年：早中晚集中出现; 3-5年：早中晚集中出现; 5-10年：全天候出现; 10-20年：全天候出现	1年以内：工作、交友、娱乐; 1-3年：工作、娱乐; 3-5年：交友、娱乐; 5-10年：交友、娱乐、散步、做生意; 10-20年：交友、娱乐、散步	

非常满意 / 比较满意 / 一般满意 / 不太满意 / 非常不满意

满意度饼图：非常满意 29%，比较满意，一般满意 36%，不太满意 23%

总结：将近30%的居民对华通社区的总体现状不满意，其中约有5%的居民非常不满意。就各细项的满意度调查来看，居民最不满意的前五项是：生活成本、社区噪声、景观环境、空间布局、就业稳定。

人群活动

经营活动：商业设施总量足，但分布不均；住宅车库改底商，多而杂，影响社区整体风貌环境；私自搭建的违章店铺和路边摊位，占用公共空间且影响风貌。

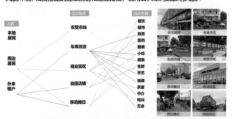

文娱活动：文化活动类型单一，适合年龄段狭小；活动载体匮乏，缺乏相应的活动场地；社区组织活动少，多为自发活动。

活动时间：居民总数大，高峰时段人流量大，易产生冲突；本地居民与外来租户之间的作息时间存在一些矛盾；居民活动特点还保留农村习惯，向市民转变程度不大。

	企业事业单位人员	个体经营者	退休人员	外来打工人员
7:00-9:00				
10:00-12:00				
13:00-16:00				
17:00-18:00				
19:00-6:00				

人群联系

宗族关系——亲缘关系

冲击破坏 / 改变消失

文化记忆——传统工艺【刺绣】

历史地位	近年发展情况	华通社区现状	产业兴起	近年发展情况	华通社区现状
享誉中外的"苏绣"工艺美术品，通安镇可算得上是发源地之一。20世纪50年代通安镇有绣娘800余人。20世纪60年代发展到2000人左右。	农村家家有绣女，户户架绣棚，2005年全镇刺绣收入6000万元，从业人员10000人。	华通社区中，仍有一部分居民保留刺绣传统。刺绣加工代理来自刺绣商承包一定量的待加工刺绣品，交由华通社区居民加工，居民获得微薄的加工费。	1954年12月，通安街金仲恩、汤家荣、石玉林以及新钱村的薛巧善等13名缝纫工(俗称裁缝)，自发组织缝纫社。	缝纫社于1971年停办。但村民仍掌握缝纫手艺，将此作为副业，保留至今。	华通社区内，将车库改为缝纫家庭作坊的情况较为突出，成为华通社区的特色产业。

乡缘关系减弱，人群联系减弱；传统工艺消亡，乡土记忆延续困难；生活习惯巨变，农民市民化问题突出

生活习惯——乡村到社区

类型	饮食	居住	劳作	交流	仪式活动

乡村生活习惯 / 社区生活习惯

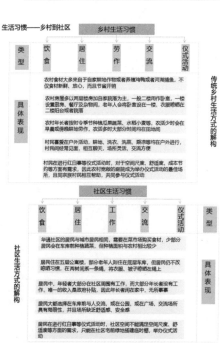

焕活菁华，通忆旧乡

基于民生改善视角下苏州市华通社区更新规划研究
Research on Suzhou Huatong community renewal planning based on the improvement of people's livelihood

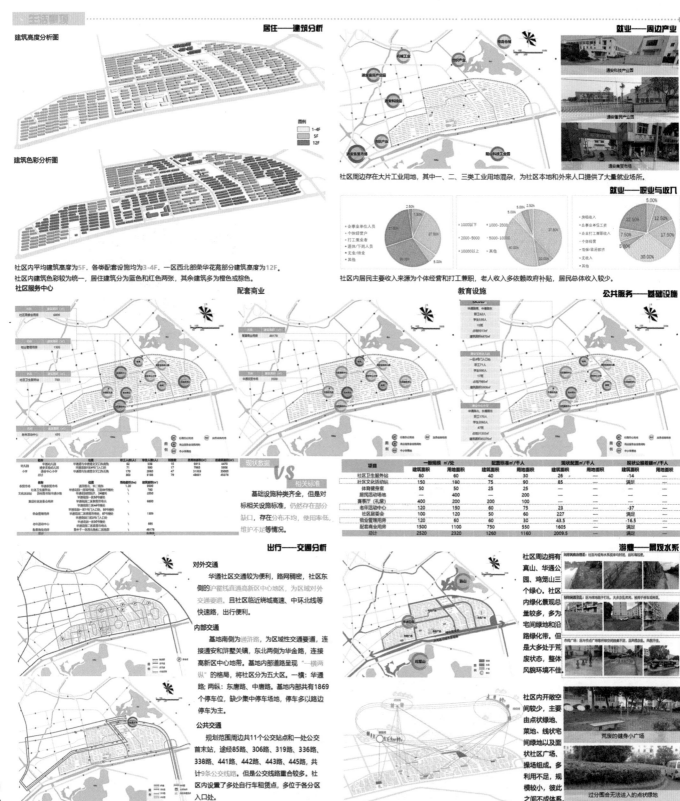

建筑高度分析图

建筑色彩分析图

图例
1-4F
5F
12F

居住——建筑分析

社区内平均建筑高度为5F，各类配套设施均为3-4F，一区西北部荣华花苑部分建筑高度为12F。
社区内建筑色彩较为统一，居住建筑分为蓝色和红色两张，其余建筑多为橙色或棕色。

就业——周边产业

社区周边存在大片工业用地，其中一、二、三类工业用地混杂，为社区本地和外来人口提供了大量就业场所。

就业——职业与收入

社区内居民主要收入来源为个体经营和打工兼职，老人收入多依赖政府补贴，居民总体收入较少。

社区服务中心　　　配套商业　　　教育设施　　　公共服务——基础设施

现状数据 VS 相关标准

基础设施种类齐全，但是对标相关设施标准，仍然存在部分缺口，存在分布不均，使用率低，维护不足等情况。

出行——交通分析

对外交通
华通社区交通较为便利，路网稠密，社区东侧的沪霍线直通高新区中心地区，为区域对外交通要道。且社区临近绕城高速、中环北线等快速路，出行便利。

内部交通
基地南侧的通浒路，为区域性交通要道，连接通安和浒墅关镇，东北两侧为华金路，连接高新区中心地带。基地内部道路呈现"一横两纵"的格局，将社区分为五大区。一横：华通路；两纵：中唐路、南唐路。基地内部共有1869个停车位，缺少集中停车场地，停车多以路边停车为主。

公共交通
规划范围周边共有11个公交站点和一处公交首末站，途经85路、306路、319路、336路、338路、441路、442路、443路、445路，共计9条公交线路。但是公交线路重合较多。社区内设置多处自行车租赁点，多位于各分区入口处。

游憩——景观水系

社区周边拥有真山、华通公园、鸡笼山三个绿心。社区内绿化景观总量较多，多为宅间绿化和沿路绿化带。但是大多处于荒废状态，整体风貌环境不佳。

社区内开敞空间较少，主要由点状绿地、菜地、线状宅间绿地以及面状社区广场、操场组成。多利用不足，规模较小，彼此之间不成体系。

荒废的健身小广场

过分围合无法进入的点状绿地

焕活菁华，通忆旧乡

03 目标定位
TARGET LOCATION

基于民生改善视角下苏州市华通社区更新规划研究
Research on Suzhou Huatong community renewal planning based on the improvement of people's livelihood

规划理念

"都市酵母"

都市酵母2006年由水越设计发起，结合台湾的设计师，以创意发想，推广有趣的公共空间生活概念，目的是让大家爱上居住地。

都市酵母希望吸引有能力、有才华的人一起创造黏性的魅力都市，帮助我们自己、家人、邻居、朋友与同事，都有对生长都市产生骄傲与认同。让各领域的专业人士共同为都市注入创意，活络都市，涵盖都市建设、都市生活、都市活动、都市商品等不同内容，从各个需求角落找到都市黏性的可能，以设计的方式改善生活，进而让我们的都市更加的美好。以实体互动展览、网络、书籍出版等多面向方式阐述理念。

案例借鉴

2016台北世界设计之都展开为期570天的"台北城市生活景观改造计划"，开启群众跨界交流，共同思考城市景观的愿景与改造，以建立改善生活与环境美学的核心共识。策划8场工作坊，执行8处场域的景观改造，其中聚集不同年龄、身份、背景的民众参与设计，连接在地居民与设计专业者跨域合作，参与生活场域改造行动，用设计思维创造城市美好生活体验，凝聚在地人对设计的认同，引导民众探讨都市中的生活美学。

□ 上海华阳社区更新

华阳社区属于中心城区的多元混合社区，有风貌保护区、社会公房、商品房封闭社区。它拥有着大量高等级的公共设施。中山公园、大学、美术馆、商圈等；同时华阳社区的武夷路、愚园路属于市级的历史风貌街区；还有十余处市级文化保护建筑，大量的场所、林荫的道路、街头的小品。

◆ **精准配置，复合共享**

美化社区环境：使基础配套设施符合人们的生活方式；
根据人口特征改造现有建筑，赋予全新功能以复兴社区经济；
寻求重建机会，平衡社会经济效益，为社区注入新的活力与能量。
各区需结合本地特征进行具体的探索与实践。

◆ **功能植入，绿道连通**

公园计划：通过柔化边界（取消围墙，或者用树墙、花墙、假山等代替水泥围墙），增加出入口，注入活力设施。通过改造为篮球公园、滑板公园、改造步行空间的方式来进行活化。

绿地主题改造：绿地主题策划为运动主题的绿地，植入乒乓球台、篮球场（非标准）、滑板道、儿童健身设施等。

□ 上海华阳社区更新

◆ 重点：公共空间改造
老人——休息区——木质座椅、遮阳篷
健身区——防滑、透水铺地
儿童——色彩鲜艳地、地面高低起伏
相比大片的绿化更符合需求

◆ 精神寄托：归属感培养
围绕大树的自然而然的小内向的活动空间
树成为塑造场所精神的重要元素
记忆产生的归属感是社区文化的体现，平凡的事物成为记忆的载体

案例借鉴

□ 苏南万科 "城市酵母" 之古城老铺店招公益改造

「 陈记馄饨 」
坐标：东北街118-1号

小小的铺子，苏州老字号馄饨店，店中短短小馄饨更是闻名在外。汤底浓郁，馄饨一个个饱满的漂浮着，入口即化的美味扩散在每一个需要食物慰藉的时刻。

改造前　　　　改造后

「 天桥炒面 」
坐标：东环路1639号

东环路，天桥下，苏州人的深夜食堂，火了好多年。一份几块钱的炒面，满满一大盆，也许味道并不是什么山珍海味，只是对大部分人的胃口而已。大家也说，这么多年都习惯了，不想换地方。

改造前　　　　改造后

设计思路：这家店的故事有些普通、有些温暖、有些励志、也有些传奇，他的店名都不算名字，只是因为在这里，一直在这里，所以大家都叫它天桥炒面。因此设计师在店铺墙面上画一座苏州桥、写很多苏州话，给老苏州人、老客户保留一份熟悉的感觉。

「 大块头夫妻织补 」
坐标：观前街宫巷老妈来线秀

位于观前老街的大块头夫妻织补，一对夫妻，精工细活二十多年，不管活大活小，一针一线都是仔细用心。

改造前　　　　改造后

焕活菁华，通忆旧乡

基于民生改善视角下苏州市华通社区更新规划研究
Research on Suzhou Huatong community renewal planning based on the improvement of people's livelihood

发展愿景

焕活菁华，通忆旧乡

我们希望打造一个突破城乡壁垒的新型社区，

她富有人性化，关注弱势群体的生活，提供居民就业

她具有乡村特有文化气息，却走在现代社区的发展大道上

一个宜人宜居、生活富足、文化传承的新型社区

社区定位

- 门户社区：高新区进入通安镇的门户社区（形象）
- 标杆社区：高新区乃至苏州市农民安置的标杆社区（品牌）
- 幸福社区："四有"幸福社区（有服务、有环境、有回忆、有活力）

实施抓手

改善交通，安置停车
改善交通：在必要道路实现人车分流，提升出行的安全性；
安置停车：在合适的位置增设停车场，解放现状被停车占据的公共空间

补足配套，强化服务
补足配套：补足现状的功夫设施缺口，加入儿童与老人的活动空间
强化服务：新加入的公共服务设施点状分布，提高服务设施的使用率和品质

升级景观，开放绿地
升级景观：开放河道空间，规划打造滨水景观，整治现有绿化；
开放绿地：将现状不能进入活动的单一绿地打造为可进入活动的丰富空间

改造外墙，提升环境
改造外墙：对建筑外墙进行改造，丰富色彩；
提升环境：清除违章搭建和杂物堆放点，活动场所适当考虑隔声问题

特色营造，延续记忆
特色营造：打造乡村风光带，举办特色文化活动；
延续记忆：提取乡村的特色基因，点状植入社区，延续乡村生活记忆

设计思路

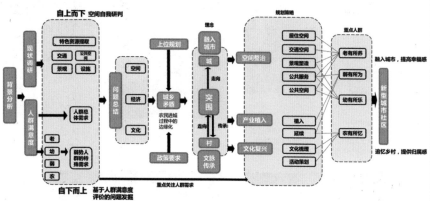

微更新概念

理念界定： 微更新理念继承了有机更新理论，即在整体保护老城城市肌理和风貌的基础上，强调通过自下而上的动员和居民参与，尊重城市内在的秩序和规律，把握地区各系统的核心问题，采用适当的规模、合理的尺度，对局部小地块进行更新以形成老城自主更新的连锁效应，创造出有影响力、归属感和地域特色的文化及空间形态。

更新对象

更新驱动力	更新具体对象
自然要素	街巷、水体、植被
人文要素	色彩、材料、外部装饰、建筑构件及构筑物
生产生活要素	界面、场所
其他要素	街道家具等

更新原则

小处着手、规模可控	保护古树名木，建立绿色廊道
尊重文化、自然生态	尊重历史文化，传承人文特征
以人为本、新旧融合	功能的完整性与复合性
	空间的活力表现与品质化
	历史传承与时代相结合
个性独特、风貌可读	表达和弘扬地域特征
	提取和强化社区特点

理念提出

城中村

空间载体： 村庄
空间特征： 村庄被城市包围、空间肌理冲突、基础设施不完善、卫生条件太差
社会特征： 人群为实实在在的村民，保留了村民的社会关系；同时大量低收入人群涌入，人口趋于多元，生活水平低下
文化特征： 丰富的生活氛围，很强的归属感和领域感

改变 → 建设安置区
空间冲突+人群多元+生活氛围浓厚

模式1

安置区

空间载体： 安置区
空间特征： 空间城市化，但是选址边缘化；设施配置与居民需求不符
社会特征： 人群为村民，难以融入城市人群，生活水平低下，原有社会网络破坏
文化特征： 单调的生活，难以传承的农村文化

改变 → 安置区改造
粗暴的建设方式+边缘化的底层人群+破坏的社区文化

模式2
华通

未来？

空间载体： 改善的安置区
空间特征： 空间上真正融入城市、完善的设施、与居民需求匹配的空间
社会特征： 村民真正成为社区居民，能够融入城市生活，同时人群多元化
文化特征： 浓厚的生活氛围、传承的农村特色文化

融入城市的社区空间+融入城市生活的社区居民+特色文脉的传承与社区氛围的塑造

模式3

微更新呈现

- 资金来源——在微更新模式下，较传统的资金来源更加多元。
- 开发模式——微更新模式强调尊重开发地区的固有特质，注重城市更新在时间上的延续性。
- 社区培育——强调自下而上的新型社区培育，围绕居民形成社区，形成社区自主更新机制。
- 组织架构——将公众放到核心地位，由设计师配合工作并提供专业建议，政府实施管控以维护。
- 公众权利，从而实现多方服务，保障公众利益。

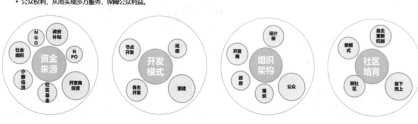

焕活菁华，通忆旧乡

基于民生改善视角下苏州市华通社区更新规划研究
Research on Suzhou Huatong community renewal planning based on the improvement of people's livelihood

空间活力再生

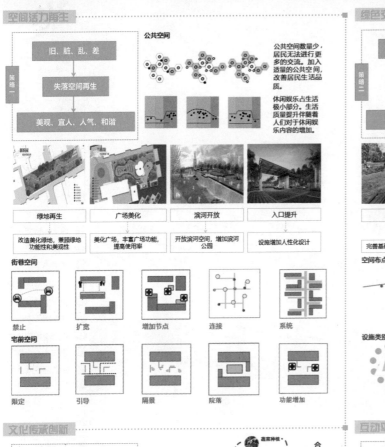

公共空间

公共空间数量少，居民无法进行更多的交流。加入适量的公共空间，改善居民生活品质。

休闲娱乐占生活极小部分。生活质量提升伴随着人们对于休闲娱乐内容的增加。

策略一

旧、脏、乱、差

失落空间再生

美观、宜人、人气、和谐

绿地再生	广场美化	滨河开放	入口提升
改造美化绿地，兼顾绿地功能性和美观性	美化广场，丰富广场功能，提高使用率	开放滨河空间，增加滨河公园	设施增加人性化设计

街巷空间

禁止　扩宽　增加节点　连接　系统

宅前空间

限定　引导　隔景　院落　功能增加

绿色交通打造

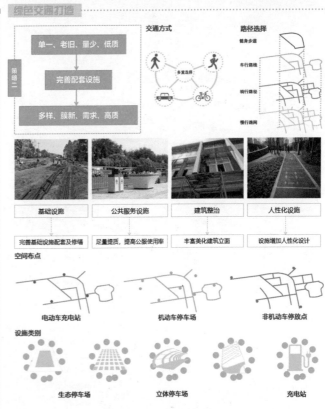

交通方式　　路径选择

策略二

单一、老旧、量少、低质

完善配套设施

多样、簇新、需求、高质

基础设施	公共服务设施	建筑整治	人性化设施
完善基础设施配套及修缮	足量提质，提高公服使用率	丰富美化建筑立面	设施增加人性化设计

空间布点

电动车充电站　　机动车停车场　　非机动车停放点

设施类别

生态停车场　　立体停车场　　充电站

文化传承创新

社区园艺　合力设计庭院

生活摄影　记录社区点滴

策略三

封闭、乏味、粗放

保留乡村记忆

互动、活力、记忆、品质

种植空间	亲水平台	艺术空间	艺术小品
为社区居民开辟种植空间，延续乡村生活方式	增加居民亲水活动的空间，保存邻水而居的记忆	设置一些艺术活动空间，用以居民手工艺活动	增加一些美观、实用的展墙，延续居民共识

一米菜园开拓

乡村舞台搭建

异源人群融合

文化碰撞融合

互动平台搭建

文化活动平台搭建

互动交流　　文化活动展开

文化活动策划

文化活动组织

策略四

居民、专业人员、管理者

搭建互动平台

共建、共治、共享、共生

专业平台	展示反馈	公众参与	居民自治
设置一些各方面的专业社区服务平台	对于关乎居民利益的事务，及时公开展示以供反馈	开展各项公众参与活动，访谈、问卷、听证会	对于安置社区的特殊性，开展一些居民自治活动

组织管理平台搭建

共创社区平台搭建

焕活菁华，通忆旧乡

基于民生改善视角下苏州市华通社区更新规划研究
Research on Suzhou Huatong community renewal planning based on the improvement of people's livelihood

0 25 100
50 200m

① 通安首末站
② 卫生服务站
③ 通安实验幼儿园
④ 田园休憩室
⑤ 新增小学出入口
⑥ 乡村风情展示带
⑦ 滨水活力区
⑧ 社区服务中心
⑨ 怡老老年活动室
⑩ 通安中心小学
⑪ 乐活零售商业点
⑫ 灯光篮球场

总平面图
Genral Layout

更新策略

结构 一带：农村风情展示带
体系 一心：由社区综合服务中心和附属绿地广场组成的核心节点
多点：串联于展示带周边或者社区入口处的活动或景观节点

景观 沿社区内部两条水系及两条主道路，形成"二横
体系 二纵"的景观廊道，并通过廊道将社区各景观绿地
串联起来，形成完整的连续的景观体系。

公服 针对配套设施缺口和零售商业设施的无序现状，规划
体系 新增各类公共设施，同时根据人群活动的特点和规律，
将各类设施合理分配在人群主要活动区域和路径内。

方案构成

交通 规划地块的道路体系主要是由城市道路、小区主要
体系 道路和人行道路、车和人行出入口组成，通过不同
等级的道路体系来构建小区道路交通体系。

公共 依据基地现状条件，打造一心、两点、三园、两
空间 带的公共空间网络格局。

焕活菁华，通忆旧乡

基于民生改善视角下苏州市华通社区更新规划研究
Research on Suzhou Huatong community renewal planning based on the improvement of people's livelihood

鸟瞰图
Airscape

节点平面

节点透视

重要节点分布

节点A

节点B

节点C

入口节点

中心节点

组团节点

中心节点　　　　　　　　入口节点　　　　　　　　组团节点

结合社区综合服务中心打造中心节点。　入口景观节点打造，提升社区形象。　组团节点，居民日常活动/交往的场所。

入口廊道（D）　　　　宅间廊道（E）　　　　滨水廊道（F）

社区入口微建筑、广场和景观综合打造。　利用较大宅间地布置健身、广场等功能。　原有入口结合新增校园入口改造。

乡村风情展示带（G）

结合慢行体系，重点打造滨河乡村风情带，结合布置亲水平台、耕作农田、田园休憩室等功能，形成一个综合的、具有观赏性的特色展示带，给安置居民一个记忆和归属感的空间。

焕活菁华，通忆旧乡

基于民生改善视角下苏州市华通社区更新规划研究
Research on Suzhou Huatong community renewal planning based on the improvement of people's livelihood

---

景观设计

滨水景观营造

自然岸线

自然式岸线可在保护原有自然河岸特点的基础上，通过植物、土木工程和非生命植物材料的结合，减轻坡面及坡脚的不稳定性和侵蚀，在城市中实现多种生物共生的生态驳岸景观。

砖石岸线

砖石岸线主要有台阶式、退台式、平台式以及石块堆砌式。城市中多采用此种岸线类型，安全之余兼具整洁大方、易于管理、便于亲水的优点。

木道岸线

滨水木栈道通常结合慢行系统布置，木质游步道可以更好地增加亲水性，提供亲水观水和休憩的场所，体现人性化和生态化。
木道岸线包括木质亲水平台和木栈道。

景观元素植入

乡村元素

将木纹、砖纹、雕花、藤草织物、碎花等传统乡村元素，通过现代的空间营造和景观塑造手法，融入社区各种景观小品之中，形成具有农村特色的现代景观元素。

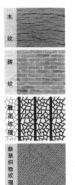

元素植入 →

其他元素

水景：水是景观营造不可或缺的重要元素之一，好的水景打造能使社区景观更加灵动、活泼。

植被：通过不同种类植物的组合，改变原先单调乏味的社区绿化景观，营造绿色、丰富的社区景观环境。

地形：局部地形改造，将原先平坦的地形转化为有起伏、高差的地形，丰富景观层次，提升视觉景观。

铺装：铺装的颜色、材质等能直接影响社区风貌、品质。社区宜采用黑白、灰、黄等色彩以及青砖、原木、碎石等材质的铺装，延续传统乡村色彩。

道路改造

道路横断面

步行道路断面　　组团级道路断面　　小区级道路断面

改造前 ⇒ 改造后

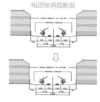
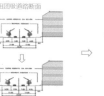
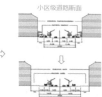

静态交通

停车方式：非机动车主要结合公交站点、公园绿地以及机动车停车场地设置。

停车设施：机动车停车场主要分为半室外停车场和室外停车场，燃油停车场和用电停车场。非机动车停车场主要分为室内和半室内停车。

停车数量：机动车停车按照 1：0.5配建；非机动车停车配比考虑居民出行特点。

慢行系统

路线：慢行系统主要结合小区轴线、滨河景观、小区重要节点设计，通过多条不同类型的慢行线路形成一个景观丰富多样的慢行系统。

节点：主要分为功能性节点和景观性节点，功能性节点主要是社区活动中心、组团活动中心，景观性节点主要是公园节点、滨水节点和小区入口节点。

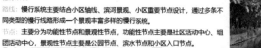

图例
景观节点
路线

公共交通

公交站点分布：小区周边设有公交首末站一座，经过小区周边的公交线路有3条。公交站前共计12站，分布在小区四周，可以充分满足小区的交通出行需求。

站点美化：对公交首末站进行更加人性化和现代化的改造，使其能满足城市发展需求，使其环境也得到了很大程度上的提升。

自行车租赁点分布、设施优化：主要设置在公交站点附近和居民出行较集中和频繁区域，最大限度的满足居民出行需求，使社区居民交通出行更加便捷。

图例

焕活菁华，通忆旧乡

04 方案设计
CONCEPTUAL DESIGN

基于民生改善视角下苏州市华通社区更新规划研究
Research on Suzhou Huatong community renewal planning based on the improvement of people's livelihood

公共空间

社区入口改造

通过对入口空间进行景观提升、建筑立面改造、改善步行道、增加移动商贩的小型售卖建筑和居民停留和活动的场地等措施，提高小区入口的环境品质。

入口空间改造分布

学校入口改造

主入口优化

入口空间分区。将机动车停放处、非机动车停放处与校园出入口分开，优化出入口交通流线，改善拥堵、干扰状况。景观提升。整治美化校园入口景观，提升校园门户形象。

新增次入口

新增入口，用以分担主入口人流，改善高峰时段拥堵状况；1-4年级仍由主入口通行，5-6年级学生建议由次入口步行回家。次入口结合滨河公园打造，入口环境美化同时兼顾安全性，避免直面车行道。

景观空间设计

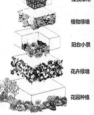

屋顶绿化
植物绿墙
阳台小景
花卉绿墙
花园种植

文化延续

乡村文化传承

在毗邻社区主要河道的空间布置乡村风情展示带，用木质栈道和慢跑步道连接种植田园和小广场。种植田园呈带状与块状结合的分布，贯穿滨水展示带，为社区居民提供种植果蔬、延续乡村生活方式的场所。同时为基地内的幼儿提供乡村生活的特色体验。小广场为耕种的住户提供休憩的空间，也可以成为下棋闲聊的场所。

种植田园　　　　　种植田园　　　亲水平台

在部分宅间空地布置下沉式小广场，便利居民延续之前在乡村宅前屋后集聚交流的习惯。

在宅间空地打造出儿童活动空间，布置儿童娱乐设施，给儿童提供充足的活动空间。

布置多处展墙，号召周边居民形成居民公约，自主参与社区管理。

广场空间改造

中心广场	组团广场	滨水广场	运动广场

改造意向

结合社区综合服务中心布置广场功能，利用地形起伏丰富广场层次，美化景观广场新增小型活动广场和休憩闲聊建筑，满足不同人群需求，利用丰富的植被和小品，丰富美化广场景观。

广场设计更加人性化，更好地服务居民日常更频繁的使用需求，与环绕社区的景观展示带关联，使景观更加连续，布置与居民生活更密切的相关功能。

充分利用宅间空间，结合景观改造节点，布置一些运动场地。通过改造、利用地形的高差，提升土地利用率，同时丰富景观层次。

水广场、滨河步道与乡村风情展示带结合打造，形成一个兼具景观与特色的多元滨水空间。

改造措施

广场计划

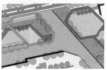

文化活动策划

利用小广场和各节点位置的活动空间策划面向多群体、涵盖多年龄、类型多样的文化活动。

建筑外貌改造

通过立体花架、盆景或木质板材装饰建筑立面，美化建筑外表的同时，可以延续居民原先种植栽培的习惯，形成城市社区内一种独特的种植特色；依托原建筑加建一些构筑物，丰富立面景观，并赋予建筑更多的使用功能。

宅前空间设计

限定

把"墙"的元素引入宅前空间，对空间进行限定，营造小空间的氛围。

引导

限定区域，引导人行流线，丰富居民的步行空间，达到移步换景的效果。

隔景

通过借景与隔景等手段布置，将古典园林的手法与现代建筑功能相结合来塑造景观空间的层次。

院落

通过限定区域，营造传统院落的生活氛围，找寻失去的邻里关系。

功能增加

在宅前空间中加入休闲桌椅、小菜园、儿童游憩场地等来激活空间的活力。

管理模式

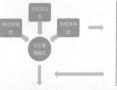

我们的选择：政府主导—社区自治—居民参与的混合型管理模式

混合型的管理模式将政府主导型和社区自治型两种模式结合起来，是官方色彩和自治特征的交集。

政府主导：政府的职责主要是规划、指导并提供经费支持。

社区自治：社区组织的职责主要是对社区活动、事务进行组织管理，并要充分调动居民参与社区实践的积极性。

居民参与：居民的主要任务就是要有主人翁的意识，积极主动地参与到社区实践中去，和社区组织以及政府一起为共建美好社区而不懈努力。

指导教师： 沈中伟　赵　炜　舒兴川　祝　莹　黄　媛　周斯翔

西南交通大学

西

三井记　大英县卓筒井镇关昌村村庄规划设计

/ 向晓琴　王　浩　刘　羽　袁星雅　习　羽　徐　佩

守艺·归原　遂宁市河东新区云灵社区规划设计

/ 王孟琪　尹一淑　钱玥希　曹奉鄂　姚　璇　金宇航

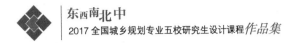

课程介绍

　　研究生城市设计Ⅱ借以"绿点大赛"《遂宁市村庄规划设计》的契机，对标竞赛设计要求，并结合本院城乡规划学硕士研究生培养目标，开展为期16周的课程设计。具有以下教学特色：

　　1. 教学目标上，训练研究生团队合作、调查分析、思考研究、空间设计等的综合能力；以竞赛交流为导向，更好地调动研究生对课程设计的积极性，将研究理论落实到规划设计当中。

　　2. 教学组织上，采取学生跨专业、跨年级、跨师门组成设计小组，鼓励非本课程必修要求的师生参与，以城乡规划学同学为主，涵盖建筑学、风景园林学、工业设计专业、大三到研一多年级的学生群体和跨专业指导教师。

　　3. 教学内容上，围绕"乡村振兴——聚落更新"这一主题，选取遂宁市6个村庄作为课程设计项目基地，组织研究生先后开展前期研究、多次前往设计基地调研分析、专题讲座、设计构思出图、中期和终期评图指导等教学工作，采用研讨的形式加强学生与老师之间的交流互动，并以"可实施性、地域性、绿色"作为检验设计成果的标准，力求从专业研究的角度分析和解决乡村规划建设的实际问题，将理论、研究与实践相结合。

　　通过本课程训练，研究生基本掌握了村庄规划设计过程中的分析研究方法和乡村规划相关理论，初步具备了对乡村建设规划问题的观察解读、研究分析、理论提炼、策略提出等专业能力，图纸成果表达能力也得到了显著提高。

西南交通大学"绿点大赛"——大英县卓筒井镇关昌村改造方案竞赛项目
"LV DIAN COMPETITION"——A PLANNING COMPETITION OF GUANCHANG VILLAGE, DAYING COUNTY

选题与任务书

项目名称

首届"绿点大赛"——大英县卓筒井镇关昌村改造方案竞赛项目

设计范围及规模

规划设计范围约 2134.8 亩（142.3 公顷），研究范围不限。

基本情况介绍

关昌村位于卓筒井镇国际观光旅游区，全村 502 户，人口 1470 人，居民点占地约 500 亩，耕地面积 893 亩，属丘陵地区，以传统农业养殖业为主。

地理位置

关昌村位于卓筒井镇国际观光旅游区，距县城 12km，距卓筒井镇 1.5km。

卓筒井相关资料图片

堪称中国古代"第五大发明"的卓筒井坐落在关昌村的大顺坡半山腰，属川中丘陵地区，亚热带季风气候，四季分明，夏季多雨，冬季干燥，周围远近都是连绵起伏的山丘。其中重点保护的大顺灶占地 10655.8 平方米，现有灶房一处、盐工住房一处、盐井三口、晒盐坝一处、晒盐（水）架一架、筒车一个、花车和羊角车二十架、计量缸三个、大平坦盐锅两口、卤水储存桶四个、生产工具等共计一百四十一件。卓筒井一九九〇年十二月二十二日被蓬溪县人民政府公布为县级文物保护单位。一九九一年四月十七日被四川省人民政府公布为省级文物保护单位。二〇〇六年六月卓筒井盐深钻汲制技艺被国务院公布为首批国家级非物质文化遗产。产业现状以经果林为主要产品有：李子树（面积 100 多亩），核桃树（110 亩）。现存有三种房屋类型：土坯房、穿斗房和砖混结构房，其中具有当地特色的房屋是土坯房和穿斗房。

设计要求

结合幸福美丽新村规划、地域特色和当地村民实际需求进行以"乡村振兴—聚落更新"为主题的更新改造设计，充分考虑原住民生产生活方式的传承和延续，提升乡村聚落活力和风貌，成为"全国乡村聚落更新典范"实现"乡村振兴"战略的相关要求。

（一）设计目标

1. 总体目标

产业兴旺、生态宜居、乡风文明、治理有效、生活富裕；探索当前乡村振兴问题在规划层面的解决策略。

2. 空间形态目标

延续乡村聚落自然肌理，传承地域特色风貌，振兴乡村文化和共享空间。

3. 功能复合目标

确保聚落更新后，满足旅游接待、居民生产生活等基本功能需求，为旅游及文创产业发展提供多种可能。

4. 经济活力目标

提振乡村聚落产业发展活力，实现乡村聚落更新与经济效益的双赢。

5. 文化传承目标

调研总结和传承传统建造技艺，发扬传统工匠精神，以利用促进保护，以建造带动传承，实现乡村传统建造技艺和工匠的传承与复兴。

（二）设计原则

1. 针对性

结合地形地貌、地域文化与环境气候特点进行设计。

2. 可实施性

充分考虑当地实际需求和传承建造工艺，方案具有可操作、实施的可能性。

3. 可持续性

坚持绿色生态优先发展的理念，充分考虑运用绿色建筑及生态节能等相关技术手段，保护乡村聚落生态，实现乡村聚落更新的可持续和绿色发展。

（三）基本需求

1. 基本功能需求

（1）道路拓宽及硬化。

（2）广场、公共厕所、污水处理、公共活动中心（绿地）、停车场，各一处。

（3）展现盐民文化的雕塑、展板、建筑。

（4）村民聚集点修建两处，一类房屋打造成集住宿、吃饭等为一体的农家院落，让当地居民借助旅游业经营农家乐致富。一类为普通居民点。注重保护历史传承，突出地域风貌特色，挖掘盐文化深层内涵设计，保留乡村记忆。

2. 乡村发展定位

作为卓筒井大遗址盐文化的附属载体，着重展现盐民的生活方式：房屋风格、特色菜品、特色用具等，让游客在游玩卓筒井大遗址景区后继续在关昌盐民新村游玩，进一步感受盐文化。逐步发展成集休闲、农产品开发为一体的乡村民俗旅游。

3. 产业发展需求

目前产业有李子树，面积 100 多亩，结合旅游发展经果林产业。

（四）设计成果要求

设计成果包括但不限于：

（1）调研分析

从区域和村庄等多个层面，进行深入调研，挖掘特色资源，剖析主要问题，并对当地传统的建造风貌和技艺进行分析总结。

（2）发展规划

根据村庄发展所面临的问题，从区域统筹发展出发，从乡村产业发展、村庄环境整治、农房建设与改造、公共设施与基础设施提升等方面，提出有针对性、可行性和可持续性的规划对策。

（3）聚落规划设计

对聚落点展开深入的规划设计，原则上应达到详细规划设计深度，成果应包括设计方案图纸和必要的文字说明。

（4）建筑风貌意向

按照生态优先、适用经济等原则，充分考虑地域特色、绿色节能、村民需求、传统工艺等因素，选择重点院落进行更新设计，提供传统建筑更新风貌参考方案，提出建筑风貌控制意向。并按照"微田园"的要求，采用本土绿化种植，提出庭院、宅间和路侧等绿化美化措施。鼓励提供各建筑单体改造具体方案。

成果图纸应包括但不限于：现状规划图、现状基础调研分析图、传统建造技艺调研总结和分析图、乡村振兴问题的解决策略、规划总体效果图、规划总平面图、规划分析图、基础设施规划图、建筑聚落效果图、设计说明、经济技术指标及造价估算。

指导老师：沈中伟、赵 炜、舒兴川、祝 莹
参赛同学：向晓琴、王 浩、刘 羽、袁星雅、习 羽、徐 佩

西南交通大学 "绿点大赛"——河东新区云灵社区改造方案竞赛项目
Southwest Jiaotong University "LV DIAN COMPETITION" —— A PLANNING COMPETITION OF YUNLING COMMUNITY, HEDONG

选题与任务书

项目名称

首届"绿点大赛"——河东新区云灵社区改造方案竞赛项目

设计范围及规模

本次设计范围总面积约 16 公顷，研究范围不限。

基本情况介绍

（一）河东新区基本情况

河东新区规划总规划面积 60 平方公里，建成区面积 16.5 平方公里，总人口约 15 万人，是遂宁主要的城市功能拓展区。重点发展文化旅游、健康养老、商贸会展、总部经济、教育培训五大产业。

按照自然资源禀赋，全区分为四大功能区：行政商务区、养生度假区、科创教育区、乐活水都区。基地所在罗家桥村位于养生度假区。

河东新区总平面图

（二）云灵社区基本情况

云灵社区原属仁里镇罗家桥村，于 2010 年划归河东新区养生谷管理办公室，下属共 5 个社，总面积 2400 亩，其中耕地 1454 亩（其中水田 565 亩，退耕还林 239 亩，林地 402 亩），社区整体住房面积 45136m²，聚落式居住。总农业户数 252 户，人口 892 人，其中中共产党员 24 人。现农户农房拆迁基本结束，正在做土地流转相关工作。

1.地理位置

农业产业园是河东新区唯一一个涉及农业的产业基地，位于河东新区最东面，东面和北面紧靠永河农业产业园，南与仁里镇相连，西邻保利花卉公园，是遂宁农耕文化的展示窗口和现代农业的孵化基地。云灵社区位于农业产业园东部。

2.地形气候

基地内土地多为农田、林地，建设用地仅占约 5% 且零散细碎地分布于山谷之中，对场地整体开发造成了很大的限制和约束。遂宁属亚热带湿润季风气候，夏季平均气温 29℃，罗家桥村由于地处丘林山地，植被覆盖良好，夏季平均气温较其他区域低 2-3℃。

3.基础设施状况

基地内现有乡村公路向南连接中华养生谷、绵遂高速遂宁东互通公路，并与 318 国道和慈航大道衔接，规划在建的中环线紧邻项目基地南端，距城市中心约 17 公里，通过现有交通 0.4 小时车程即可到达。

农业园区内硬化车行道路自西向东蜿蜒贯穿，并通达各居住聚落，有

现状村路

众多步行土路沿车行道向南北延伸；农业园区紧邻成渝环线高速（G93）与建设中的中环线，均以高架桥形式穿农业园区东部而过。基地车行道原为 3 米宽硬化土路，现正在拓宽施工至 10 米宽度；步行道为未硬化土路，路面坎坷狭窄，遇雨水泥泞不堪，行走困难。基础服务设施集中在村口，公共活动空间匮乏，居住生活环境较差。

4.产业状况

现基地内产业以农业为主，农业生产以个体农户为产业单位，每户农田面积大都在 10 亩以下，人均占有耕地面积较少，以传统小农经济为主。传统作物有红薯、油菜、水稻等，经济作物以果树种植为主，有桃、琵琶、柚子等。养殖以小规模家庭饲养为主，主要养殖猪、牛、鸡、鸭等家禽家畜。村中 75% 的中青年外出打工，是农户主要经济来源。农业生产以中老年人为主要劳动力，乡村"空心化"状况比较严重。

5.历史文化

云灵社区内有一座相传是吕洞宾修行的云灵道观，南面与千年古刹灵泉寺遥遥相望。乡村民俗、道教等乡土文化面临传承危机。

6.上位规划

根据《遂宁市城市总体规划（2013—2030》，基地大部分处于遂宁中心城区用地规划的生态绿地区域，另外包含了郊野公园和少量居住用地。城市规划要求通过建设郊野公园，进行适度开发，增设自然观景点、配套服务设施、创造特色旅游点，发挥联系城市内部绿地与外围生态环境的纽带作用，同时为市民郊野休闲、游憩提供空间环境。

土地利用现状图

根据《云灵社区村庄规划及新村聚居点规划》，对基地内搬迁农户进行了集中安置，按照乡村复兴、原乡营造的目标打造集中安置点。安置点中按社区要求配建了公共管理用房、教育、医疗、文体、养老、社区商业等相应配套设施（如右图）。

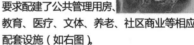

	楼栋	功能	面积（平方米）
公建部分	配套公建 A 栋	管理文体	1440
		教育	1490
	配套公建 B 栋	福利医疗	500
		便民市场	市场	530
	便民小卖	小卖	657.5
		合计	4617.5

	楼栋数	单元面积（平方米）	总面积（平方米）
住宅部分	三人户	152	150	22800
	四人户	73	200	14600
	五人户	20	250	5000
		合计	42400

	户数	单元面积（平方米）	总面积（平方米）
公寓部分	15	40	600
	11	80	880
	6	100	600
		合计	2080

总占地面积（平方米）	28812.5
总建筑面积（平方米）	49097.5

设计要求

设计单位应根据相关技术要求和规范要求，结合幸福美丽新村规划、地域特色和当地村民实际需求，在分析上位规划对基地的定位及现代都市农业综合体对建设要求的基础上，进行以"遂宁乡村振兴—聚落更新"为主题的更新改造设计，通过对现状用地及房屋的梳理，从产业策划、发展规模、空间结构、用地布局、道路交通组织、各类基础设施布局、空间景观塑造、生态环境保护、历史文化传承等方面，充分考虑原住民生产生活方式的传承和延续，提升乡村聚落活力和风貌，成为"全国乡村聚落更新典范"，实现"乡村振兴"战略的相关要求。

（一）设计目标

1.总体目标

产业兴旺、生态宜居、乡风文明、治理有效、生活富裕；探索当前乡村振兴问题在规划层面的解决策略。

2.空间形态目标

延续乡村聚落自然肌理，传承地域特色风貌，振兴乡村文化和共享空间。

3.功能复合目标

确保聚落更新后，满足旅游接待、居民生产生活等基本功能需求，为旅游及文创产业发展提供多种可能。

4.经济活力目标

提振乡村聚落产业发展活力，实现乡村聚落更新与经济效益的双赢。

5.文化传承目标

充分挖掘、调研地方民俗文化、农耕文化，总结和传承传统建造技艺，发扬传统工匠精神，以利用促进保护，以建造带动传承，实现乡村传统建造技艺和工匠文化的传承与复兴。

（二）设计原则

1.针对性

结合地形地貌、地域文化与环境气候特点进行设计。

2.可实施性

充分考虑当地实际需求和传统建造工艺，方案具有可操作、实施的可能性。

3.可持续性

坚持绿色生态优先发展的理念，充分考虑运用绿色建筑及生态节能等相关技术手段，保护乡村聚落生态环境，实现乡村聚落更新的可持续和绿色发展。

（三）基本需求

1.产业发展需求

基地拥有良好的植被环境，具有传统气质的田园聚落，意向打造为理想的田园居游空间，通过邀请知名艺术家在此设立工作室，成为艺术家村落和遂宁文化艺术产业孵化基地。通过策划不同节气的民俗活动、艺术展览交流集会、沙龙等，形成良好的艺术氛围。

要求设计通过对场地内建筑的改造或重建、景观的梳理和打造，满足艺术家村落的功能需求，将基地打造为传统民俗、非物质文化的展示、体验地，配备必要的餐厅、咖啡馆、书吧、青年旅舍等时尚休闲业态，形成主题化的乡村艺术休闲消费区。吸引外出打工的青壮年返乡安居乐业，实现乡村复兴。

2.基本生活需求

云灵社区已设计村民安置点，参赛单位可不考虑居民安置需求或对现有安置规划设计进行优化设计。梳理现有道路，按景区道路进行设计，建立慢行系统（骑行道、游步道），明确道路宽度、断面，并对沿道路周边景观进行设计。

3.基础设施建设需求

基地按照艺术家村落功能配建基础设施，供水、电、气、光电、通信等按照城市功能区设计。

（四）设计成果要求

1.设计成果内容

设计成果包括但不限于：

（1）调研分析

从区域和村庄等多个层面，进行深入调研，挖掘特色资源，剖析主要问题，并对当地传统的建造风貌和技艺进行分析总结。

（2）发展规划

根据村庄发展所面临的问题，从区域统筹发展出发，从乡村产业发展、村庄环境整治、农房建设与改造、公共设施与基础设施提升等方面，提出有针对性、可行性和可持续性的规划对策。

（3）聚落规划设计

对聚落点展开深入的规划设计，原则上应达到详细规划设计深度，成果应包括设计方案图纸和必要的文字说明。

（4）建筑风貌意向

按照生态优先、适用经济等原则，充分考虑地域特色、绿色节能、村民需求、传统工艺等因素，选择重点院落进行更新设计，提供传统建筑更新风貌参考方案，提出建筑风貌控制意向。并按照"微田园"的要求，采用本土绿化种植，提出庭院、宅间和路侧等绿化美化措施。鼓励各提供建筑单体改造具体方案。

成果图纸应包括但不限于：现状规划图、现状基础调研分析图、传统建造技艺调研总结和分析图、乡村振兴问题的解决策略、规划总体效果图、规划总平面图、规划分析图、基础设施规划图、建筑聚落效果图、设计说明、经济技术指标及造价估算。

2.成果形式

展板：A0（竖向排版）图版4张；图版上不能有任何透露设计团队及其所在院校信息的内容。图版采用电子文件格式提交，jpg格式，4800像素×3360像素。该成果将统一打印，用于展览和出版。

各团队可根据需要，制作单独的图文并茂的说明书（限pdf格式），并鼓励提供简洁易懂的传统工艺施工指导手册（限pdf格式）。

附件：包括地形测绘图dwg文件、规划设计范围红线图电子文件、上位规划相关资料、现状基础资料等，具体详附件资料。

指导老师：黄 媛 赵 炜 周斯翔

参赛同学：王孟琪 尹一淑 钱玥希

曹奉鄂 姚 璇 金宇航

叁井记·过往今生 大英县卓筒井镇关昌村村庄规划设计

区位分析

遂宁市在成渝经济圈的区位　　大英县在遂宁市的区位　　卓筒井镇在大英县的区位　　关昌村在卓筒井镇的区位

关昌村位于遂宁市大英县卓筒井镇镇区西北方向，位于遂宁市南旅游环线上，是卓筒井镇国际观光旅游区(大遗址景区)的一部分，距县城12km，距卓筒井镇1.5km；遂宁市周边旅游丰富，交通十分便利，已有大英死海、子昂故里、桃源景区等将是良好旅游市场依托。

相关规划分析

产业发展规划图　　近远期规划图　　建设控制图

关昌位于盐文化旅游主导发展区，发展核桃养殖、李子、蔬菜和旅游等产业。

大顺灶所在的关昌村为卓筒井遗址价值重点展示区，与镇区一同作为近期打造项目，沿天灯河形成文化展示带；内部包括保护区、一、二类建设控制地带和一类环境保护区。

基地建设概况

用地代码	用地名称		现状用地面积(hm²)
V	村庄建设用地		9.56
	其中	村民住宅用地	7.35
		村庄公共服务用地	0.07
		村庄产业用地	0
		村庄基础设施用地	2.12
		村庄其他建设用地	0.02
N	非村庄建设用地		1.86
	其中	对外交通设施用地	0.3
		国有建设用地	1.53
E	非建设用地		130.90
	其中	水域	4.15
		农林用地	109.28
		其他非建设用地	17.47
总计			142.32

土地利用现状图

道路交通及公服现状图　　基础设施现状图

关昌村人均建设用地面积为58.75m²，现有公服、基础设施基本满足使用需求，但不够完善，且建设比较老旧，亟需更新。村庄仅有1个出入口，周边交通便利，内部断头路多，路面窄，部分硬化。

叁井往事

叁井记 · 过往今生 大英县卓筒井镇关昌村村庄规划设计

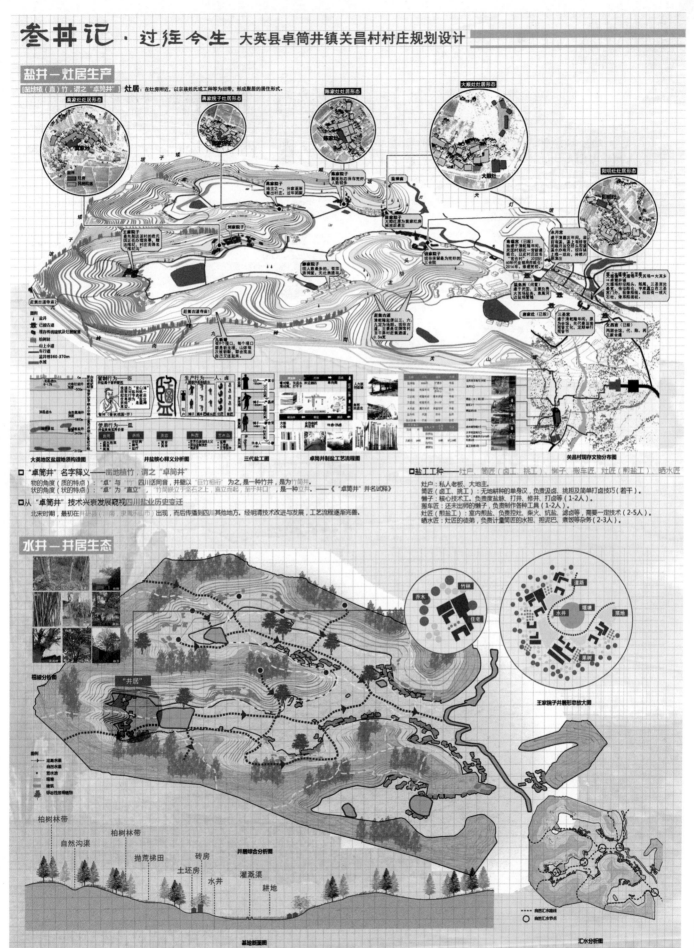

盐井—灶居生产

[凿地植(直)竹,谓之"卓筒井"] 灶居:在灶房附近,以家族姓氏或工种等为纽带,形成聚居的居住形式。

□ "卓筒井"名字释义——凿地植竹,谓之"卓筒井"
物的角度(质的特点):"卓"与"竹"四川话同音,而撮以"卓竹相伴"为之,是一种竹井,是为竹筒井
状的角度(状的特点):"卓"为"直立",竹筒嵌立于坚石之上,直立而起,至于井口,是一种立井。——《卓筒井井名试释》

□ 从"卓筒井"技术兴衰发展窥视四川盐业历史变迁
北宋时期,最初在井研县(川南,宗属乐山市)出现,而后传播到四川其他地方。经明清技术改进与发展,工艺流程逐渐完善。

□ 盐工工种——灶户、简匠(卤工、挑工)、懒子、搬车匠、灶匠(煎盐工)、晒水匠
灶户:私人老板、大地主。
简匠(卤工、挑工):无地耕种的单身汉,负责汲卤、挑卤及简单打卤技巧(若干)。
懒子:还未出师的懒子,负责制作各种工具(1-2人)。
灶匠(煎盐工):室内煎盐、负责控火、柴火、炕盐、滤卤等,需要一定技术(2-5人)。
晒水匠:灶匠的徒弟,负责计量简匠的水担、担泥巴、煮饭等杂务(2-3人)。

水井—井居生态

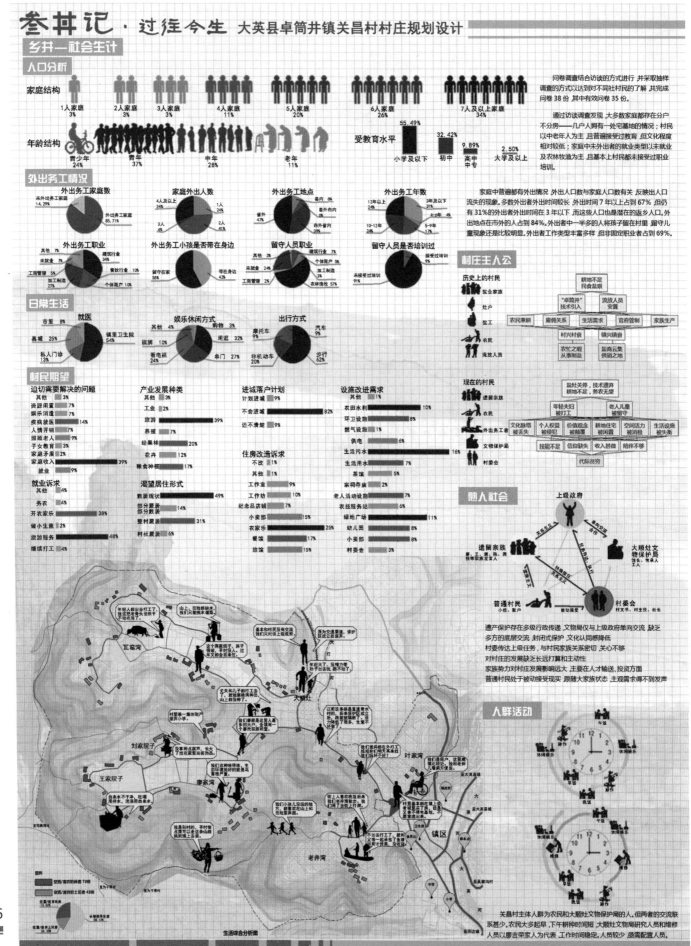

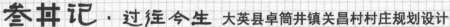

叁井记·过往今生　大英县卓筒井镇关昌村村庄规划设计

井屋记忆

建筑风貌与空间分异

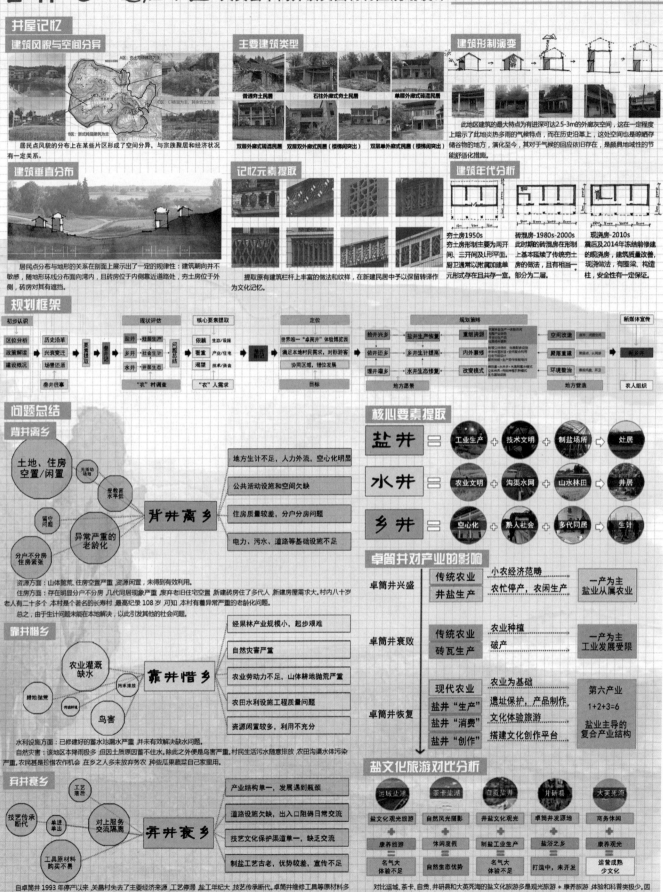

居民点风貌的分布上在某些片区形成了空间分异，与宗族聚居和经济状况有一定关系。

主要建筑类型

普通夯土民居　石柱外廊式夯土民居　单层外廊式砖混民居

双层外廊式砖混民居　双层双外廊式民居（楼梯间突出）　双层单外廊式民居（楼梯间突出）

建筑形制演变

此地区建筑的最大特点为有进深可达2.5-3m的外廊灰空间，这在一定程度上暗示了此地炎热多雨的气候特点，而在历史沿革上，这处空间也是晒存储谷物的地方，演化至今，其对于气候的回应依旧存在，是颇具地域性的节能舒适化措施。

建筑垂直分布

居民点分布与地形的关系在剖面上展示出了一定的规律性：建筑朝向并不敏感，随地形环线分布面向湾内，且砖房位于内侧靠近道路处，夯土房位于外侧，砖房对其有遮挡。

记忆元素提取

提取原有建筑栏杆上丰富的做法和纹样，在新建民居中予以保留转译作为文化记忆。

建筑年代分析

夯土房1950s
夯土房形制主要为两开间、三开间及L形平面。厨卫通常以附属的砖建单元形式存在且共存一室。部分为二层。

砖混房-1980s-2000s
此时期的砖混房在形制上基本延续了传统夯土房的做法，且有相当单元形式存在且共存一室。部分为二层。

现浇房-2010s
震后及2014年冻结前修建的现浇房，建筑质量改善，现浇做法，有圈梁、构造柱，安全性有一定保证。

规划框架

初步认识：区位分析、历史沿革、政策解读、建设概况、垦井往事
现状评估：盐井·灶居生产、乡村·社会生计、水井·井居生态、"农"村调查
核心要素提取：依赖、看望、渴望、"农"人需求　生态/乡愁　产业/住老　技术/资金
定位：世界唯一"卓筒井"体验博览馆　满足本地村民需求，对标游客　协同区域，错位发展　目标　地方愿景
规划策略：拾井兴乡、依井还乡、理井灌乡　盐井生产恢复、乡村生计提高、水井生态修复　重组资源、内外兼修、改变模式　空间改造、展屋重建、环境整治　地方营造
新媒体宣传：新业井　农人组织

问题总结

背井离乡

土地、住房空置/闲置、无活动场地、受教育水平低、留守问题、分户不分房住房紧张、异常严重的老龄化 → 背井离乡
- 地方生计不足，人力外流，空心化明显
- 公共活动设施和空间欠缺
- 住房质量较差，分户分房问题
- 电力、污水、道路等基础设施不足

资源方面：山体抛荒，住房空置严重，资源闲置，未得到有效利用。
住房方面：存在明显分户不分房，几代同居现象严重，废弃老旧住宅空置，新建砖房住了多代人，新建房屋需求大。村内八十岁老人有二十多个，本村是个著名的长寿村，最高纪录108岁，可知，本村有着异常严重的老龄化问题。
总之，由于生计问题未能在本地解决，以此引发其他的社会问题。

靠井惜乡

农业灌溉缺水、陈年排放、耕地抛荒、传统技术、鸟害 → 靠井惜乡
- 经果林产业规模小，起步艰难
- 自然灾害严重
- 农业劳动力不足，山体耕地抛荒严重
- 农田水利设施工程质量问题
- 资源闲置较多，利用不充分

水利设施方面：已修建好的蓄水池漏水严重，并未有效解决缺水问题。
自然灾害：该地区本降雨极多，但因土质原因蓄不住水。除此之外便是鸟害严重。村民生活污水随意排放，农田沟渠水体污染严重。农民甚是珍惜农作机会，在乡之人多未放弃务农，种些瓜果蔬菜自己家里用。

弃井衰乡

工艺凋零、单进单出、技艺传承断代、工具原材料购买不易、对上服务交流隔离 → 弃井衰乡
- 产业结构单一，发展遇到瓶颈
- 道路设施欠缺，出入口阻碍日常交流
- 技艺文化保护渠道单一，缺乏交流
- 制盐工艺古老，优势较差，宣传不足

自卓筒井1993年停产以来，关昌村失去了主要经济来源，工艺停滞，盐工年纪大，技艺传承断代。卓筒井维修工具等原材料多从外地购买，且需要定制，制作工艺繁琐，道路交通不通畅，单进单出道路窄，堵车困难。

核心要素提取

盐井 ＝ 工业生产 ＋ 技术文明 ＋ 制盐场所 → 灶居

水井 ＝ 农业文明 ＋ 沟渠水网 ＋ 山水林田 → 井居

乡井 ＝ 空心化 ＋ 熟人社会 ＋ 多代同居 → 生计

卓筒井对产业的影响

卓筒井兴盛	传统农业：小农经济范畴 井盐生产：农忙停产，农闲生产	一产为主 盐业从属农业
卓筒井衰败	传统农业：农业种植 砖瓦生产：破产	一产为主 工业发展受限
卓筒井恢复	现代农业：农业为基础 盐井"生产"：遗址保护，产品制作 盐井"消费"：文化体验旅游 盐井"创作"：搭建文化创作平台	第六产业 1+2+3=6 盐业主导的复合产业结构

盐文化旅游对比分析

运城盐湖	茶卡盐湖	自贡盐井	井研县	大英死海
盐文化观光旅游	自然风光摄影	井盐文化观光	卓筒井发源地	商务休闲
康养旅游	休闲度假	制盐工业生产	盐浴之乡	康养观光
名气大 体验不足	自然生态优势	名气大 体验不足	打造中，未开发	运营成熟 少文化

对比运城、茶卡、自贡、井研县和大英死海的盐文化旅游多是观光旅游＋康养旅游，体验和科普类极少。因卓筒井现存遗址保存完好，技艺古老，工具方法原始，便于进行体验式开发挖掘。

叁井记· 盐井新说 大英县卓筒井镇关昌村村庄规划设计

拾井兴乡策略

览+游+娱+乐

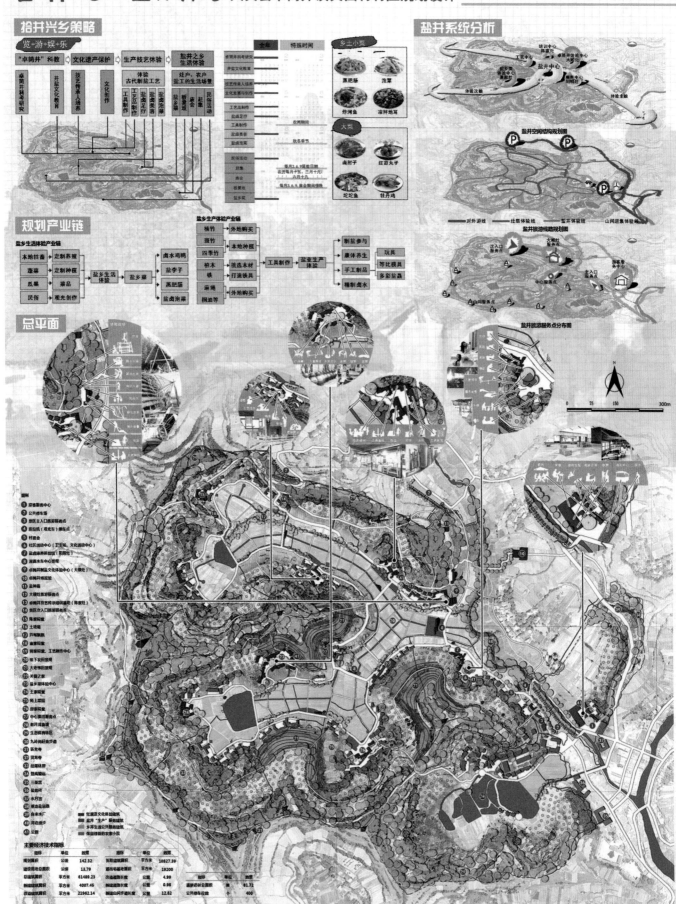

盐井系统分析

规划产业链

总平面

叁井记 · 活水井法 大英县卓筒井镇关昌村村庄规划设计

理井濯乡策略

水从哪里来

井水 → 部分生活用水 → 净化 → 污水

雨水 → 土壤涵养 / 面状储水 / 带状储水 / 点状储水 → 梯田 / 堰塘 / 水渠 / 蓄水池 → 景观用水 → 农业灌溉用水

关昌村缺水，首要解决的是如何留住水，即更好地收集并利用好雨水，可以从山体土壤、堰塘、水渠、蓄水池、生活污水净化以及井水等多方面，点线面结合形成灌溉体系。

立体种养模式 → 立体养殖 → 林畜模式（鸡、鸭）→ 提高农用地利用率
立体种养模式 → 立体种植 → 林菌模式（地耳）→ 提高农用地利用率

农业种养策略

核心产品 李子、核桃 ← → 堰塘 ← → 柏树林、竹林 ← → 有机蔬菜

李子、核桃	堰塘	柏树林、竹林	有机蔬菜
生态观光采摘体验 / 精品林果展销 / 相关产品研发与展示	滨水休闲	康体养生 / 生态保护	盐卤养生食疗 / 有机农业种植体验
花季、果季 / 果蔬精品博览会 / 果干、果脯、坚果…	水岸观光 / 休闲垂钓	丛林漫步 / 保育区禁入	盐乡菜 / 原生蔬菜

李子、核桃为关昌村经果林主要产物，形成观花、摘果、果脯制作等产业活动。堰塘可形成滨水休闲观光活动。山间竹林树林划一定区域进行生态保护，禁止入内，保留生态完整和不受旅游活动打扰，结合盐乡菜种植有机蔬菜。

农业灌溉系统规划

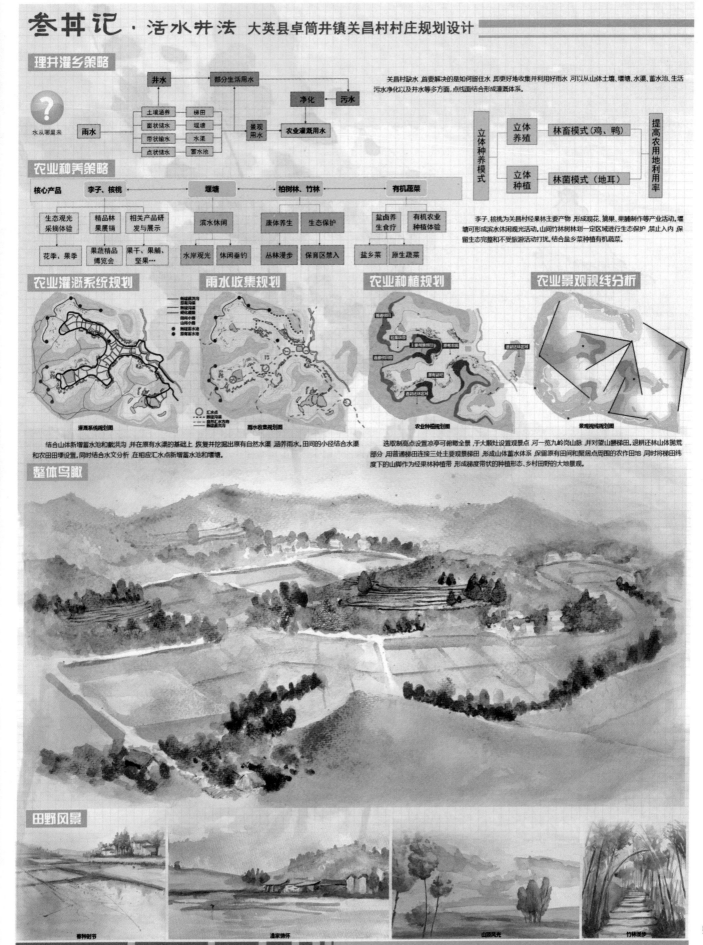

灌溉系统规划图

结合山体新增蓄水池和截洪沟，并在原有水渠的基础上，恢复并挖掘出原有自然水渠，涵养雨水。田间的小径结合水渠和农田田埂设置。同时结合水文分析，在相应汇水点新增蓄水池和堰塘。

雨水收集规划

雨水收集规划图

农业种植规划

农业种植规划图

选取制高点设置凉亭可俯瞰全景，于大顺灶设置观景点，可一览九岭岗山脉，并对望山腰梯田。退耕还林山体抛荒部分，用普通梯田连接三处主要观景梯田，形成山体蓄水体系，保留原有田间和聚居点周围的农作田地，同时将梯田纬度下的山脚作为经果林种植带，形成梯度带状的种植形态，乡村田野的大地景观。

农业景观视线分析

景观视线划划图

整体鸟瞰

田野风景

春种时节　　　渔家情怀　　　山顶风光　　　竹林漫步

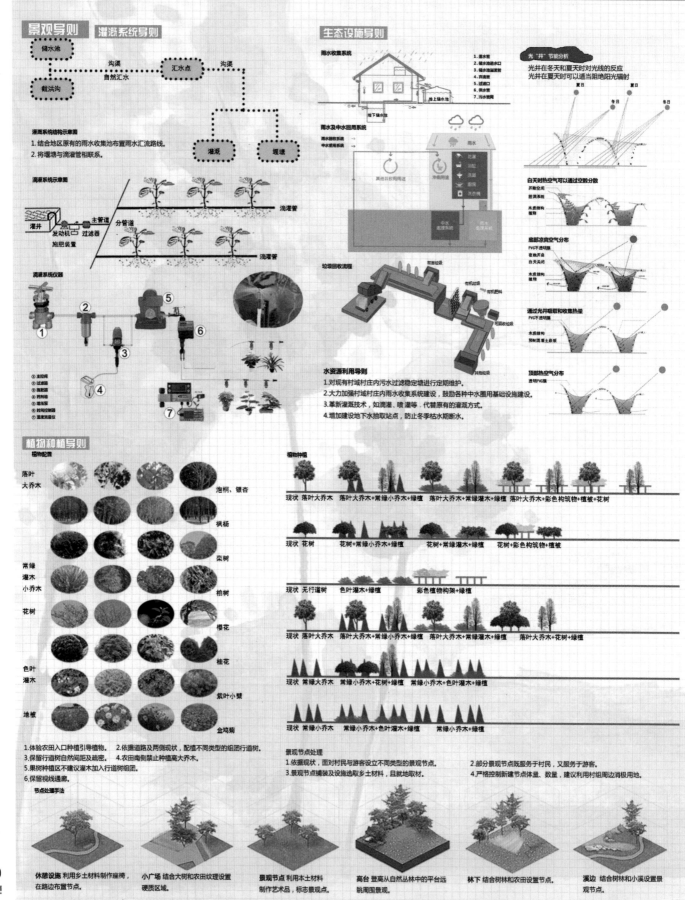

叁井记·活水井法 大英县卓筒井镇关昌村村庄规划设计

叁丼记·新乡井，新生活 大英县卓筒井镇关昌村村庄规划设计

生活系统服务规划

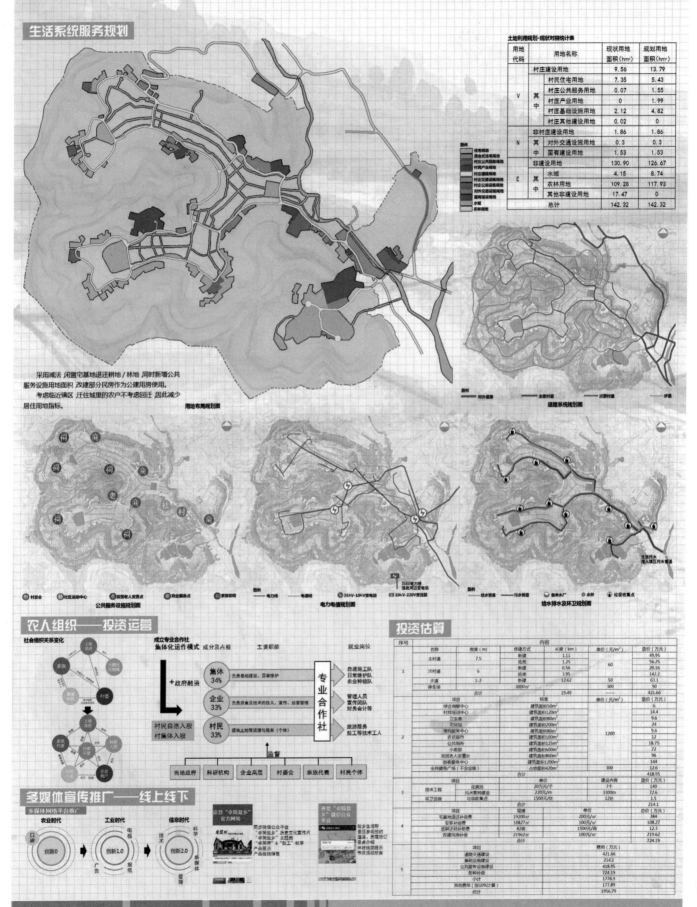

土地利用规划-现状对照统计表

用地代码		用地名称	现状用地面积(hm²)	规划用地面积(hm²)
V		村庄建设用地	9.56	13.79
	其中	村民住宅用地	7.35	5.43
		村庄公共服务用地	0.07	1.55
		村庄产业用地	0	1.99
		村庄基础设施用地	2.12	4.82
		村庄其他建设用地	0.02	0
N		非村庄建设用地	1.86	1.86
	其中	对外交通设施用地	0.3	0.3
		国有建设用地	1.53	1.53
E		非建设用地	130.90	126.67
	其中	水域	4.15	8.74
		农林用地	109.28	117.93
		其他非建设用地	17.47	0
		总计	142.32	142.32

采用减法 闲置宅基地退还耕地/林地 同时新增公共服务设施用地面积 改建部分民房作为公建用房使用。

考虑临近镇区 迁往城里的农户不考虑回迁 因此减少居住用地指标。

用地布局规划图

道路系统规划图

公共服务设施规划图

电力电信规划图

给水排水及环卫规划图

农人组织——投资运营

社会组织关系变化

成立专业合作社
集体化运作模式

多媒体宣传推广——线上线下

多媒体网络平台推广

农业时代　工业时代　信息时代

创新0 → 创新1.0 → 创新2.0

投资估算

叁井记·新乡井，新生活 大英县卓筒井镇关昌村村庄规划设计

灶居（聚居点）改造——莫家灶

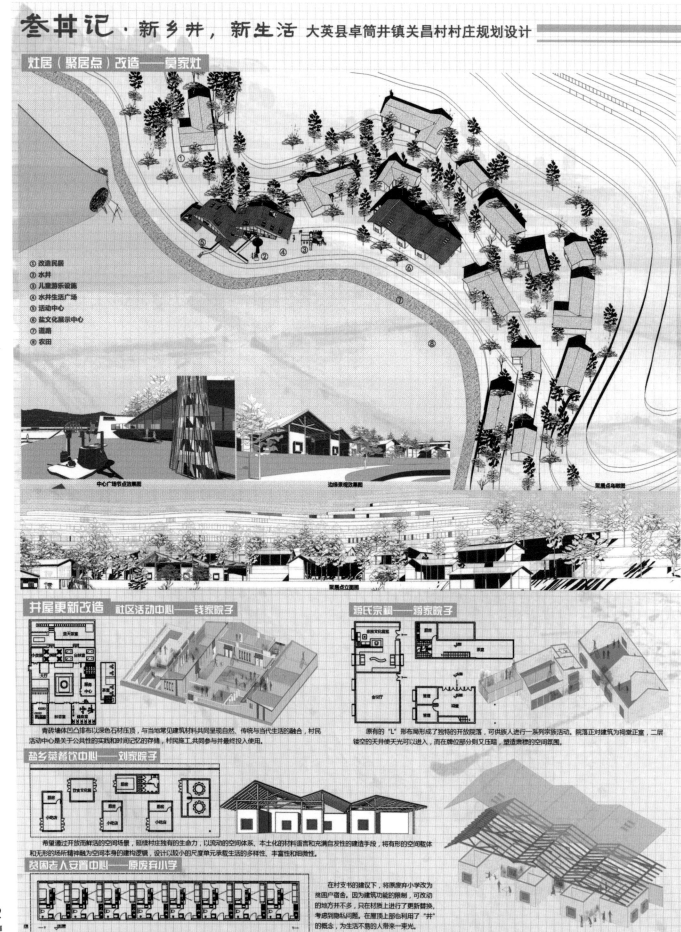

① 改造民居
② 水井
③ 儿童游乐设施
④ 水井生活广场
⑤ 活动中心
⑥ 盐文化展示中心
⑦ 道路
⑧ 农田

中心广场节点效果图　　　　边缘景观效果图　　　　聚居点鸟瞰图

聚居点立面图

井屋更新改造 社区活动中心——钱家院子

青砖墙体凹凸排布以深色石材压顶，与当地常见建筑材料共同呈现自然、传统与当代生活的融合，村民活动中心是关于公共性的实践和时间记忆的存储，村民施工，共同参与并最终投入使用。

蒋氏宗祠——蒋家院子

原有的"L"形布局形成了独特的开放院落，可供族人进行一系列宗族活动。院落正对建筑为祠堂正室，二层镂空的天井使天光可以进入，而在牌位部分则以压暗，塑造肃穆的空间氛围。

盐乡菜餐饮中心——刘家院子

希望通过开放而鲜活的空间场景，延续村庄独有的生命力，以流动的空间体系、本土化的材料语言和充满自发性的建造手段，将有形的空间载体和无形的场所精神融为空间本身的建构逻辑，设计以较小的尺度单元承载生活的多样性、丰富性和细微性。

贫困老人安置中心——原废弃小学

在村支书的建议下，将原废弃小学改为贫困户宿舍。因为建筑功能的限制，可改动的地方并不多，只在材质上进行了更新替换，考虑到隐私问题，在屋顶上部也利用了"井"的概念，为生活不易的人带来一束光。

叁井记·新乡井，新生活 大英县卓筒井镇关昌村村庄规划设计

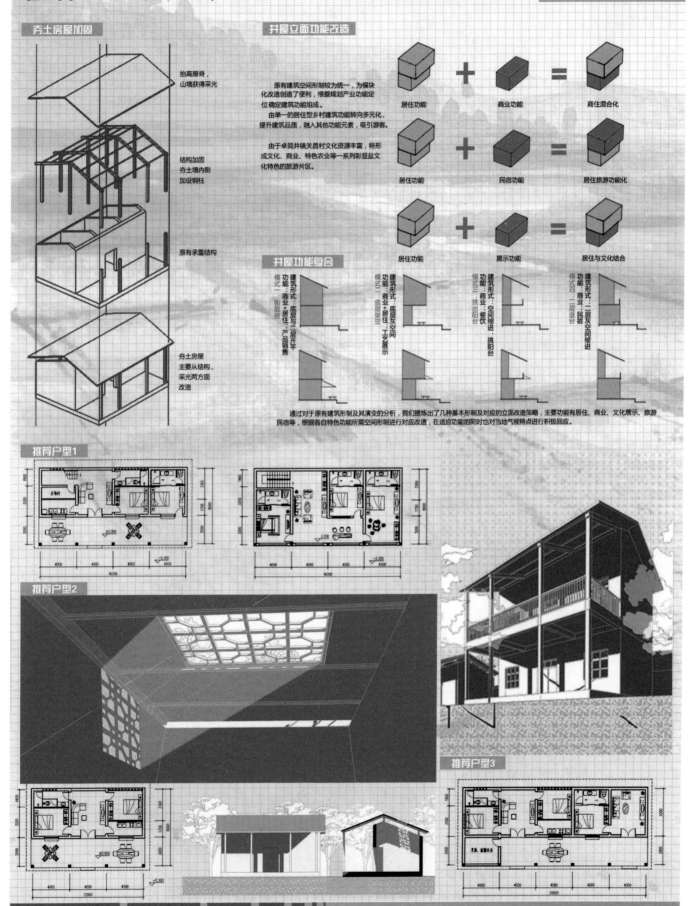

夯土房屋加固

抬高屋脊，
山墙获得采光

结构加固
夯土墙内侧
加设钢柱

原有承重结构

夯土房屋
主要从结构、
采光两方面
改造

井屋立面功能改造

原有建筑空间形制较为统一，为模块
化改造创造了便利，根据规划产业功能定
位确定建筑功能组成。

由单一的居住型乡村建筑功能转向多元化，
提升建筑品质，融入其他功能元素，吸引游客。

由于卓筒井镇关昌村文化资源丰富，将形
成文化、商业、特色农业等一系列彰显盐文
化特色的旅游片区。

居住功能　＋　商业功能　＝　商住混合化

居住功能　＋　民宿功能　＝　居住旅游功能化

居住功能　＋　展示功能　＝　居住与文化结合

井屋功能复合

建筑形式：底层与二层齐平
功能：商业＋居住
模式一：街面房
产品销售

建筑形式：底层发空间
功能：商业＋居住，工艺展示
模式二：庭院类型

建筑形式：空间缩进，挑出阳台
功能：商业，餐饮
模式三：挑出阳台

建筑形式：二层发空间缩进
功能：商业，民宿
模式四：二层退台

通过对于原有建筑形制及其演变的分析，我们提炼出了几种基本形制及对应的立面改造策略，主要功能有居住、商业、文化展示、旅游
民宿等，根据各自特色功能所需空间形制进行对应改造，在适应功能的同时也对当地气候特点进行积极回应。

推荐户型1

推荐户型2

推荐户型3

守艺·归原 遂宁市河东新区云灵社区规划设计
YUNLING COMMUNITY DESIGN OF HEDONG NEW DISTRICT

规划背景

政策解读——乡村振兴

2017年10月18日，习近平总书记在党的十九大报告中两次提到实施乡村战略，报告指出："农业农村农民问题是关系国计民生的根本性问题，必须始终把解决好'三农'问题作为全党工作重中之重。要坚持农业农村优先发展，按照产业兴旺、生态宜居、乡风文明、治理有效、生活富裕的总要求，建立健全城乡融合发展体制机制和政策体系，加快推进农业农村现代化。"

十九大报告提出的"实施乡村振兴战略"的新发展理念既切中了当前乡村发展的要害，也指明了新时代乡村发展方向，明确了乡村发展新思路。

政策解读——田园综合体

田园综合体是集现代农业、休闲旅游、田园社区为一体的特色小镇和乡村综合发展模式，是在城乡一体格局下，顺应农村供给侧结构改革、新型产业发展，结合农村产权制度改革，实现中国乡村现代化、新型城镇化、社会经济全面发展的一种可持续模式。"田园综合体"是指综合化发展产业和跨越式利用农村资源，是当前乡村发展代表创新突破的思维模式。2016年9月，中央农办领导考察指导该项目时，对该模式给予高度认可。

2017年，由田园东方的基层实践，源于阳山的"田园综合体"一词被正式写入中央一号文件，文解读"田园综合体"模式是当前乡村发展新型产业的亮点举措。

坚持农业农村优先发展，按照产业兴旺、生态宜居、乡风文明、治理有效、生活富裕的总要求，建立健全城乡融合发展体制机制和政策体系。

完善农业支持保护制度，发展多种形式适度规模经营，培育新型农业经营主体，健全农业社会化服务体系，实现小农户和现代农业发展有机衔接。

深化农村土地制度改革，完善承包地"三权"分置制度。保持土地承包关系稳定并长久不变，第二轮土地承包到期后再延长三十年。

乡村基层组织是架构在农村与上级政府之间的桥梁，乡村有效治理是实现农村农业现代化目标、贯彻新发展理念、解放和发展农村生产力的保障。

详细解析

有条件的乡村以合作社为载体 → 以农民合作社为主要载体 → 农业循环+创意农业+农事体验 → 农民受益

模式超前：企业参与 / 带有商业的顶层设计 / 城市元素与乡村结合

作用巨大：
- 实现乡村时代化和新型城镇化联动发展。
- 培育和转换农村农业发展。
- 推动现有农庄、农场、合作社、农业特色小镇、农业产业园以及农旅产业、乡村地产等转型升级。

上位规划解读

遂宁中心城区用地规划：生态绿地

基地大部分处于遂宁中心城区用地规划的生态绿地区域，另外包含了郊野公园和少量居住用地，属于参与构建绿地系统和城市景观格局的生态绿地中的"五个绿楔"之一。

城市规划要求通过建设郊野公园，发挥联系城市内部绿地与外围生态环境的纽带作用，同时为市民郊野休闲、游憩提供空间环境。

城市功能分区规划：丘陵农业发展区

结合丘陵地区的地形特征，发展特色经济作物种植和养殖业。加强区内城镇的服务设施建设，提高服务周边农业地区的能力，改善与中心城区的交通联系。以农业规模化经营和新农村建设为抓手，带动农业地区的发展，为城市发展提供粮食、蔬菜、禽肉和其他农业原材料。

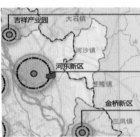

市域产业布局规划：
商务会展、商业金融、教育科研、文化创意、休闲旅游

农业产业园

农业产业园是是河东新区唯一一个涉及农业的产业基地，是遂宁农耕文化的展示窗口和现代农业的孵化基地。基地位于农业产业园东部。

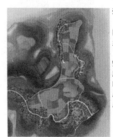

云灵社区村庄规划及新村聚居点规划

目标：
乡村复兴、原乡营造

安置点中按社区要求配建了公共管理用房、教育、医疗、文体、养老、社区商业等相应配套设施。
总用地面积：87181 平方米
总建筑面积：49780 平方米

住宅	3 人户	4 人户	5 人户	总计	人均
户数	152	73	20	246	
房屋占地面积	12087	7811	2140	22038	30
建筑面积	22950	14600	5000	42550	50

公寓	40 ㎡	80 ㎡	100 ㎡	总计	人均
户数	15	11	6	32	
建筑面积	600	880	600	2080	

公建区域面积：5150 平方米

遂宁位于四川盆地中部腹心，是成渝经济区的区域性中心城市，四川省的现代产业基地，以"养心"文化为特色的现代生态花园城市。西连成都，东邻重庆、广安、南充，南接内江、资阳，北靠德阳、绵阳，与成都、重庆呈等距三角。

基地地处遂宁市河东新区东部，与中华养生谷相邻，一面与城市相接，三面被山野环抱，是河东新区范围内唯一一块未按城市规划路径开发的原真乡村，拥有的独特区位优势。位于城市近郊一小时都市游憩圈内，基地凭借良好的生态环境和田园资源，是城市中难得的一块绿色生态地，未来将成为遂宁市民重要的休闲后花园。

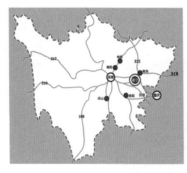

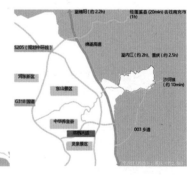

任务书解读

工作内容：调研分析 + 规划设计 + 建筑风貌意象

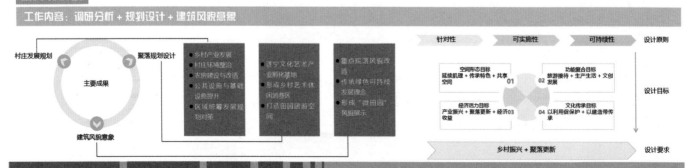

主要成果：
- 村庄发展规划
- 聚落规划设计
- 建筑风貌意象

- 乡村产业发展
- 村庄环境整治
- 农房建设与改造
- 公共设施与基础设施提升
- 区域统筹发展规划纲要

- 遂宁文化艺术产业孵化基地
- 形成乡村艺术休闲消费区
- 打造田园居游空间

- 重点院落风貌改造
- 传承绿色可持续发展理念
- 形成"微田园"风貌展示

针对性 / 可实施性 / 可持续性 → 设计原则

空间形态目标：延续肌理+传承特色+共享空间 01
功能复合目标：旅游接待+生产生活+文创发展 02
经济活力目标：产业振兴+聚落更新+经济收益 03
文化传承目标：以利用促保护+以建造带传承 04

设计目标

乡村振兴+聚落更新 → 设计要求

守艺·归原 遂宁市河东新区云灵社区规划设计
YUNLING COMMUNITY DESIGN OF HEDONG NEW DISTRICT

场地概况

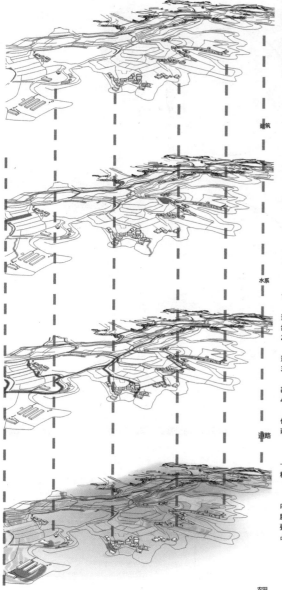

建筑

水系

道路

农田

总建筑面积为 33100 平方米
建筑基地面积约为 29400 平方米
整体毛容积率 0.021
整体毛建筑密度为 0.018

现状建筑仅满足当地居民的居住需求，建设量非常低，设计应适当加大建设以满足未来发展需求，同时尊重现状基本农田，在有限的范围内进行开发建设。

云灵社区水资源较为丰富，形态丰富。但现状水质较差，缺乏管理，导致活力缺乏。基地内水系主要分为三类：

1. 塘：基地内有两处较大的鱼塘。分别位于云灵社区八社和九社。面积分别为 0.55 公顷和 0.25 公顷，水质较差。
2. 渠：云灵社区内中部有条水渠贯穿东西，水渠支流向南北延伸呈树枝状，宽度在 1~3m 之间。
3. 桥：金鱼桥位于云灵社区 7 社，基地中部，为一座小型人行石桥。

1. 基地内主要道路——车行道
基地内唯一水泥道路，为进村的主要道路，道路净宽为 3 米，有单侧护栏，另一侧为自然景观与农田。
2. 次要道路——从主路向南北分散
多条土路分散至南北两方向，道路宽为 2 米，道路两侧基本都为植被与农田。
3. 金鱼桥
基地内部唯一命名的桥，宽为 2 米，位于基地中部联系基地南北。
4. 基地内部多条小路
分散在基地内部，宽度小于 1 米，一般为住宅周边小路或通往深处住宅的小路，道路两侧地形不一。

云灵社区用地中，基本农田占 71.15%，一般农田占 2.67%，农田主要类型有旱地、稻田、菜地等。

农田集中于基地中部，由于山地丘陵以及内部沟渠的分布，形成细微复杂的农田自然肌理。农田以旱地和稻田为主，形成基地主要的农业资源，此外，竹林和果园地有一定占比，可在未来村庄产业加以利用。

社会调查分析

问卷 1——遂宁本土居民对周边乡村旅游意向调查
我们需要
● 遂宁市本土居民作为基地旅游业市场的主要受众人群
● 基地想要重回活力，旅游业的发展必不可少
● 遂宁本土居民的问卷回馈作为基地的旅游业发展各方面的依据

市民需要
旅游知名度 13.38%
乡村化的体验服务 47.77%
舒适的旅游环境 77.71%
特色的乡镇文化 57.32%
便利的交通条件 63.06%
完善的游玩设施 60.51%

关于乡村旅游产业的打造我们需要：
改善现有环境及设施
打造全龄化旅游景区
发扬当地的特色文化

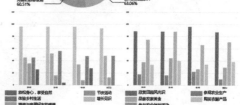

市民最需要什么？
● 20—30：良好的乡野环境与农家美食，一个放松身心的地方
● 30—40：良好的环境与美食，寻求体验乡野生活，增进感情
● 40—60：生态环境与当地食品，以放松身心，感受自然为主

问卷 2——遂宁市云灵社区艺术家村落可行性调查
我们需要
● 对定位可行性的评估
● 了解从事艺术工作的群体的需求（受众人群：艺术家、艺术类学生）
● 根据问卷找到基地应改进的问题

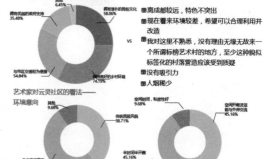
其他 6.45%
拥有优越的资源支持 35.48%
拥有丰富的历史文化 58.06%
与市区交通较为便捷 54.84%
拥有良好的乡村环境 74.19%

vs

● 离成都较远，特色不突出
● 现在看来环境较差，希望可以合理利用并改造
● 我对这里不熟悉，没有理由无缘无故弄一个所谓标榜艺术村的地方，至少这种貌似标签化的村落营造应该受到质疑
● 没有吸引力
● 人烟稀少

艺术家对云灵社区的看法——
环境意向
其他 9.68%
传统民居风貌 38.71%
自主改造风貌 51.61%

空间意向
空间规划，私密性好 9.68%
空间开敞灵活，布局满足存储需求 45.16%
半封闭半开敞 45.16%

在工作环境风貌上，受众者需要有一定开敞程度的工作空间，工作室风貌希望与原始风貌结合并加入自己的改造。

大众需求
● 住宿条件好一点
● 符合艺术生活条件
● 融入古村
● 适合不同水平、不同层次的人在此地创作。孩童、大学生、专业的艺术家、业余的爱好者都能于此地交流创作

● 将当地特色传统文化融合在每一个细节中
● 具有满足生活需要的基础设施
● 融自然，融入当地环境特色，也要有自己特色
● 不要破坏当地的环境，结合当地民风民俗来打造人文情怀，让百姓能懂

社会调查分析

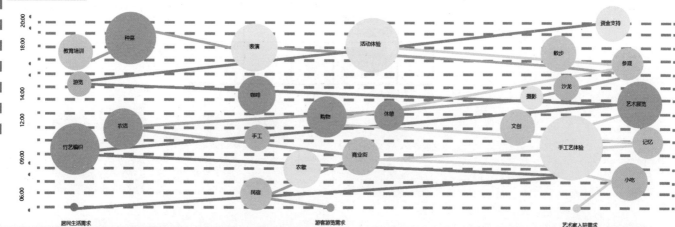

居民生活需求　　　　　　游客游览需求　　　　　　艺术家入驻需求

守艺·归原 遂宁市河东新区云灵社区规划设计
YUNLING COMMUNITY DESIGN OF HEDONG NEW DISTRICT

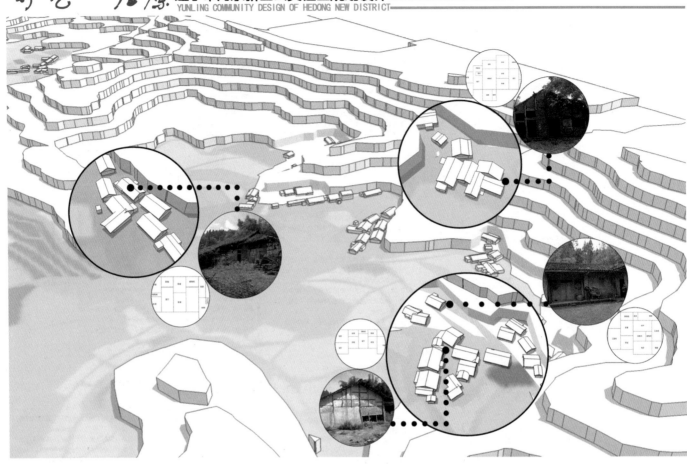

建筑分析

建筑质量分析

规划区内现状建筑质量整体较差，以二类建筑和三类建筑为主，这两类建筑约占建筑总面积的63.74%。

■ 一类建筑
■ 二类建筑
■ 三类建筑

建筑性质分析

住宅建筑占总建筑面积的93.05%，村委会即行政管理建筑占总建筑面积的3.02%，养殖场即农业服务类建筑占总建筑面积的3.93%。

■ 养殖场
■ 住宅
■ 村委会

建筑层数分析

建筑层数、风貌基本一致，多为单层，单层建筑多以传统技艺建造而成；二层建筑点缀在单层建筑之间，三层建筑仅一栋，多层建筑则运用了现代化的混凝土和贴面砖。

■ 单层建筑
■ 二层建筑
■ 三层建筑

建造过程

建筑材料分析

云灵社区传统民居的建造材料一般为当地取材，主要包括：土、砖、石、竹、石灰等。

建造材料	照片	用途	优点	缺点
土		夯土墙、屋顶瓦、平台、土坯砖	保温隔热性能好、易得、易加工	卫生条件差、易开裂、居住环境差、使用年限低
砖		墙体、门窗	易得、易加工、自重小、施工方便	易着火、易腐烂、易变形
石		石墙、场地台基、石柱、地基	易得、防火、坚硬	自重太大、难加工
竹		窗为主	轻盈、易得、易加工、施工方便	易变形、易着火、易坏
石灰		墙面为主	易施工、方便晾晒	材料难得

建筑结构分析

1. 墙体

云灵社区传统民居的墙体以土墙和石墙为主，一般还包括竹砖、石灰等元素。强身厚度一般为21-30cm，层高一般为4m左右。

2. 结构

云灵社区建筑框架以木框架为主，单个柱子直径为10-30cm不等，柱间距一般为1m左右。

3. 屋顶

基地内大部屋顶为青瓦顶，尺寸为170mm×200mm×12mm。檩头和屋面板挑出山墙面，无博风板。屋顶的木架构为传统抬梁穿斗式。

4. 门窗

建筑门窗较为简陋，门尺寸一般为1.3m×2m，洞口较小的仅有0.8m×1.6m。窗为木质窗，窗洞尺寸无定数，木条为3cm×3cm的长方体，木条间距一般为5cm。

现状总结

景不明 题不朗 水未兴

现状景观有待优化
现状山体未成其用
现有水体少为人知
良好生态处于荒置

路不畅 水无宁 客无净

现状水体利用无章
现有道路未成体系
现状景观缺乏特色
公共活动场所紧缺

穴无奇 避声息 之经营

农田杂乱缺乏管理
基地资源缺少开发
现有设施废弃空置
区域发展毫无特色

守艺·归原 遂宁市河东新区云灵社区规划设计
YUNLING COMMUNITY DESIGN OF HEDONG NEW DISTRICT

总平面图

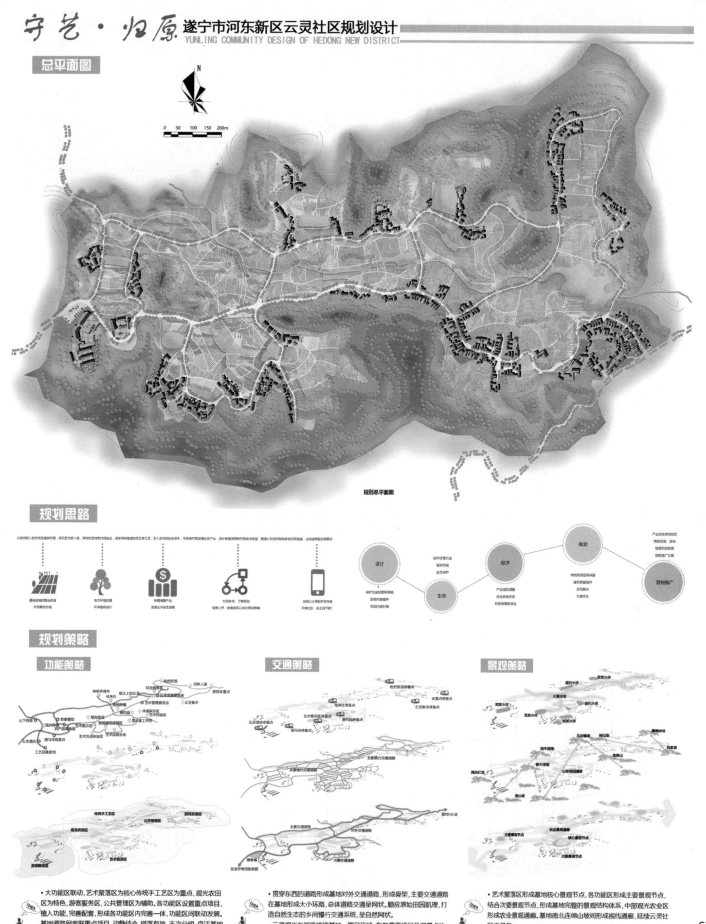

规划总平面图

规划思路

以政府投入的方式配套修村落，吸引艺术家入驻，帮助扶持修村民建设，传承传统建造技艺与手工艺，引入多元的社会资本，引导老村民发展社区产业，设计制配种植种村民自治程置，营造公共空间构和新老村民间交流，让动建和完善更多

设计 —— 自然价值为主 —— 生态 —— 产业结构调整 —— 经济 —— 传统院落空间延续 —— 规划 —— 产业结合传统技艺

规划策略

功能策略

交通策略

景观策略

- 大功能区联动，艺术聚落区为核心传统手工艺区为重点、观光农田区为特色，游客服务区、公共管理区为辅助。各功能区设置重点项目，植入功能，完善配套，形成各功能区内完善一体，功能区间联动发展。基地道路网串联重点项目，动静结合，错落有致，主次分明，盘活基地，联动发展。

- 贯穿东西的道路形成基地对外交通道路，形成骨架，主要交通道路在基地形成大小环路，总体道路交通呈网状。顺应原始田园肌理，打造自然生态的乡间慢行交通系统，呈自然网状。
- 云灵观光车游览线绕基地一圈呈环状，在各重要项目及观景点处设置停车站点。

- 艺术聚落区形成基地核心景观节点，各功能区形成主要景观节点，结合次要景观节点，形成基地完整的景观结构体系，中部观光农业区形成农业景观廊道。基地南北连绵山峦间形成视线通廊，延续云灵社区之灵气。
- 梳理细小水流、鱼塘、水田等，构筑完整水文体系，零星分布观赏水体，体现乡野韵味，整合水渠，形成东西连贯水流。

守艺·归原 遂宁市河东新区云灵社区规划设计
YUNLING COMMUNITY DESIGN OF HEDONG NEW DISTRICT

空间策略

可利用空间

为基地内部现有可经改善后再利用的空间，其中包括可打造的草地、鱼塘、荒废的林地等生态用地以及无用的建筑外空间。

活动空间

各户住宅长度、周边竹林分布以及各户生活生产需要而定。有的与周边环境结合具有宽阔的外部空间，也有部分直接分布在道路两侧。

灰色空间

基地内部未得到利用的灰色空间，这类空间一般存在于住宅之间、道路两侧以及聚落背面那些容易被忽略的空间。

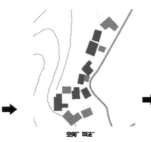

空间"加法"

对现有空间梳理，通过"加法"打造院落空间，增强空间围合感。

空间"减法"

通过"减法"将质量较差、破坏空间格局的建筑去掉，增强空间整体感。

空间"串联与组合"

规划策略对场地建筑群进行了街巷更新的设计，针对原有自发性的建筑空间组合形式存在的流线不畅、缺乏序列感、功能性的规划缺失等问题，重新设计街巷空间，并更新区内设施，提高居民生活质量的同时提高旅游品质。

空间整合

将现状可利用空间、活动空间、灰色空间进行整合梳理。

空间糅合

整体空间格局及视线通廊的打造

空间置换

 增加公共活动设施

 增加邻里交往场所

增加基础医疗设施

增设照明设施

 增加公共服务设施

 传统技艺传承

改善环境卫生状况

建筑改造更新

 增加公共绿地空间

 资源再利用

增加便利性设施

生态资源保护

基础设施规划

给水规划图

排水规划图

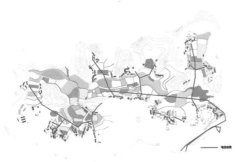

电信规划图

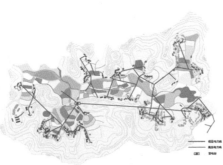

电力规划图

旅游规划策略

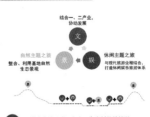

结合一、二产业，协动发展

文

自然主题之旅
整合、利用基地自然生态景观

娱

休闲主题之旅
与现代旅游业相结合，打造休闲娱乐旅游体系

娱 以现代化旅游项目为主，为乡村传统旅游增添多样化的氛围

· 特色餐饮
· 特色市场
· 休闲娱乐
· 展览观光……

全竹宴、特色农产品、云灵早市、特色夜市、垂钓园、手工艺展览园、艺术观览园、特色民俗、现代商业……

文 以文旅为主的主题旅游线

· 手工艺文化体验
· 农旅文化体验
· 传统建筑文化体验

传统文化体验地、手工艺学堂、手工艺制作、多样化农事体验、建造技艺文化学堂、建造模型体验……

然 利用基地良好的生态资源，打造自然观光主题游线

· 田园景观
· 亲水景观
· 生态竹林
· 山地游步

田间慢行步道、河畔人家、垂钓河塘、禅修养生、山间运动步道、艺术花园……

守艺·归原 遂宁市河东新区云灵社区规划设计
YUNLING COMMUNITY DESIGN OF HEDONG NEW DISTRICT

旅游路线设计

文化旅游路线

曹叔叔的一天1

这西房子风貌保留的还好诶~下次带屋头那些小朋友来感受哈我们乡村民居的魅力

曹叔叔的一天2

幺儿，你看！这个田里头的鸭子和鱼，你平时看不到这种，快去耍！好生点儿哦！

曹叔叔的一天3

这儿的枇杷还长得好诶~嬢嬢！好多钱一斤哦，我摘点回去！

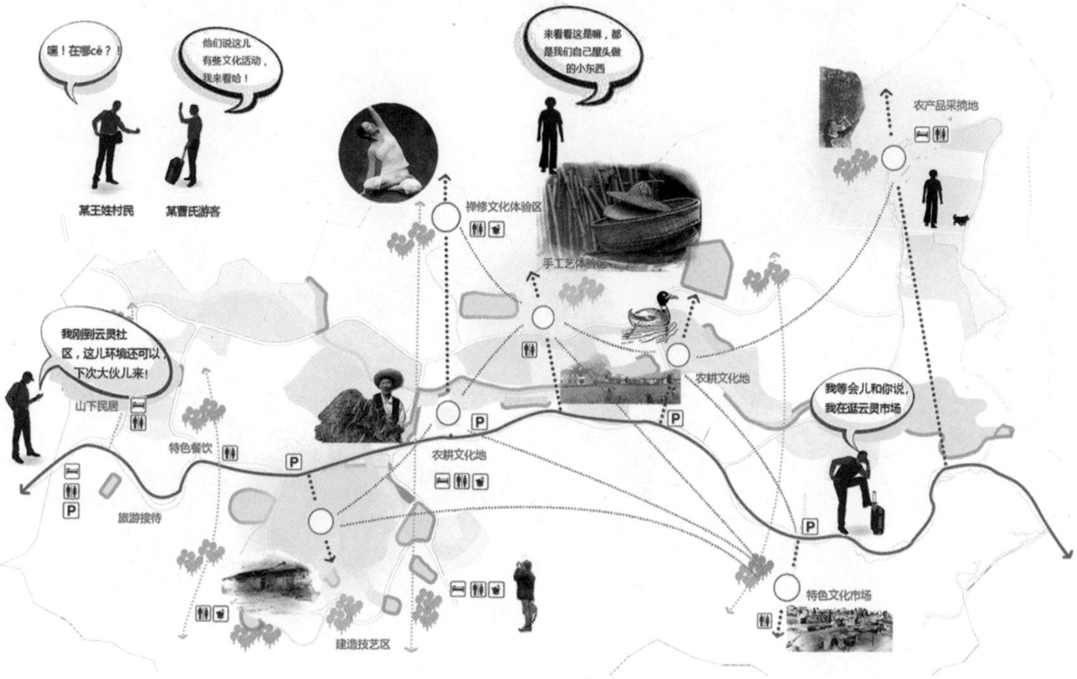

文化旅游路线

王阿姨的一天1

你好！我来之前在你们的公众平台上定了一间房，入住手续已经办好了的。

王阿姨的一天2

走累了，来坐这喝口茶！看到外面还有些画家在画画诶！安逸！

王阿姨的一天3

这儿市场里面东西看起来还新鲜诶！

王阿姨的一天4

这个河边硬是还凉快诶！吃了饭走一趟，硬是舒服得很，下次我们再一起来哈！

居民尹婆婆说！

我们这儿重新建设之后啊，我们住得也安逸了，每家每户房子宽得很！屋头年轻人有几个在前面开茶馆！现在每天人也多，热闹得很！安逸！安逸得很！

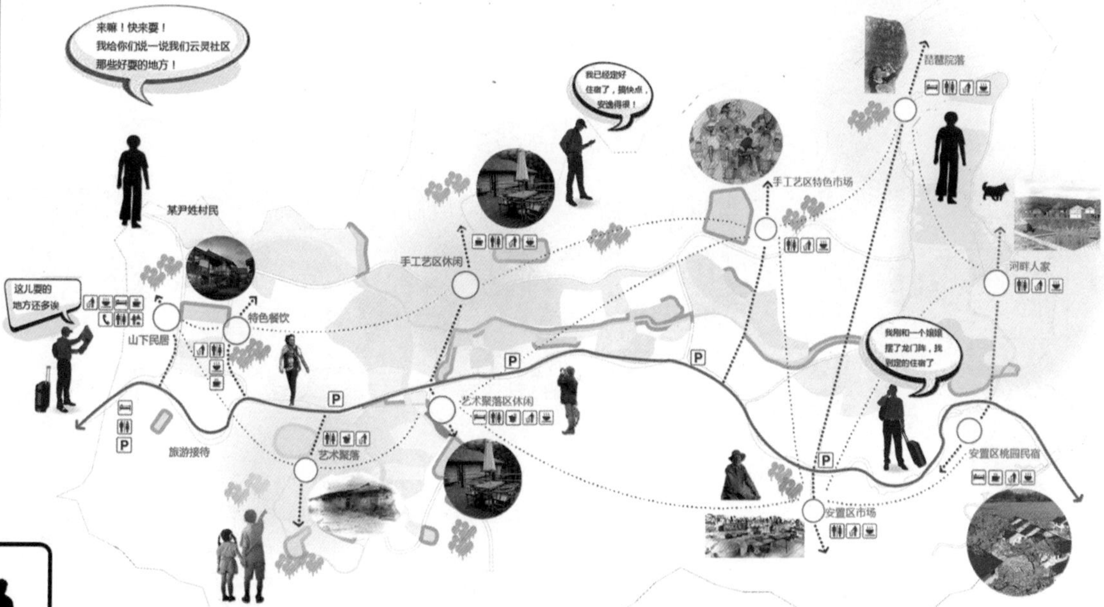

旅游容量计算

居民人口估算

根据人口调查统计，目前场地内人口数为892人。现有人口自然增长率为2.26‰，按2.3‰计算。

近期（2020年）：居民人口自然增长后调控为896人；
中期（2025年）：居民人口自然增长后调控为906人；
远期（2030年）：居民人口自然增长后调控为916人。

旅游区人口容量估算

1. 农业观光的最佳容量为1815人次/天；最大容量为5041人次/天。
2. 建造技艺区内的游客容量为4934人次/天；最大容量为9250人次/天。
3. 场地内的最佳日游客容量为6750次/天；最大日游客容量为14290次/天。

近期：30万人 中期：50万人 远期：100万人

游客床位估算

近期：W=30×0.5×10000 /（360×65%）≈641床
中期：W=50×0.6×10000 /（360×70%）≈1190床
远期：W=100×0.7×10000 /（360×80%）≈2430床

云灵社区所需的旅宿床位一部分由区内部度假设施承担，大部分由遂宁城区或邻近景区内的度假设施分担。规划确定风景区内总共安排旅游床位900床，其中近远期400床。

守艺·归原 遂宁市河东新区云灵社区规划设计
YUNLING COMMUNITY DESIGN OF HEDONG NEW DISTRICT

鸟瞰图

产业发展策略

产业发展模式

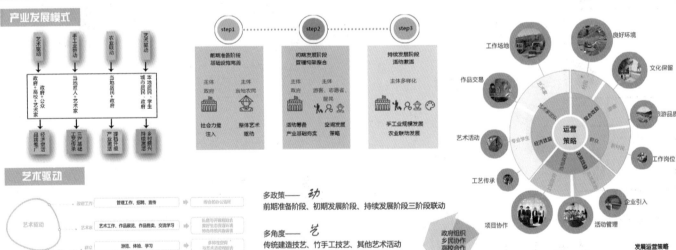

step1 · · · · · step2 · · · · · step3

前期准备阶段	初期发展阶段	持续发展阶段
基础设施完善	管理构架整合	活动激活
主体 政府	主体 当地农民	主体多样化
主体 当地农民	主体 游客、志愿者、居民	
社会力量注入 整体艺术驱动	活动筹备 空间发展 产业基础夯实 策略	手工业规模发展 农业联动发展

工作场地　良好环境
作品交易　文化保留
艺术活动　旅游品质
工艺传承　工作岗位
项目协作　企业引入
　　　　　活动管理

运营策略

发展运营策略

艺术驱动

艺术驱动

政府工作	管理工作、招商、宣传
艺术工作	艺术工作、作品展览、作品售卖、交流学习
群众	游览、体验、学习

多政策——**动**
前期准备阶段、初期发展阶段、持续发展阶段三阶段联动

多角度——**艺**
传统建造技艺、竹手工技艺、其他艺术活动

政府组织
乡民协作
高校合作

前期准备阶段

降低产业纳税金额	→	降低艺术产品的纳税金额，鼓励艺术家进行艺术品创作与销售。
稳定的土地租赁方式	→	与艺术家签订稳定的土地租赁合同，鼓励艺术家在此扎根，让艺术家有"发言权"。
补贴政策	→	为愿意来此工作的艺术家提供一些补贴以此调动其积极性。
制定艺术家帮扶政策	→	差异化竞争策略，避免产业趋同，不同行业的艺术家形成协同关系互相促进。
低价且优先租房给艺术家	→	闲置的房屋及农田为基地最丰富的基础资源，将这些资源以低廉的价格优先出租给艺术家。

初期发展阶段

管理构架

志愿者招募
艺术管理（支撑）
发展委员会（基础） （核心）

发展委员会
政府部门牵头，成立云灵社区发展委员会，负责云灵社区组织建设以及后期管理相关工作，统筹社区发展。
艺术管理——云灵经理人
专业人才+艺术工作+服务
1. 推介人才：负责艺术品推广、展览与销售
2. 商业投资人才：投资人才为艺术家提出资金问题方案
3. 艺术衍生市场人才：衍生性市场的专业负责人
4. 游线导游
5. 传统展览讲解
6. 老屋队养工作管理
技能培训部门
负责开展竹编技艺、农业知识、普通话等技能培训。

持续发展阶段

完善组织

技能培训部门
手工技能培训交流
村民代表与艺术家座谈

村民代表与艺术家座谈
定期举行村民代表和艺术家座谈会，为村民和艺术家创造交流条件。

手工技能交流
定期开展手工艺技能培训交流会，保证手艺人、村民能学习到专业手工技能并用于生产生活中。

志愿者团队招募
针对艺术活动招募志愿者，对外接待、导览、指引、辅助游客找到住宿的核心团队。

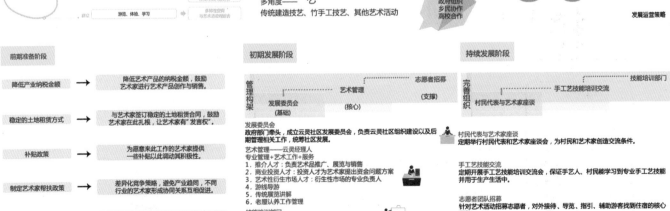

守艺·归原 遂宁市河东新区云灵社区规划设计
YUNLING COMMUNITY DESIGN OF HEDONG NEW DISTRICT

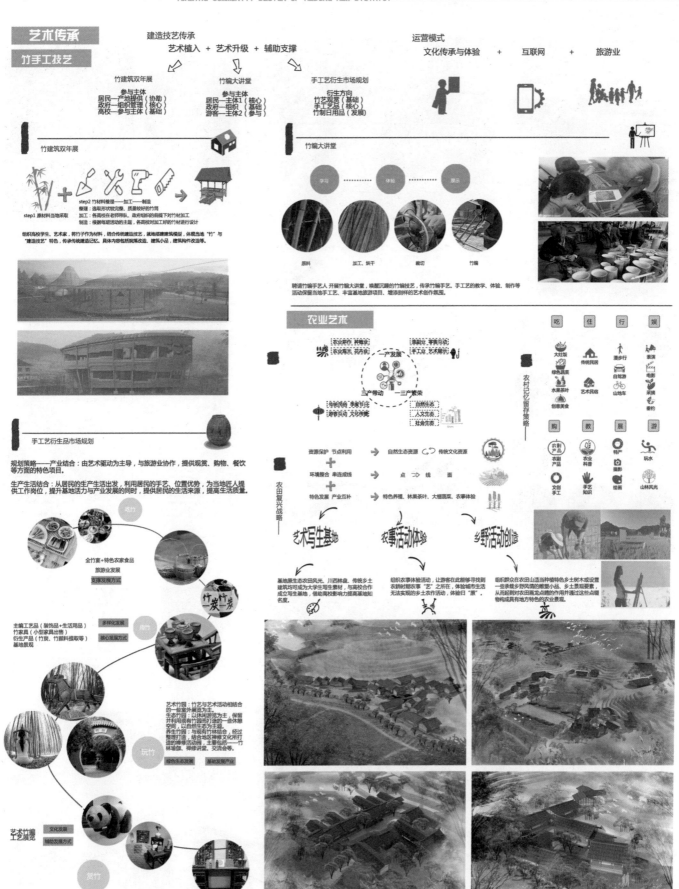

艺术传承

竹手工技艺

建造技艺传承
艺术植入 + 艺术升级 + 辅助支撑

运营模式
文化传承与体验 + 互联网 + 旅游业

竹建筑双年展
参与主体
居民—产地提供（协助）
政府—组织管理（核心）
高校—参与主体（基础）

竹编大讲堂
参与主体
居民—主体1（核心）
政府—组织（基础）
游客—主体2（参与）

手工艺衍生市场规划
衍生方向
竹艺观赏（基础）
手工艺品（核心）
竹制日用品（发展）

竹建筑双年展

step1 原材料当地采取
step2 竹材料梳理—加工—制造
整理：选取形状较完整、质量较好的竹筒
加工：各高校在老师带领、政府组织的前提下对竹材加工
制造：根据每届活动的主题，各高校对加工好的竹材进行设计

组织高校学生、艺术家，将竹子作为材料，结合传统建造技艺，就地创建建筑模型，体现当地"竹"与"建造技艺"特色，传承传统建造记忆。具体内容包括旧屋落改造、建筑小品、建筑构件改造等。

竹编大讲堂

学习 ...... 体验 ...... 展示

原料 加工、烘干 截切 竹编

聘请竹编手艺人 开展竹编大讲堂，唤醒沉睡的竹编技艺，传承竹编手艺。手工艺的教学、体验、制作等活动保留当地手工艺、丰富基地旅游项目、增添别样的艺术创作氛围。

手工艺衍生品市场规划

规划策略——产业结合：由艺术驱动为主导，与旅游业协作，提供观赏、购物、餐饮等方面的特色项目。

生产生活结合：从居民的生产生活出发，利用居民的手艺、位置优势，为当地匠人提供工作岗位，提升基地活力与产业发展的同时，提供居民的生活来源，提高生活质量。

送竹
全竹宴+特色农家食品
旅游业发展
支撑发展方式

主编工艺品（装饰品+生活用品）
竹家具（小型家具出售）
衍生产品（竹炭、竹额料提取等）
基地景观
多样化发展
核心发展方式
用竹

艺术竹园：竹与艺术活动相结合，一般室外展为主。
生态竹园：以休闲游览为主，保留并利用现有竹园而打造的一些休憩空间，以自然生态为主要。
产生竹园：与现有竹林结合，经过整理后，结合当地禅修文化所打造的禅修活动园，主要包括—竹林瑜伽、禅修讲堂、交流会等。
玩竹

艺术竹编
工艺展览
文化发展
辅助发展方式
赏竹

农业艺术

农业耕作 种植业
农业博览 花卉业
渔副业 赏果活动
手工艺 艺术展示
一产发展

传统节日 美食节日
游客帮动 文化传承
三产帮动 一三产繁荣

自然生态
人文生态
社会生态

资源保护 节点利用 → 自然生态资源 传统文化资源
环境整合 串连成线 → 点 线 面
特色发展 产业互补 → 特色养殖、林果茶叶、大棚蔬菜、农事体验

农田复兴战略

艺术写生基地
基地景生态农田风光、川西林盘、传统乡土建筑均可成为大学生写生素材，与高校合作成立写生基地，借助高校影响力提升基地知名度。

农事活动体验
组织农事体验活动，让游客在此能够寻找到农耕时期农事"艺"之所在，体验城市生活无法实现的乡土农事活动，体验归"原"。

乡野活动创造
组织群众在农田山语当地特色乡土树木或设置一些承载乡野风情的趣题小品、乡土景观要素，从而起到对农田画龙点睛的作用并通过这些点缀物构成具有地方特色的农业景观。

吃 住 行 娱
大灯饭 绿色蔬菜 水果茶叶 创意美食
传统民居 艺术民宿
漫步行 自驾游 山地车
表演 电影 采摘 垂钓

购 教 展 游
农副产品 农业产品 文创手工
农业科普 摄影 手艺知识
特产 手工 绘画
玩水 山林风光

农村记忆留存策略

守艺·归原 遂宁市河东新区云灵社区规划设计
YUNLING COMMUNITY DESIGN OF HEDONG NEW DISTRICT

现状建筑问题剖析

瓦片作为屋顶，具有易碎，雨天噪声大，防水、防腐、防潮的性能较差等。

传统建筑正立面的窗户较矮、较窄，侧立面不开窗，室内的通风采光都比较差。

建筑外墙面基本采用竹编与草泥混合的形式，再以白色石灰粉刷，墙体较薄，夏日凉爽，而冬日保暖性能不足。

传统建造技艺

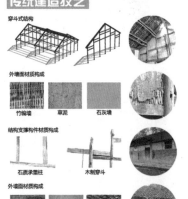

穿斗式结构

外墙面材质构成
竹编墙　草泥　石灰墙

结构支撑构件材质构成
石质承重柱　木制穿斗

外墙面材质构成
砖墙　石板墙　瓦片

挑檐　檐廊　举折

传统建造技艺传承策略——老屋认养计划

老屋认养计划选址

老屋认养计划
Old House Adoption Plan

认养流程
Adoption Process

03.建造完成 投入使用

02.认养者提交方案

01.政府团队组织筛选老屋目录公示

认养计划
Adoption Plan

认养对象

认养对象为云灵社区保存良好、具有当地传统风貌特色的无人居住的"老屋"

认养县域重点建筑群

认养模式

自建：自行经营 政府运营
托管：认养者改造 政府运营
自住：认养者改造 不经营
投资：项目投资 外债获利

认养人权利

1.获得政府的以各种方式提供的老屋补助基金。
2.您可自由定义您喜欢的功能，并在政府与设计师的帮助下进行自由改造。
3.认养期间，电屋使用权由您行使。
4.在认养期间，您将获得相应的技术支持，如行编手工艺等

分期发展计划
Staging Development Plan

前期准备阶段
01.整合资源
整合现状建筑建设现状，整理场地经营管理
02.搭建平台
建立微信、微博等网络公众平台提供资料信息、建造技术支持，网络预购、会同签订相关服务。
03.制定标准
负责单位制定认养易居，各地组织召开认养基本的空间分布等相应标准。

中期建设阶段
01.艺术家
艺术家可以认养老建筑，按照自己的意愿，并构建艺术界的工作的功能的其他特色建设形式。
02.管理者
为认养者提供技术支持，对建筑设计、结构、空间规划等方面提供专业的建议、艺术品资源。
03.其他居民
根据自己的爱好改造、建设、经营民居、特色商铺、艺术品商店。
04.当地居民
村民拥有土地产权，通过政府补贴将土地以股的形式入股，同时他们可以参与认养活动。

后期发展阶段
01.产业衍生
产业链锻炼，以艺术和手工的发展协调建设、资源利用最大化。

SUCCESS

重点建筑改造方案——手工艺坊

平面图

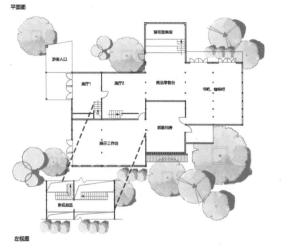

游客入口
门厅1　门厅2　商品零售台　书吧、咖啡吧
嘟嘟放映室
展示工作站
参观廊道

正视图

后视图

左视图

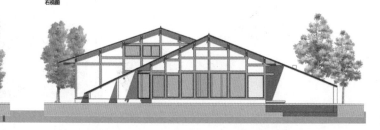

右视图

守艺·归原 遂宁市河东新区云灵社区规划设计
YUNLING COMMUNITY DESIGN OF HEDONG NEW DISTRICT

传统建造技艺应用与改善

重点建筑改造过程意向——手工艺坊

改造策略

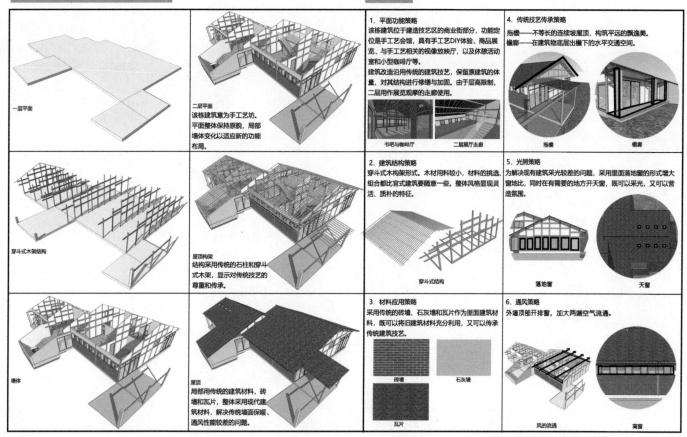

一层平面

二层平面
该栋建筑意为手工艺坊。平面整体保持原貌，局部墙体变化以适应新的功能布局。

穿斗式木架结构

屋顶构架
结构采用传统的石柱和穿斗式木架，显示对传统技艺的尊重和传承。

墙体

屋顶
局部用传统的建筑材料，砖墙和瓦片，整体采用现代建筑材料，解决传统墙面保暖、通风性能较差的问题。

1. 平面功能策略
该栋建筑位于建造技艺区的商业街部分，功能定位是手工艺会馆，具有手工艺DIY体验、商品展览、与手工艺相关的视像放映厅，以及休憩活动室和小型咖啡厅等。
建筑改造沿用传统的建筑技艺，保留原建筑的体量，对其结构进行修缮与加固。由于层高限制，二层用作展览观摩的走廊使用。

书吧与咖啡厅　　二层展厅走廊

2. 建筑结构策略
穿斗式木构架形式。木材用料较小，材料的挑选组合都比官式建筑要随意一些。整体风格显现灵活、质朴的特征。

穿斗式结构

3. 材料应用策略
采用传统的砖墙、石灰墙和瓦片作为里面建筑材料，既可以将旧建筑材料充分利用，又可以传承传统建筑技艺。

砖墙　　石灰墙

瓦片

4. 传统技艺传承策略
拖檐——不等长的连续坡屋顶，构筑平远的飘逸美。
檐廊——在建筑物底层出檐下的水平交通空间。

拖檐　　　　檐廊

5. 光照策略
为解决现有建筑采光较差的问题，采用里面落地窗的形式增大窗地比，同时在有需要的地方开天窗，既可以采光，又可以营造氛围。

落地窗　　　　天窗

6. 通风策略
外墙顶部开排窗，加大两端空气流通。

风的流通　　　高窗

透视图

华侨大学

指导教师：林　翔　龙　元　边经卫

南

南安市丰州镇历史文化名镇保护规划研究

/张博雅　洪煜源　李　静

重庆市黔江区城市品质提升专项研究

/白　昕　蒋汀婷

城市规划设计是一项涉及面很广的综合性设计活动，在本科阶段的"任务书—设计成果"的流程中，缺少对城市的分析和反思，学生设计的主观性很强。本课程希望在设计过程中，更加贴近社会要求和规则，综合考量规划目标、理想和方法之间的相互关系。

研究生阶段的城市规划设计课程特点，表现在以下的要求中：

1. 课程反映研究生与导师之间的师承关系，研究生的设计教学是在统一的教师组和学生各自的导师的共同指导下完成。

2. 课程必须要有真实性，尽量选择实际规划项目作为设计课题，同时要求学生对现状的调研成果运用学术规范模式，通过设计项目搭起研究与设计之间的桥梁。

3. 课程要求研究生分析自己设计的价值取向、研究领域和方向之间相互关联及具体实现。

4. 课程要求学生完整汇报所有成果和构思，培养良好的汇报能力。

5. 课程成果要求达到并超过本科毕业设计的工作量，图纸完整，理念表达清楚。

本课程设计时间是14周，每两周一次讨论会，通过对真实课题的设计实践与学术研讨，最终达到：设计过程和结果对规划实践具有较好的指导性的目的，并具体完成一项设计成果。

华侨大学
HUAQIAO UNIVERSITY

南安市丰州镇历史文化名镇保护规划研究
STUDY ON PROTECTION PLANNING OF FAMOUS HISTORICAL AND CULTURAL TOWNS OF FENGZHOU TOWN, NANAN

选题与任务书

课程目的

1. 调查研究和分析问题

课程将以真实项目作为设计课题，通过课程的学习，同学将掌握基本的规划研究方法和观察复杂城市问题的敏感性。

2. 掌握规划设计的基本内容和语言表达

科学严谨的调研分析导致科学合理的规划设计成果。设计绘图本身并不是最后的目的，它只是学会某种调研规划与设计语言的工具。课程设置及内容、图纸要求并不是为同学准备了一套固定套路和现成的方法。相反，鼓励同学在调研观察和分析设计的过程中获得自己的文本和视觉的表达语言。

设计选题与背景

丰州镇位于南安市东部，晋江中下游北岸，地势西北向东南倾斜，由低山渐次过渡到丘陵、平原，形成明显的阶梯状。镇区与泉州市西郊相距五公里，有"郡城襟喉"之称。东与泉州丰泽区接壤，西与溪美镇为邻，南傍晋江与霞美镇相依，北与洪濑镇毗连。

丰州设治，始于三国吴景帝孙休永安三年 (260 年) 首设东安县；南朝梁天监中 (504 年) 改梁安为南安郡，南安地名自此开始；唐高祖李渊武德五年 (622 年) 析建州南安县置治丰州 南安古地始有丰州之名；武则天久视元年 (700 年) 徙州治于丰州东南十五里处 (即今泉州城区)，丰州作为南安县治直至民国；抗日战争时期，县治迁往溪美，千年古城丰州降为镇一级中心。

南安市丰州镇作为福建省省级历史文化名镇，泉州历史文化名城的重要保护对象，为了科学指导历史文化名镇的保护与利用，统筹安排镇域内各项建设工程，保持历史文化名镇的社会经济活力，在整体保护基础上积极推进特色产业的开发和经营，特进行历史文化名镇保护规划研究。

规划范围

规划范围分为两个层次。镇域层面包括 1 个居委会和 13 个行政村，总面积约 56 平方公里。镇区层面，即古镇规划范围，以清代丰州古镇城墙遗址范围为核心，并包括桃源村燕山路 (北门街) 两侧的传统民居，总面积约 1.1 平方公里。

规划目标

1. 挖掘特色：通过对自然、历史文化资源和名镇发展脉络的梳理，对丰州镇历史文化价值和特色做出客观评价。

2. 明确底线：保护规划的核心内容，确定丰州镇历史文化名镇保护对象和保护要求。

3. 引导和谐发展：从名镇保护、特色发展的角度，对历史文化名镇发展提出规划引导性意见和建议，促进历史文化保护和经济社会发展相得益彰。

规划内容

1. 评估历史文化价值、特色和现状存在问题。
2. 确定保护原则、保护内容与保护重点。
3. 提出总体保护策略和镇域保护要求。

4. 提出与名镇密切相关的地形地貌、河湖水系、农田、乡土景观、自然生态等景观环境的保护措施。

5. 确定保护范围，包括核心保护范围和建设控制地带界线，制定相应的保护控制措施。

6. 提出保护范围内建筑物、构筑物和历史环境要素的分类保护整治要求。

7. 提出延续传统文化、保护非物质文化遗产的规划措施。

8. 提出改善基础设施、公共服务设施、生产生活环境的规划方案。

研究重点

1. 研究丰州镇历史空间的发展过程及其内在规律和文化内涵，提出传统空间特色在现代传承和延续的对策，充分展现镇域所包含的浓郁的地方传统文化氛围，推动本地区经济发展。

2. 保护历史文化名镇的明清及近代传统建筑风貌，明确各类历史文化资源保护要素。

3. 根据历史文化名镇整体性和原真性保护的要求，分类提出具体保护措施；保护并延续镇区所留存的街巷空间格局、历史文化信息和生活气息。

4. 梳理丰州镇的历史文化空间脉络，形成一系列不同主题的历史文化资源组合，在保护的前提下有序更新，改善环境，提高居民的生活质量。

图纸要求

1. 历史资料图；
2. 区位图；
3. 镇域文化遗产分布图；
4. 格局风貌及历史街巷现状图 ；
5. 用地现状图；
6. 反映建筑年代、质量、风貌、高度等的现状图；
7. 历史环境要素现状图；
8. 保护区划总图；
9. 高度控制规划图；
10. 用地规划图；
11. 道路交通规划图。

除以上图纸外，研究设计过程所涉及的其他研究图纸和说明。

成果要求

A3 文本 1 套 (纸质及电子文件)。

指导老师：林　翔

参赛同学：张博雅、洪煜源、李　静

 重庆市黔江区城市品质提升专项研究
SPECIAL STUDY ON QUALITY IMPROVEMENT IN QIANJIANG DISTRICT OF CHONGQING

选题与任务书

教学目的

随着我国城市建设不断推进，提升城市品质成为影响城市发展活力与市民生活质量的重要方式，其内容涉及城市规划中的多个方面。重庆市黔江区历来高度重视城市环境品质建设，对城市现状与发展规律有一定的科学认识，随着社会经济的高速发展与城市规模的不断扩大，城市发展挑战与机遇凸显，黔江区的发展建设进入到了一个关键时期。为了解决城市突出问题，提升城市品质，推进渝东南中心城市、武陵山区重要经济中心与交通枢纽的建设，需要对现有规划与建设成果进行评价与分析。本次设计要求运用规划理论知识，对黔江城市发展情况进行充分现场调研，通过深入实际的调查研究以及对相关规划的分析，提高对实际问题的综合分析能力，加深对城市规划理论以及工作的理解，完成提升城市品质的相关研究。

教学要求

1. 现场踏勘，收集现状资料以及地方对规划的意见，熟悉各个层次规划的资料收集阶段工作内容与方法。

2. 对现有规划与建设情况进行总结归纳，在现状资料分析基础上对影响城市品质最主要的因素进行总结，针对黔江发展现状，对黔江区未来的城市空间发展结构进行构想，并提出需要深化的规划设计与开展的专项行动与政府相关部门的责任分工建议。

3. 在调研与设计过程中，要求具有一定的图画、口头及文字表达能力，能够进行方案构思、综合评述和介绍，成果文本条理清晰，图纸符合制图规范。

4. 在独立完成提升方案的构思与结构分析的同时，要能够充分吸取现有规划建设的经验与案例。

教学计划进度安排

2017年6月1日—6月7日前期准备，包括下发任务书，对城市品质提升研究进行案例分析，查阅实地调研所需资料。

2017年6月7日—6月15日黔江城区及周边区域进行现场实地调研，分别对老城区与新城区现状与规划建设情况进行研究，构思提升方案。

2017年6月16日—6月30日整理现场调研资料构建初步成果，形成初步汇报文本。

2017年7月1日—7月10日对黔江进行再次调研，针对第一次调研总结出的问题与研究方向进行深入论证，进行初步汇报文本的编制。

2017年7月18日黔江区规划局、重庆市城市规划设计研究院黔江分院等单位讨论交换意见，检验前期研究成果。

2017年7月19日—7月20日根据讨论成果完善文本，绘制图纸。

2017年7月21日将初步研究成果向区政府及相关部门领导进行专题汇报，根据汇报会意见对初步研究成果进行深化完善，完成重庆市黔江区城市品质提升专项研究。

成果要求

在解读评估近年已经编制完成的城市总体规划、控制性详细规划及城市设计等规划文件，对黔江城市发展现状进行充分调研的基础上，结合国内先行城市的经验，总结归纳对黔江城市品质有重要影响因素并分别赋予相对应的建议与要求。同时针对黔江发展现状，对黔江区未来的城市空间发展结构进行合理构想，提出需要深化的规划设计与开展的专项行动，并提出政府相关部门的责任分工建议。

参考资料

《重庆市黔江区新城（舟白正阳局部）控制性详细规划》（2009年8月）

《重庆市黔江区总体城市设计及重点地区详细城市设计》（2009年9月）

《重庆市黔江区城乡总体规划 (2013—2020)》

《黔江芭拉胡旅游区总体规划》（2016年8月）

《黔江芭拉胡旅游区核心区修建性详细规划》（2016年8月）

《重庆市黔江区老城组团控制性详细规划修改》（2016年6月）

《黔江区新城（舟白、正阳组团）控制性详细规划》（2016年6月）

《黔江区老城区组团总体城市设计》（2016年6月）

《黔江区舟白组团重点地块详细城市设计》（2016年6月）

指导老师：龙 元 边经卫
参赛同学：白 昕、蒋汀婷

南安市丰州镇历史文化名镇保护规划研究
Fengzhou Town Conservation Planning Of Historical And Cultural, Nanan, Fujian Province

0 1 规划依据

区位分析

丰州镇在泉州市的位置

图例
- 泉州十八景
- 镇游景点
- 人文景点

丰州镇"海丝"文化旅游区位图

丰州镇位于南安市东部，晋江中下游北岸，地势西北向东南倾斜，由低山渐次过渡到丘陵、平原，形成明显的阶梯状。镇区与泉州市区外郊相距五公里，有"郡城襟喉"之称。东与泉州丰泽区接壤，西与溪美镇为邻，南傍晋江与霞美镇相依，北与洪濑镇毗连。

丰州镇交通联系便捷，镇区距离泉州高铁站只有7公里。镇区南部有307省道，东接泉州中心城区，西通南安市区，北部有在建的福厦铁路和三泉高速公路支线。

背景分析

· 遗产保护背景
20世纪以来，在联合国教科文组织的倡导和推动下，世界遗产、非物质文化遗产以及自然的保护成了世界性的共识和行动。泉州是中国与海外通商贸易、文化交流的重要起点，海丝之路遗产史迹数量众多。在"一带一路"建设构想提出后，保护"海丝"史迹的呼声高涨，中国泉州、福州、漳州、广州、北海、蓬莱、扬州、宁波、南京等9个城市正携手推动"海丝"史迹申报世界文化遗产，在2012已经列入中国世界遗产预备清单。丰州镇九日山祈风石刻名列遗产项目之一。

· 历史文化名镇保护背景
2016年，丰州镇被公布为福建省第五批历史文化名镇，镇政府高度重视名镇的保护工作，编制保护规划将在建筑风貌、建设强度控制等方面突出重要的指导意义，对名镇保护和发展起到了极其重要的意义。根据《历史文化名城名镇名村保护规划制定要求》，本规划通过收集丰州范围内历史文化资料编制基础资料汇编，并对规划范围内的文物保护单位、不可移动文物、历史建筑、历史文化要素、非物质文化遗产等进行现场勘查调研，综合分析并编制保护规划，针对历史文化遗产及其历史环境的保护提出保护要求和实施办法，保护和延续传统格局和风貌，继承和弘扬民族与地方优秀传统文化。

· 历史文化价值与特色
· 九日祈风，海丝起点：丰州是"海上丝绸之路"起点和代表史迹
· 闽南首都，故垒遗址：丰州是闽南最早的政治、经济、文化中心
· 内外双城，巷陌纵横：丰州古城体现了中国传统县城的规划模式
· 濠水池浦，生态智慧：丰州是中国古代"海绵城市"思想的见证
· 宫庙祖厝，敬宗祖庇：丰州庙堂建筑是传统社区精神衍化的基石
· 砖石古韵，中西交融：丰州建筑遗产是闽南传统建筑演变的例证
· 非遗民俗，鲜活传承：丰州非物质遗产是文化多样性的杰出佐证
· 名人古墓，怀古思贤：丰州众多的名人墓葬反映了丰州悠久历史

相关规划解读

《泉州市丰州片区控制性详细规划（镇区）（2009）》

· 丰州镇在2016年被列为福建省历史文化名镇，根据《泉州市丰州片区控制性详细规划》（镇区），古城组团主要包括307省道以北的丰州居委会、丰州村、桃源村和旭山村的壮坛。古城组团历史文化遗存较多，以保护性改造和修缮为主，进而改善公共设施和环境，实现居民生活环境改善和促进旅游产业发展的双赢。

· 规划古城组团功能以旅游、商业、客栈、居住等综合功能为主的旅游古镇。

· 古镇保护应立足现状，因地制宜，采取"整体控制、重点保护，统一协调"的原则。

· 根据街区特色和保护要求划分核心保护区和风貌协调区，对不同保护区内的建筑和环境提出具体的保护控制要求。

图例
- 遗存
- 保护范围
- 建设控制地带
- 建控区分类线

《九日山祈风石刻保护规划》

· 九日山祈风石刻位于泉州城区西郊南安市丰州镇旭山村九日山，东距泉州城区7.5公里，距南安市区15公里。九日山"山中无石不刻字"，其中最珍贵的，当属12世纪至13世纪的航海祈风石刻，为中国仅有。分布在东、西两峰，计有10方。时间最早的为南宋淳熙元年（1174年），最晚的为南宋咸淳二年（1266年），跨度近百年。

· 保护区划
保护区划分为保护范围、建设控制地带两个层级
（1）保护范围
东：九日山东峰山脊　西：九日山西峰山脊　南：延福寺南侧广场　北：九日山山顶
总面积共计11.40公顷
（2）建设控制地带
东：九日山东峰山脚　西：旭山村村内道路　南：延福寺广场南侧北渠南岸　北：九日山北侧村道
总面积共计45.00公顷

《泉州市闽南文化生态保护区规划汇编——南安市九日山及其周边社区文化生态保护专项规划》

· 规划背景
泉州政府高度重视闽南文化生态保护区建设，将之与海上丝绸之路经济带建设、两岸文化交流重要基地建设、新型城镇化建设和传统村落，美丽乡村建设有机结合，协调发展，制定《闽南文化生态保护总体规划泉州市实施方案》，率先把泉州市21个整体性重点区域建设纳入2014年为民办实事项目。

· 规划性质
本规划属于区域性文化遗产保护专项规划，保护的核心对象是南安市丰州镇九日山及其周边社区区域内非物质文化遗产，以及相关的物质文化遗产、自然遗产。

· 规划范围
南安市丰州镇所属行政区域及九日山风景区。

类别	名称	级别
民间文学	九日山传说	重要资源
传统音乐	南音	县级
	什音	县级
	太平鼓	重要资源
传统舞蹈	跳鼓舞	县级
	彩球舞	重要资源
传统体育	桃园蛇脱壳空阵法	省级
	五祖拳	市级
	剖狮	县级
传统技艺	漆线雕	县级
	西天佛国佛雕技艺	重要资源
	木质船制作技艺	重要资源
	清蒸糕制作技艺	重要资源
	石亭绿茶制作技艺	重要资源
民俗	九日山祈风仪典	市级
	福佑帝君信俗	重要资源
	顺正王信俗	重要资源
	租脚头	重要资源
	桃源傅氏大宗元宵灯会	重要资源
	金苏二夫人信俗	重要资源
	昱应王信俗	重要资源
	闽南祭祖	重要资源

指导教师：林翔
设计小组成员：张博雅 洪煜源 李静

南安市丰州镇历史文化名镇保护规划研究
Fengzhou Town Conservation Planning Of Historical And Cultural,Nanan,Fujian Province

02 现状背景

现状问题

Q1:文物古迹保护亟待加强
丰州镇内各级文物保护单位、不可移动文物、历史建筑等由于历史原因，产权归属分散。建筑物普遍缺乏维护，缺乏专项管理和维护资金。对镇内优秀历史建筑认识不足，应参照《福建省文物保护管理条例》的有关规定，确定优秀历史建筑为控制保护建筑或候补文物保护单位。

Q2:基础设施配套不完善
镇区道路系统以小尺度传统街巷为主，宽度较窄，保护传统街巷空间与满足现代交通需求存在一定的矛盾；另外，供水、排水、供电等设施均不完善。

Q3:历史建筑老化严重
丰州镇内各级文物保护单位、不可移动文物、历史建筑等由于历史原因，产权归属分散。建筑物普遍缺乏维护，缺乏专项管理和维护资金。对镇内优秀历史建筑认识不足，应参照《福建省文物保护管理条例》的有关规定，确定优秀历史建筑为控制保护建筑或候补文物保护单位。

Q4:建筑风貌不协调
古建筑风貌不协调，镇区内新建了20世纪90年代建设的多层住宅和近期新建或加盖的民宅，新建建筑风貌缺乏有效控制，与丰州传统建筑风貌存在较大冲突。镇区范围内学校、卫生院、商业街等建筑体量较大、层数较高，与环境不够协调。

Q5:展示配套设施有待完善
由于镇区建筑密度很大，解决旅游车辆的停放问题是镇区静态交通的长期难点。

规划目标
· 保护名镇风貌，完善基础设施，优化人居环境，加强保护监管，使丰州成为福建历史文化名镇保护的优秀典范。
· 延续历史文脉，重现古镇价值，合理利用名镇历史文化与自然资源，贯彻可持续发展和旅游兴镇战略，把丰州建成"海丝之路"精品文化旅游特色城镇。

保护原则

真实性原则
保护体现古镇历史文化价值的历史原物，保护其所遗存的有价值的历史信息。保护不同历史时期留存的反映其特定历史文化背景的各类文化遗产。

整体性原则
保护丰州古镇整体格局和风貌，保护丰州镇内所有历史文化遗存及其环境，全面保护物质和非物质文化遗产。

永续性原则
保持丰州镇社会生活的延续，通过整治历史环境，提升古镇功能，改善生活环境，构建和谐社区，实现古镇社会、环境、经济和文化的全面可持续发展。

规划范围

规划范围分为两个层次：
镇域层面：总面积约56平方公里，辖1个居委会和13个行政村。
镇区层面：总面积约3.85平方公里，重点规划范围包括丰州居委会、丰州村、桃源村、旭山村的传统民居和重点保护山脉。

居民遗产认知调查分析

■ 问卷设计及发放

村名	问卷发放数量	有效回收数量	访谈人数	问卷发放与访谈范围
丰州村	70份	68份	35人	
桃源村	70份	67份	32人	
旭山村	70份	65份	23人	
合计	210份	200份	90人	

当地居民与遗产的形成、变迁密切相关，是在遗产自然变迁中继承和保护的主体，通过访谈和问卷调查的方式了解当地居民心中对丰州镇遗产的认知以及价值判断，对当地丰州镇的居民进行调查访谈，最后整理获得的资料，从访谈文本和数据中总结出当地居民主观认知的遗产。

■ 问卷结果统计

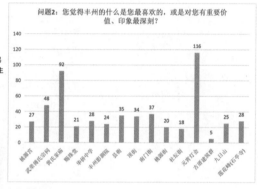

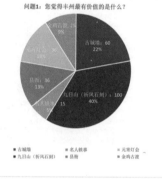

问题二结果分类表

自然基底	文化	建成环境
九日山 莲花峰（石亭寺）	元宵灯会	桃源宫、武荣傅氏宗祠、黄氏家庙、赐珠堂、丰州影剧院、华侨中学、县衙、顶街、桃源街、杜坛街、古厝建筑群

问题一结果分类表

自然基底	文化	建成环境
九日山	名人轶事 元宵灯会 海丝文化	县衙 古城墙 金鸡古渡

■ 当地居民认知的遗产分类

居民识别的遗产汇总表

自然基底	文化	建成环境
九日山 莲花峰（石亭寺）	名人轶事 元宵灯会 祈风石刻	金鸡古渡、古厝建筑群、县衙、古城墙、顶街、南门街、桃源街、杜坛街、桃源宫、武荣傅氏宗祠、黄氏家庙、赐珠堂、丰州影剧院、华侨中学

居民识别的遗产分类

自然基底	文化	建成环境
山水格局（九日山）莲花峰	宗族文化 海丝文化	宗祠建筑(桃源宫、武荣傅氏宗祠、黄氏家庙、赐珠堂) 现代建筑(县衙、顶街、南门街、桃源街) 古城格局(县衙、顶街、南门街、桃源街) 传统风貌建筑（古厝建筑群）

■ 问卷结果差异性分析

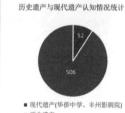

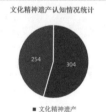

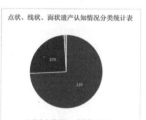

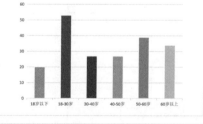

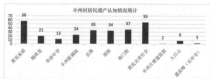

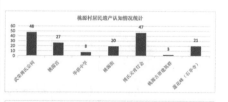

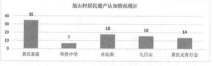

指导教师：林翔
设计小组成员：张博雅 洪煜源 李静

豐州
历史漫步

南安市丰州镇历史文化名镇保护规划研究
Fengzhou Town Conservation Planning Of Historical And Cultural, Nanan,Fujian Province

03 历史沿革

古城历史演变研究

福建省地图（荷兰人Joan Blaeu于1665年绘制）

丰州山水格局图（参考文献重新绘制）

丰州明清古城（参考文献重新绘制）

1. 丰州古镇是闽南地区发祥的千年古地，设治始于三国吴景帝永安三年，公元260年，首设东安县，南朝梁天监中为南安郡，是时为全闽二郡之一；唐高祖武德五年置丰州，始有丰州之名。武则天久视元年改为闽州，徙州治于今泉州城区，丰州作为南安县治直至民国，历经1700多年，成为闽南政治、经济、文化中心。丰州现存的古城实为明清遗构，城垣虽已不存，但城体形制还在，于2016年被公布为福建省第五批历史文化名镇。

2. 河岸变迁：丰州古城濒临晋江下游北岸，虽然历朝历代的县治都在丰州，但其岸线在1700多年中同古城建成历史一道是不断发展变迁的，期间岸线南移了近4公里，丰州古城的整个发展历程都离不开晋江岸线的变迁，其迁移也是在自然变迁的基础上的人工行为，这些行为包括商贸发展、人口增长、军事防御等对土地的诉求。通过演变图可以发现千年间山水环境都在持续变化着，从唐朝至今，随着晋江水域面积的缩小，两侧岸线不断向中心靠拢，海岸线的变迁是自唐代以来不断围垦和泥沙淤积造成的结果，水陆格局于明朝时期开始定型。现在的丰州古城为明清遗构，唐宋时期的古城应该在现在古城以北的位置。

3. 选址依据：在历史漫长的时间以及人类的认知中，山水变迁的时间跨度要远远超过人类的历史时间段，是极其缓慢的。丰州的山水格局在一千七百年间几乎无变。丰州的地势由西北的低山逐渐向东南的丘陵、平原降低，丰州周边大的山水格局在数千年的变迁中变化甚微，山形环境仍在，虽然千年来晋江水域在逐渐缩小，一些水域和山仔消失，但山环水抱的态势仍在，大的山水格局与现在几乎无差，且从典籍及宗祠对联中可以看出丰州的地理环境对其黄氏和傅氏先祖择地而居的影响之大。

唐海岸线

宋海岸线

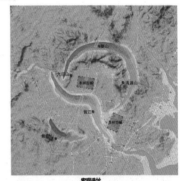
宏观选址

明清海岸线

今海岸线

微观选址

时期	地图	时间点	政区变革	政区名	治所名	管辖
三国		吴永安三年（260）	置东安县隶属建安郡	东安县	县治	现莆田、泉州、厦门、漳州四市
晋		太康三年（282）	析建安郡置晋安郡，东安县改为晋安县	晋安县	县治	同上
南朝		梁天监年间（502-519）	析晋安郡置南安郡。	南安郡晋安县	郡县同治	同上
		陈光大二年（568）	升晋安郡为丰州（今福州），南安郡属之	南安郡	县治	同上

时期	地图	时间点	政区变革	政区名	治所名	管辖
隋		开皇九年（589）	南安郡改为南安县	南安县	县治	现莆田、泉州、厦门、漳州
		大业三年（607）	闽州改名为建安郡，领南安、建宁、闽县、龙溪四县	南安县	县治	现莆田、泉州、厦门三市及长泰县
唐		武德五年（622）	在南安县置丰州，后撤销（627）	丰州南安县	州县同治	现南安、莆田两县
		嗣圣初（684）	分泉州的南安、莆田、龙溪三县置武荣州（不久，武荣州废，复泉州，州治在今福州）	武荣州南安县	州县同治	现南安、莆田、龙溪三县
		圣历二年（699）	复以南安、莆田、龙溪三县置武荣州	武荣州南安县	州县同治	现南安、莆田、龙溪、仙游四县
		久视元年（700）	迁州治于东南十里的今鲤城区	—	—	—
		景云二年（711）	原闽州所置之南安，改为闽州，武荣州改为泉州。此为今之泉州得名之始。	南安县	县治	
		开元六年（718）	析南安县东南部置晋江县	南安县	县治	现南安、厦门、龙溪

指导教师：林翔
设计小组成员：张博雅 洪煜源 李静

南安市丰州镇历史文化名镇保护规划研究
Fengzhou Town Conservation Planning Of Historical And Cultural,Nanan,Fujian Province

口4 镇域现状

古城历史演变研究

时期	地图	时间(年)	政区变革	政区名	治所名	管辖
明		1368—1644	改泉州路为泉州府,南安县属之	南安县	县治	南安
清		1644—1912	沿明制,南安隶属泉州府。	南安县	县治	南安

时期	地图	时间(年)	政区变革	政区名	治所名	管辖
宋		960—1279	两宋时代,泉州地名屡更,时为清源军,时为平海军,后又复为泉州。南安县上隶泉州,治所不变。	南安县	县治	南安辖地至此渐趋固定。
元		1271—1368	泉州升为泉州路,南安县属之	南安县	县治	南安

丰州镇域现状研究

镇域文化遗产分布图

镇域文物保护单位和登记不可移动文物分类图

　　镇域内有文物保护单位15处,其中国家级文物保护单位1处、省级文物保护单位4处、市级文保单位10处。第三次全国文物普查中,丰州镇除文物保护单位外登记不可移动文物点51处。镇域非物质文化遗产保护项目有福建省级1项、市级2项、县级6项、重要资源13项。清源山国家级重点风景名胜区,由清源山、九日山、灵山圣墓三大片区组成,与狮子山、莲花峰共同组成丰州镇的九日山风景旅游区组团,以海丝文化为主题,向北发展山体文化公园。

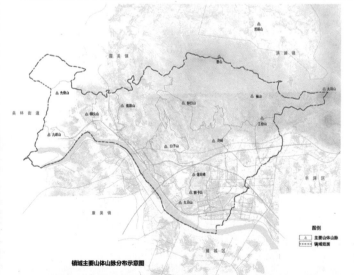

镇域主要山体山脉分布示意图

镇域主要河湖水系分布示意图

　　丰州镇周边自然环境优越,背山面水,西倚九日山、北距葵山、西临清源山、南朝晋江,三面山脉连绵,形成山环水抱的山水格局形态。丰州古镇的水系资源非常发达,从明代筑城时凿就的护城河至今保存较为完整,且古镇内溪涧纵横,池浦密布。它们多为人工开凿,即能贮水又能排水,防止内涝,堪称古代的海绵城市。但由于长年疏于管理,水池河道现状淤积情况非常严重。历史水系包括北渠段以及北渠支流和东浦、西浦、小姐池、少青池、上帝宫池、池亭池、花厅池、鹧鸪池、倒城池等古存池浦。

83

指导教师:林翔
设计小组成员:张博雅 洪煜源 李静

镇域保护规划图

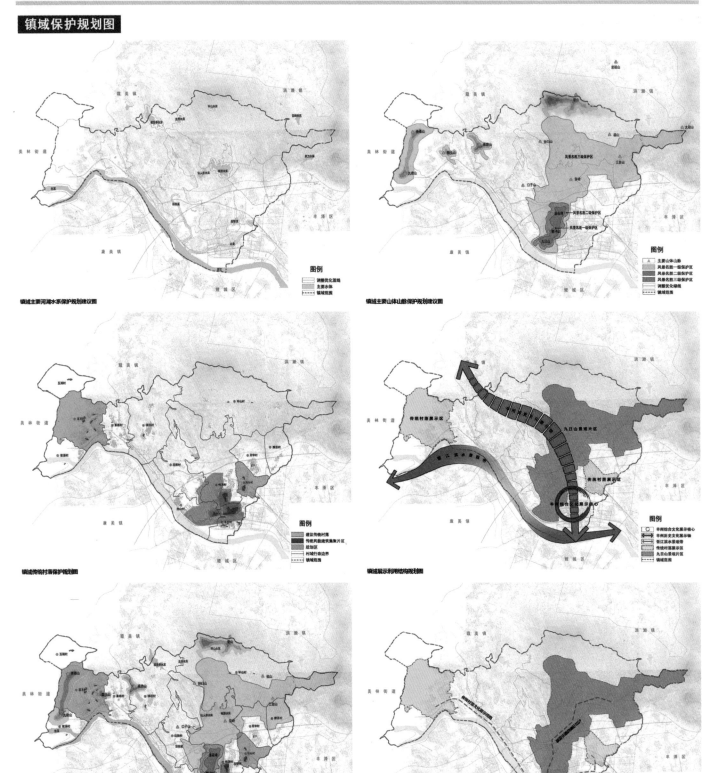

指导教师：林翔
设计小组成员：张博雅 洪煜源 李静

南安市丰州镇历史文化名镇保护规划研究

南安市丰州镇历史文化名镇保护规划研究
Fengzhou Town Conservation Planning Of Historical And Cultural,Nanan,Fujian Province

丰州镇区街巷分析图

街巷名称	街巷断面	街巷名称	街巷断面	街巷名称	街巷断面
桃源街		十字街		顶街	
街巷宽度(D)		街巷宽度(D)		街巷宽度(D)	
2.8-4.4m		2.2-3m		3.3-4m	
街廓比(D/H)		街廓比(D/H)		街廓比(D/H)	
0.66-1		0.6-1		0.5-1	
街巷名称	街巷断面	街巷名称	街巷断面	街巷名称	街巷断面
社坛街		东龙须巷		西龙须巷	
街巷宽度(D)		街巷宽度(D)		街巷宽度(D)	
2.5-5m		1.3-2m		1.5-2m	
街廓比(D/H)		街廓比(D/H)		街廓比(D/H)	
0.5-1		0.2-0.4		0.3-0.4	
街巷名称	街巷断面	街巷名称	街巷断面	街巷名称	街巷断面
后宫仔巷		后巷		长源巷	
街巷宽度(D)		街巷宽度(D)		街巷宽度(D)	
1.3-1.5m		2-2.6m		2-3m	
街廓比(D/H)		街廓比(D/H)		街廓比(D/H)	
0.2-0.3		0.3-0.6		0.3-0.5	

· 梁霄在《传统村镇实体环境设计》中提到"街巷是城镇形态的骨架和支撑,街为城镇级道路,巷为街的分支,街巷布局多呈树枝状分布,街为干,巷为支。"古代城市中的街巷作为格局骨架控制着古城格局和公共设施的分布,东西南北四个方向的街道所在的片区成为"铺","各"铺"内街巷纵横交错,与十字街一同形成鱼骨状的街巷网络延续至今,丰州内大都分街巷的位置,名称,宽度和材质被延续了下来,如作为格局骨架的南门街、西门街、顶街,其他街巷如东西龙须巷、后宫仔巷、公馆巷等。

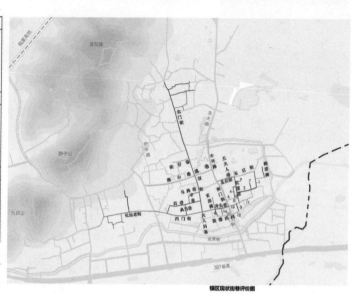

镇区现状街巷评价图

丰州镇区现状分析图

镇区文物保护单位现状图

镇区古城遗存现状分布图

镇区历史建筑现状分布图

镇区历史环境要素现状分布图

镇区格局分析图

镇区土地利用现状图

指导教师:林翔
设计小组成员:张博雅 洪垣源 李静

丰州镇区风貌分析图

图例
- 建筑质量较好
- 建筑质量一般
- 建筑质量差

镇区建筑质量现状评价图

建筑质量	质量较好的建筑	质量一般的建筑	质量较差的建筑	总计
基底面积（㎡）	220937	193219	15454	429619
百分百（%）	51.43	44.97	3.6	100

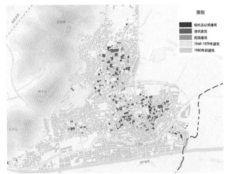

图例
- 明代及明代以前建筑
- 清代建筑
- 民国建筑
- 1940-1970年代建筑
- 1980年后建筑

镇区建筑年代现状评价图

建筑年代	明代及明代以前建筑	清代建筑	民国建筑	20世纪30年代～20世纪70年代建筑	20世纪80年代之后的建筑	总计
基底面积（㎡）	4393	37187	14791	16030	357218	429619
百分百（%）	1.02	8.66	3.44	3.73	83.15	100

图例
- 一层建筑
- 二层建筑
- 三～四层建筑
- 五～六层建筑
- 七层以上建筑

镇区建筑高度现状评价图

建筑高度	一层建筑	二层建筑	三～四层建筑	五～六层建筑	七层以上建筑	总计
基底面积（㎡）	178209	103043	106321	31850	10196	429619
百分百（%）	41.48	23.99	24.75	7.41	2.37	100

图例
- 不可移动文物
- 历史建筑
- 传统风貌建筑
- 与传统风貌协调建筑
- 其他建筑

镇区建筑风貌现状评价图

建筑风貌	文物保护单位	登记不可移动文物	历史（特色）建筑	传统风貌建筑	其他建筑	总计
基底面积（㎡）	3523	6148	38815	9360	80410	291363	429619
百分百（%）	0.82	1.43	9.03	2.18	18.72	67.82	100

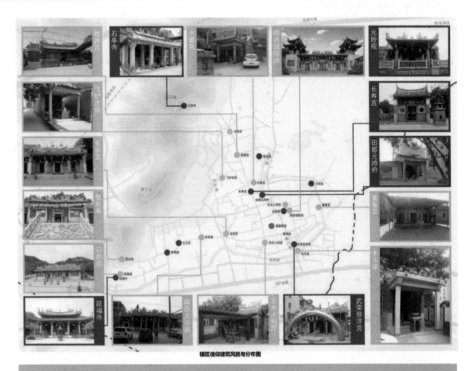

镇区信仰建筑风貌与分布图

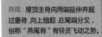

屋顶：多为硬山做法，双曲屋面红瓦或筒瓦，也有在平瓦屋面的两端盖筒瓦的做法。屋脊装饰为灰塑嵌花式或镂空花式。

入口：闽南传统民居入口大门居中，通常取凹廊的形式，俗称"凹寿"，"凹寿"内装饰精致，石雕、木雕、壁画并用，异常华丽。

燕尾：屋顶主脊向两端延伸并超过垂脊，向上翘起，在尾端处俗称"燕尾脊"，有轻灵飞动之势。

墙身：闽南地区以红砖、花岗石为主要墙体材料。红砖种类多，主要有"燕尾砖"（当地也叫福瓣砖、胭脂砖），闽南特有的空斗墙，以红砖组砌成万字花、寿形字、棱形、八角形、双环金线形等吉祥图案，异常精致。此外"出砖入石"的墙体做法是闽南传统民居的一大特色。

水塔车：闽南民居正立面近屋檐处的水平装饰带俗称"水车堵"、"水车埼"，装饰带上下为凹凸线脚，其间彩绘、泥塑或装点交趾陶，装饰意味浓厚。

红砖壁画：闽南民居红砖墙面浅雕墙白灰，形成红白相间、色彩艳丽的壁画装饰，独具一格。

镇区建筑风貌细节图

指导教师：林翔

设计小组成员：张博雅 洪煜源 李静

南安市丰州镇历史文化名镇保护规划研究
Fengzhou Town Conservation Planning Of Historical And Cultural, Nanan, Fujian Province

镇区保护规划图

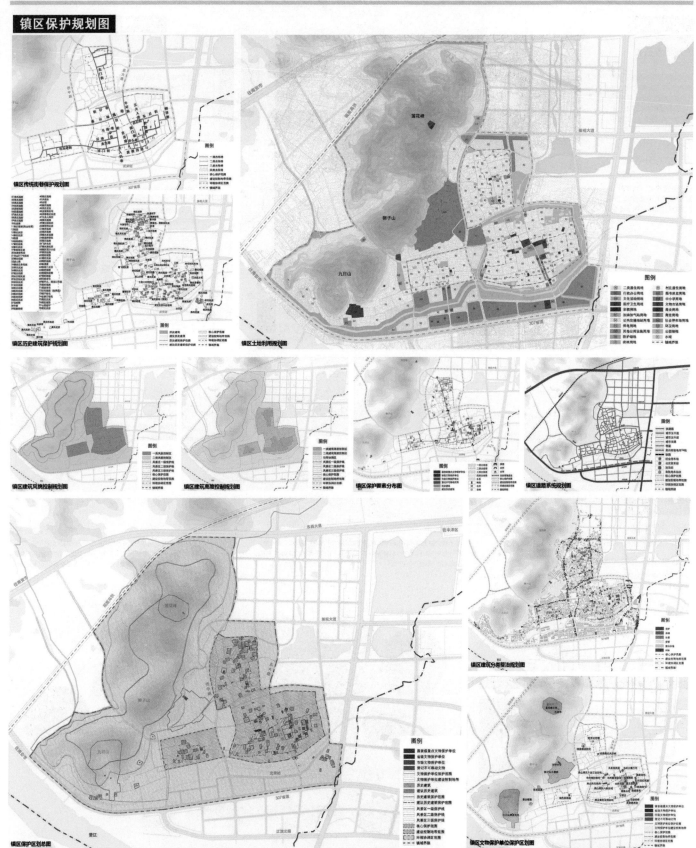

指导教师：林翔
设计小组成员：张博雅 洪煜源 李静

南安市丰州镇历史文化名镇保护规划研究
Fengzhou Town Conservation Planning Of Historical And Cultural, Nanan, Fujian Province

09 设计策略

空间策略

遗产要素孤立

许多新遗产的产生覆盖了原始遗产,使传统的遗产关联在变迁中发生断裂。这种关联性的缺失,造成了遗产要素的独立,削弱了遗产抵抗外来变化的能力。

遗产节点分散

部分遗产的丧失,使现存遗产在空间中呈零散分布的状态,造成遗产无法被整体、连续地感知。

遗产价值衰落

遗产及其周围环境在时间进程中发生了巨大变化。其地位和价值在不断衰落,甚至消失。

历史信息缺失

一些珍贵的历史信息在长久的变迁过程中因承载其物质空间遭到破坏而丧失,使历史无法在物质空间中体现,破坏了遗产整体的时间完整性。

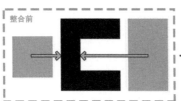

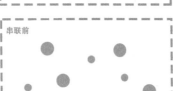

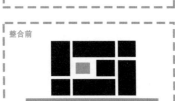

空间策略

整合策略

通过将具有普通价值的遗产与具有突出价值的遗产进行空间关联、建立视觉联系,共同形成标志性空间。

链接策略

通过将分散、孤立的遗产节点利用线条加以整合,使个体之间产生联系,从而使遗产要素在空间上被有机地链接在一起。

强化策略

通过强化遗产及其周边环境,与居民活动场地相结合,与周边道路连接以提升遗产空间的可达性。使遗产价值得以强化和延续。

意向策略

结合历史,提取重要的历史要素,通过设置景观,恢复历史意向,达到历史信息延续的目的。

联绵景中意,古今断还续。

活动策略

活动空间不足
镇区内房舍密集,现有的公共活动空间尚不能满足当地居民的活动需求。

交通可达性不足
镇区内的巷道现状是越靠近历史边界的区域,路网越稀疏、巷道分布越少,原有的镇区内的主要道路都无法引导区民对边界遗产进行连续性认知。

交通策略
通过加密路网、增强巷道的通达性,来增加居民与边界的空间联系,促使更多居民自由由内外活动。同时也增强居民到达各遗产节点的可达性。持续性的感知会强化居民对遗产的记忆。

活动策略
通过将居民对活动的需求与边界绿地相结合,满足当地居民对运动、散步、观景等多种活动需求,在同一空间实现多种功能叠加,在提高当地居民生活环境的同时,也使历史边界在现代生活中发挥持续性作用。

运动　亲水活动　观景　划船　广场舞　儿童娱乐　健身　亲子活动　野餐　散步

指导教师:林翔
设计小组成员:张博雅　洪煜源　李静

历史中心区保护规划图

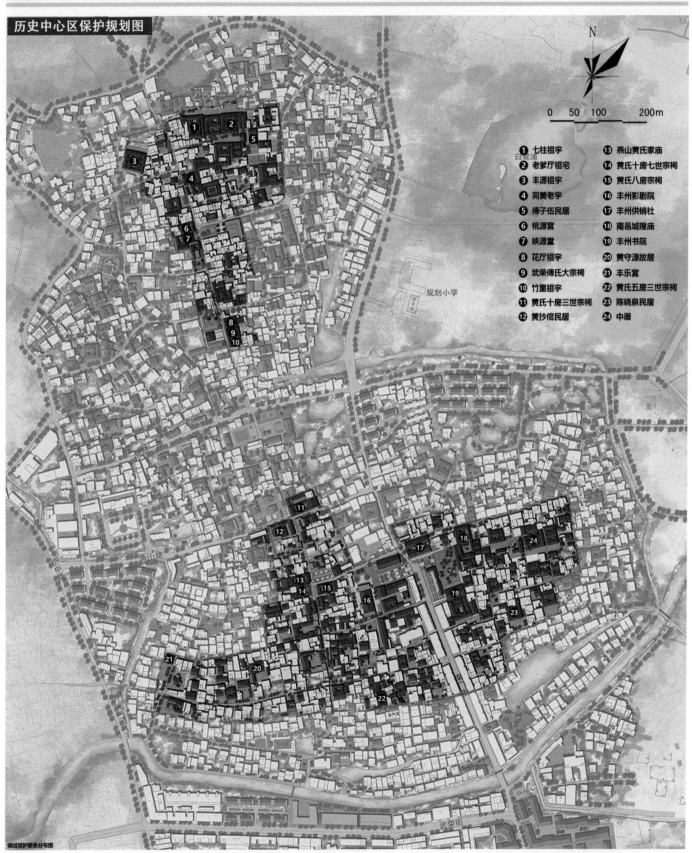

1 七柱祖宇
2 老爹厅祖宅
3 丰源祖宇
4 同美老宇
5 傅子伍民居
6 桃源宫
7 映源堂
8 花厅祖宇
9 武荣傅氏大宗祠
10 竹里祖宇
11 黄氏十房三世宗祠
12 黄抄倌民居

13 燕山黄氏家庙
14 黄氏十房七世宗祠
15 黄氏八房宗祠
16 丰州影剧院
17 丰州供销社
18 南邑城隍庙
19 丰州书院
20 黄守源故居
21 丰乐宫
22 黄氏五房三世宗祠
23 陈晓泉民居
24 中盾

规划小学

白鹭浦

0 50 100   200m

镇域保护要素分布图

指导教师：林翔
设计小组成员：张博雅 洪煜源 李静

丰州
昔谓丰州

南安市丰州镇历史文化名镇保护规划研究
Fengzhou Town Conservation Planning Of Historical And Cultural, Nanan, Fujian Province

中心地段现状概况

丰州镇区位图

丰州镇中心地段区位图

基地周边建筑1

基地周边建筑2

基地周边建筑3

基地周边建筑4

基地周边现状概况图

中心地段活动分析1

从整个镇来看，市民的日常出行活动主要集中在南门街，白天比晚上热闹繁华，特别是7-13时最繁华，傍晚4,5点也会有再一次小高峰）武荣街，侨中路，晚上比较热闹繁华（6-10时为繁华期）从观察分析来推断原因有两个：

1. 业态分布：南门街分布的业态主要以日常生活用品为主，包括菜市场、日常百货，金融，主食餐饮，快餐店等，等等，这些业态在白天更受欢迎；而武荣街，桥中路以服装店，小吃摊，休闲吧等为主，这些业态在晚上会更受欢迎。

2. 消费对象：南门街的消费对象相对年长化，主要是来自家庭长辈，为打理家庭所做的一些日常活动；而武荣街，桥中路的消费对象都相对年轻化，小吃摊，服装店，休闲吧，KTV等是年轻人夜生活比较喜欢的（住在桥中路，武荣街附近大多是白天上班一族，所以晚上是他们休闲娱乐的时间，同时那边有较多饭店，适合上班族日常应酬）。

中心地段周边人群活动照片

中心地段节假日日活力示意图

中心地段人流来源示意图

中心地段工作日日活力示意图

1. 供销社周边通常要接受来自地块北面大量的人流、车流和少部分来自南面的人流、车流，是重要的交通节点。
2. 地块这里路况复杂，多个交叉路口，规线不好，同时又是位于中心小学对面，会有临时性拥堵出现，给人们日常生活带来极大不便。
3. 从目前地块建筑的形态来看，由于建筑围合感强烈，电影院和供销社所占的地块没能起到缓解人流压力，反而将人流拒之地块之外。
    短期来看，应该打通视线，并为学校提供临时性人流缓解空间；长远来看，如果学校外迁，可将学校并在一起进行改造利用。
4. 短期来看，应该打通视线，并为学校提供临时性人流缓解空间；长远来看，如果学校外迁，可将学校并在一起进行改造利用。

指导教师：林翔
设计小组成员：张博雅 洪煜源 李静

南安市丰州镇历史文化名镇保护规划研究
Fengzhou Town Conservation Planning Of Historical And Cultural, Nanan, Fujian Province

1 2 中心地块更新研究

中心地段活动分析2

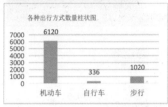

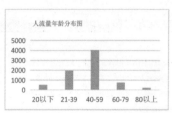

1. 人们偏爱机动车出行方式，但从观察来看 小孩和老人偏爱步行或自行车。　　2. 日常出行活动中40-59岁人为主 21-39岁也有一部分 这部分人基本机动车出行。

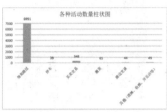
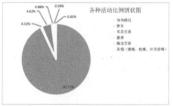
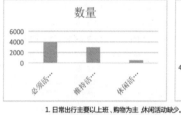

1. 活动种类单一，人们的互动少 只有部分买卖、停车和搬货会跟供销社和电影院发生联系 电影院、供销社基本废弃。
2. 人们基本都是匆匆而过 因为供销社业态单一 基本作为家具店和仓库使用 失去以前的繁盛情理之中。

1. 日常出行主要以上班、购物为主，休闲活动缺少。
2. 通过访谈得知 其实老百姓闲暇时间还是喜欢出去溜达 但条件限制 没有适合的休闲散步空间。

活动分析总结：1. 人们的物质生活相对文化精神生活较为丰富。　　2. 供销社地块是一个主要交通节点，可达性强。　　3. 人们希望有一个地方在他们闲暇时可以休闲散步。
4. 从古镇区域来看社区服务功能分布空间位置不合理，导致人们日常出行大多依靠机动车、电动车。　　5. 从功能和业态分布上可以看出缺乏一个社区文化中心来丰富和均衡人们的日常出行活动。

中心地段单体分析

单体分析总结：1. 空间大 结构牢固 围护墙体结实，可充分保留利用。
2. 富有地域特色 应结合当地特色合理有效利用老建筑。

中心地段更新策略

策略1：单体层面　　策略2：群体层面　　策略3：周边环境　　策略4：利用场地

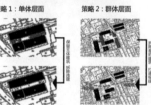
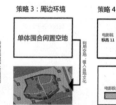
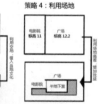

中心地段方案生成

地下一层平面图

局部透视1

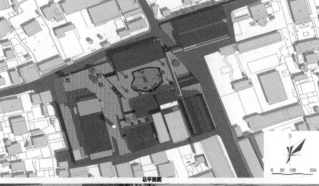
总平面图

一层平面图
二层平面图

局部透视2
局部透视3

鸟瞰图

指导教师：林翔
设计小组成员：张博雅 洪煜源 李静

重庆市黔江区城市品质提升专项研究

Special Study on Quality Improvement in Qianjiang District of Chongqing

01 背景与现状

■ 意义

提升城市环境品质对于提高城市综合竞争力、实现可持续发展具有重要战略意义。杭州、厦门、深圳等城市率先实践并提出提高城市品质是城市未来三大核心任务之一：全面提高城市综合竞争力、全面提高城市环境品质、全面提高城市生活质量。对重庆市黔江区进行城市品质提升的专项研究，是贯彻城市"双修"精神，建设渝东南中心城市、武陵山区重要经济中心与交通枢纽，彰显城市魅力重要的举措。

■ 城市品质界定

城市：在城乡一体化背景下，城市应涵盖一个更大的地域范围。本次城市品质首先提出"黔江风景线"的总体概念，基于此对黔江城市品质提升进行专项研究。黔江风景线：灌水—冯家—新城—老城沿阿蓬江水系一线。

城市品质：综合评价一个城市的品质一般从城市风貌特色、城市环境、文化特色、基础设施、产业发展等方面进行考虑，基于一般城市研究以及黔江城市发展现实，本次黔江城市品质提升将从以下四个方面进行研究：

城市总体风貌　　城市核心景观　　城市文化特色　　城市基础服务设施

■ 既有规划解析

通过土地控制强化黔江火车站、机场等重要城市节点门户形象

新城组团绿地系统更加连续，水系保留连续

新城绿色分隔，组团发展势态明显

2009年控制性详细规划

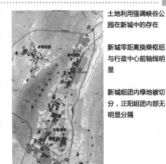

土地利用强调峡谷公园在新城中的存在

新城零距离换乘枢纽与行政中心前轴线明显

新城组团内绿地被切分，正阳组团内部无明显分隔

2013年城市总体规划

新城形成两道生态廊道，但在用地仅有北侧较为清晰，南侧廊道断裂

新城北部生态旅游景观带（城市峡谷一带）周边建设用地减少恢复与新增了老城三台山区域与新城北部入口附近公园绿地

2016年控制性详细规划

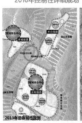

对黔江城市空间进行了详细的分析，提出了较为科学合理并有前瞻性的结论，尤其对生态廊道、景观视线以及三岔河中心区、出入口节点均有详细的分析与设计

新城方面对零距离换乘区域和文教区进行了重点设计，明确轴线手法

2016年城市设计

规划功能结构解析

在功能结构方面，两版规划均强调中央生态公园与沿江生态带，城市组团发展。

相对于2013年总体城市规划，新城重点发展一个中心。2016年控制性详细规划在新城根据功能设置两个中心，恢复南侧生态通廊，组团分区更加明显，提升了综合交通枢纽在新城中的节点地位。

变化趋势：
1. 新城原有一中心一绿廊结构转为双中心双绿廊，充分考虑新城现有发展情况与绿地资源。
2. 新城内部公园绿地总体增加，但南侧生态原有连贯生态廊道被建设用地切断
3. 新城行政中心及零距离换乘枢纽前用地轴线布局减弱
4. 2009版总体城市规划更加关注城市特色的塑造

总结：

上述规划均坚持了组团式的布局模式，并高度重视峡谷公园对黔江的意义。但缺乏对历史文化价值的发展、宜居品质的考量。前期规划确定的一些良好原则在后期反而没有得到应有的遵守。

■ 现实基础

黔江区近年来大力实施"工业强区，旅游大区，城市靓区"三大联动战略，统筹推进老城提档升级和新城提速扩容，城市建设管理水平明显提升，渝东南中心城市建设取得了阶段性成效。

城市规模逐步扩大

黔江区建成区面积达26平方公里，城区人口达25万，城镇基础设施和公共服务设施逐步改善，中心城市跨越发展框架初步形成，公共服务中心功能增强。

新城城市建设稳步推进

受老城的辐射、教育设施的集聚以及武陵山机场的带动，新城建成区面积界其实已超过老城，以武陵大道、正舟大道为骨架的道路网络基本成型，机场组团片区、枫坪片区、火车站片区等重点区域城市形象初步显现。舟白组团用地实施完整度较正阳组团高，随着黔江火车站的开通、渝湘高速黔江南出入口的建成以及行政中心的迁移，正阳组团的建设进程亦将加速。

老城滨河公共空间颜值出彩

老城武陵水岸滨河休闲走廊现已成为黔江靓丽的城市客厅，集休闲、观光、健身活动、交通多功能于一体，是老城区现有重要的公共活动空间与城市名片。

特色景区建设已见成效

黔江自然旅游资源丰富且保存完好，目前已成功创建城市峡谷"芭拉胡"4A级景区，灌水古镇整合升级正在稳步推进，全区"一核、一环、一带、三区"的旅游格局正在形成。

■ 主要问题

原有生态系统遭到破坏

黔江新城现有区域内有较为连续的水系与绿地，存在若干条较为明显的城市绿廊，在前期城市规划中已有保留，然而在最新版的城市规划与建设中，新城原有连贯的生态廊道被切断，城市建设区域呈现蔓延趋势。

城市风貌及民族特色不够明显

黔江区作为一少数民族聚集区，定位为未来渝东南中心城市，虽然老城内有一些优质的景观空间，新城也有城市峡谷横贯其中是天然的自然资源，但城市特色风貌却不明显、不同时期、不同地区的建筑风貌缺乏相关性。

交通拥堵较重，停车空间缺乏

受地形条件限制，黔江老城目前仍然依靠一条新华大道作为主要交通线路，且依然存留不少单向与断头的支路，加上停车空间不足，人口密集，造成的交通拥堵严重制约了老城区的品质提升。

慢行交通系统尚未形成

虽然为疏解老城周边倚山近水环绕，但是目前仅有滨河的慢行系统，系统成环的慢行系统仍然处于建设之中，不利于绿色出行。

新城公共服务设施急需完善

在疏解老城方面已基本完成，黔江新城在公共服务设施方面已较为缺乏，虽然已有大量文教、商业设施在建设，但是分布较为分散，在短期内难以起到服务作用。

老城缺乏城市公园

由于城市用地紧张、老城建设过量等因素，老城区缺少大型城市公园与活动广场，无法提供足够的活动空间，对满足市民需求、提升老城生活品质造成较大的影响。

■ 总体目标

注重地域历史特色的品牌文化城市　　突出独特峡谷风情的山水园林城市　　拥有完善公共服务的生态宜居城市　　突出全域景区建设的优秀旅游城市

指导教师：龙元 边经卫
设计小组成员：白昕 蒋汀婷

重庆市黔江区城市品质提升专项研究

Special Study on Quality Improvement in Qianjiang District of Chongqing

02 原则与策略

基本原则

以"城市双修"促品质提升

本研究坚持"城市修复、生态修补"理念，结合黔江目前发展现状，规划城市品质提升行动。老城人口拥挤，基础设施超负荷运行，缺乏公共空间，应修补城市功能，提升环境品质，包括填补基础设施欠账，增加公共空间，改善出行条件，改造老旧小区，保护历史文化与塑造城市时代风貌等；新城区目前建设中出现切断生态绿廊，损害生态系统的不良趋势，应当修复城市生态，改善生态功能，包括加快山体修复，开展水体治理与修复，修复利用废弃地域完善绿地系统。

黔江具有良好生态基础，新老城区在发展的同时面临不同的问题，应该坚持问题导向，通过城市双修对城市物质空间环境与城市功能进行修补。

坚持空间的组团理念——让自然连续，让城市中断

建立生态文明和城市生态承载力的理念，坚持保护与连续现有生态基础，做到建设为环境让步，杜绝城市无序扩张蔓延，建立完善的城市山水绿脉，并通过生态边界的划定让城区采取组团集约的形式发展，既有利于城市功能复合和土地的高效利用，也有利于自然环境保护，凸显黔江山水城市的特点。

坚持强化城市空间结构中的中心性

在城市结构上，原有的城市发展结构应该进行适当的优化与调整。

老城原"两心"即老城商业中心和三岔河景观中心为综合提升，结合对岸三台山地区整合为一个中心，形成"一心、一轴、两带、五片"的老城结构。

新城更改变"两为"为舟白组团的综合交通枢纽、区域旅游集散与商贸物流中心与正阳组团的行政文体中心，并重点发展"一心"——行政文体中心。将原正阳组团切分成行政文体组团与正阳组团两个组团，继续强化武陵大道轴线与两条生态廊道，形成"一心、一轴、两带、三组团"的发展结构。

其中老城中心与新城行政文体中心为最大的两个城市中心区。

重视城市特色街区建设

将文化传承与文化建设相结合，使之成为提升城市品质的一项重要内容。通过对黔江现有传统街区、现代街区以及自建街区进行详细的分类与研究，采取不同的提升策略。提增发展中层中密度的小街区，在保持城市整体风貌的同时增加城市活力。

重视城市小空间的意义

品质在于细节。不要盲目求大，关注日常生活的微观空间，如街头巷尾、门前绿地等，延续人性的亲宜尺度，创造空间的人文关怀。

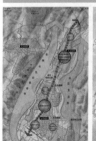

城市空间发展结构强化中心性

明确老城中心的功能与范围，突出新城中心，形成双中心驱动推进城市整体发展

工作框架

城市品质提升

| 总体风貌 | 核心景观 | 文化特色 | 基础设施 |

01	02	.03	04	05	06	07	08	09	10	11	12	13	14	15	16
老城风貌	新城规划	黔江河、阿篷江两岸景观	新华大道、武陵大道等街道景观	夜景照明系统	城市中心区功能	城市山水绿廊	城市门户节点	特色街区与建筑	历史文化遗址	城市小品	公园绿地	公共交通系统	慢行系统	停车配套设施	架空线路

空间策略

山水纵横，峡谷贯穿，一线引领，二心辉映，六片联动
以节点品质提升促城市品质提升

黔江城区具有丰富的自然资源，既有酉阳山山脉与阿篷江流域将城区环抱，也有城市峡谷这一难得的生态奇观贯穿城区，同时新城内数条生态廊道交织。因此应当充分利用现有自然资源，形成群峰矗立，峡谷深潜，山水交织的城市生态网络。

山水纵横，峡谷贯穿

老城中心与新城中心双心驱动

在黔江风景线上重点提升新城、老城两个中心：老城中心采取城市修复，新城中心贯彻生态修补。构成双心驱动带动城市发展与提升城市品质的整体架构。

二心辉映

黔江风景线

结合城市主要发展轴线与生态山体水系，建立一条长度约为41公里，含老城、峡谷公园、新城、阿篷江五大段落的黔江风景线。在这条风景线上，有充满历史和民族风情的濯水古镇风光，有阿篷江国家湿地公园，有现代宜居生态新城风貌，有山高水深、悬崖峭壁的峡谷景观，有浓郁都市井风情的老城滨水生活景象。

一线引领

让自然连续，让城市中断，坚持组团式发展

坚持城市生态优先、城市建设为生态建设让步的理念，保护现有的山水体系，恢复因建设被切断的绿地及水系的系统性。强调黔江区山水城市的特色，让绿地不仅仅是远处的青山，更是伸手可及的身边水系。

加强公共交通的建设，提升城市整体性

坚持通过公共交通的方式增强各城区间的连接，提升城市各组团的连续性与可达性，提倡多种公共交通方式协同发展，提倡绿色出行。

六片联动

实施路径
以节点品质提升促城市品质提升

重点打造新城老城两处核心区域，并对影响城市品质的其他多个重要节点提出发展建议，做到以节点带全区，形成节点示范辐射作用，带动黔江区整体提升。

指导教师：龙元 边经卫
设计小组成员：白晰 蒋汀婷

重庆市黔江区城市品质提升专项研究

Special Study on Quality Improvement in Qianjiang District of Chongqing

03 专项提升措施

▌老城风貌提升

老城风貌控制

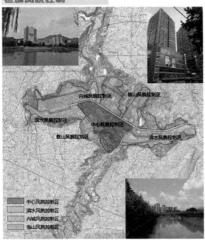

中心风貌控制区
内城风貌控制区
鹤山风貌控制区
滨水风貌控制区
中心风貌控制区
临山风貌控制区
滨水风貌控制区

中心风貌控制区
滨水风貌控制区
内城风貌控制区
临山风貌控制区

老城风貌控制分区图

老城风貌控制分区

将老城划分四个城市风貌控制区，各个风貌控制区按照不同原则控制建筑密度、高度、立面与风貌。

风貌名称	风貌控制建议原则
中心风貌控制区	建筑应考虑整体的风格统一性，地标性建筑应该凸显地域特色
滨水风貌控制区	沿江江建筑应贯彻景观均好性原则，具体表现为临水低、远端高布局
内城风貌控制区	现代和传统并存，体现多样性
临山风貌控制区	临山建筑以中低层为主，可考虑台阶住宅类型，以更好契合山地特征

老城建筑高度控制

老城建筑高度控制图

平地高建，坡地低建

严格控制老城新建建筑高度，老城居住区等平缓地带可适当集中高层建设，层高控制在100米以内，提高商业与功能混合。平地高建；山坡及滨水一带严格控制新建建筑高度，使之形成良好的周边山体视线，显山露水，建筑高度控制在50米以下，并且不能在视线上阻碍背景山体轮廓，保持已建建筑高度，做到坡地低建。

滨水适度低建

本着资源共享原则，控制滨水区域建筑高度。

新建建筑与周边地块高度协调统一

加强新建建筑与周边地块高度的相关性，提倡协调统一。

老城其他提升策略

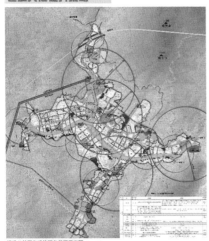

提升公共服务设施范围图示意图

城市公共服务设施提升

在疏解老城密集人口的同时，推进老城内部公共服务设施升级与老旧居住小区改造，提升城市公共服务设施质量与服务水平，部门搬迁空地优先用于基础设施、公共服务设施和公园广场建设。

交通网络结构完善

完善老城内道路交通建设，提高城市毛细支路通畅程度。通过减少路口，疏通城市交通微循环。提高公共交通运行效率，并通过扩展城市慢行网络，提倡市民绿色出行，缓解老城交通拥堵问题。

绿地公园提升

营造开敞空间，加快已规划的城市公园建设，并增加小型绿地广场，新建环山步道，形成完整连续的立体环城绿道与穿越城区的景观廊道，丰富三岔河沿岸带状绿地系统。

▌新城规划提升

新城航空限高管制图

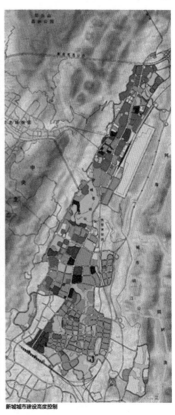

新城城市建设高度控制

新城城市开发强度控制

结合新城限高规划控制，控制新城高层建筑分布，做到高层建筑布局按南北一线一片分布。

重点推进新城城市建设与管控，在火车站、政府中心与零距离换乘综合交通枢纽等重点区域适当增加开发强度，加强对新城城市肌理、建筑密度分区规划控制；其他区域严格控制开发强度，形成疏密有致、节奏鲜明的城市空间；探索小街区密路网、以中等强度开发和中层建筑为主导的紧凑建设新城空间形态。新城城市峡谷及绿地景观带附近限制开发，做到城市与自然相互连接。

新城城市风貌总体控制

建立建筑风格、建筑高度、色彩控制等城市风貌要素控制标准，使火车站、零距离换乘区域和行政文体中心区城市形象符合新城门户及中心点形象，其他区域建筑凸显地域特色，强调山、水、城的融合。

新城开发重点控制

优先建设舟白与正阳政府中心片区与安置区改造，重点针对新城已建设区域进行完善，按照"建设一片、成型一片"的思路，避免分散建设造成资源分布不均，建设质量不高的情况。

新城公共服务设施建设

加大公共配套力度，疏解老城区密集人口，完善公共服务设施配置，尤其在医疗、教育、文化活动设施方面。应尽快启动新城体育场馆、文化服务中心、零距离换乘枢纽等重要公共服务设施建设，加速推进民族医院、文教区等重要公共服务设施的建设，提升新城公共服务水平及吸引力。

推进新城文化创意产业发展

推进舟白文教组团的建设，为引入教育资源提供政策支持，依托教育资源优势推动新城文化创意产业发展，增加新城产业发展方式。

指导教师：龙元 边经卫
设计小组成员：白昕 蒋汀婷

重庆市黔江区城市品质提升专项研究

Special Study on Quality Improvement in Qianjiang District of Chongqing

04 专项提升措施

■ 黔江河、阿蓬江两岸景观提升

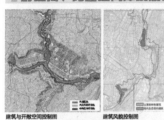

建筑与开敞空间控制图　建筑风貌控制图

阿蓬江两岸用地保护范围界定

严格控制阿蓬江两岸土地使用，建议规划部门迅速设立阿蓬江山体水系保护规划，确定阿蓬江流域沿岸保护区范围，规范水体保护；同时对新城引入阿蓬江水系进行现状勘测，明确新城现有水系来源与流向，配合阿蓬江水系保护，形成系统的黔江新城城市水系规划，保护绿色自然资源。

阿蓬江周边建筑风貌控制

结合芭拉胡旅游区总体规划，扩展规划中对建筑风貌控制的区域，对阿蓬江沿线两岸建筑在风格、高度、色彩等方面进行研究与控制，使之与自然山水协调的同时又能够凸显民族风情特点，做到自然与民族风情的结合。

黔江河两岸城市风貌控制

黔江河两岸城市建筑风格、高度、色彩等应加以控制，提高三岔河口重要公共建筑立面设计，营造连续绿地生态系统、构建具有地域民族特色的黔江河两岸城市景观风貌。

2016黔江区老城区组团总体城市设计在黔江河风貌控制方面已有一定研究，根据设计文本以及黔江河在老城中的位置与功能，将黔江河两岸区域划分8个控制段：

1. 西入口生态控制段
2. 城西居住控制段
3. 核心控制段
4. 体育文化控制段
5. 北谷生态控制段
6. 城东休闲控制段
7. 城东居住控制段
8. 东入口控制段

每一控制段按照其所在位置及功能采取不同的控制措施，在形成不同风貌的同时营造一个和谐的黔江河两岸城市风貌。

黔江河两岸城市风貌分区控制图

■ 新华大道、武陵大道等街道景观提升

新华大道两侧建筑风貌控制

新华大道是老城重要的交通道路，也是未来老城区重要的城市综合功能轴线，其两侧建筑立面与风貌对老城的城市形象与整体风貌有较大影响。因此应对新华大道两侧建筑进行专项风貌控制，结合老城区内不同的风貌分区，通过城市设计对建筑的立面、高度、色彩等提出控制原则；特别对重要的交叉路口与节点做好管控，拆违补旧，提升建筑风貌质量。

新华大道两侧街道环境改善

除建筑立面需进行整治提升外，新华大道两侧街道环境对市民身体体验也有密切关联，应提升新华大道两侧重要街道环境品质，可结合前期城市设计成果进行深化景观设计，增加街道公园，完善街道设施，改善街道环境。

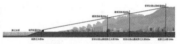

武陵大道两侧建筑风貌控制

武陵大道作为新城重要发展轴线，其两侧建筑代表了新城的发展形象，最能体现黔江山水城市的特点。应该开展专项城市设计对武陵大道两侧建筑风格、高度、色彩等进行风貌控制，强化新城组团建设与城市绿廊。形成轴线南北两端高强度建设的门户节点区域，反映新城现代建设风貌，中央区域则应形成相对中低强度的、以中低层建筑为主的城市景观与节奏。

城市纵向道路两侧建筑综合提升

除主要城市轴线道路外，对杨柳街、官坝路等重要城市纵向道路两侧建筑应进行风貌控制，形成系统的城市街道景观网路，具体控制内容包括提升建筑立面质量，改善街道景观等。

■ 黔江河、阿蓬江两岸景观提升

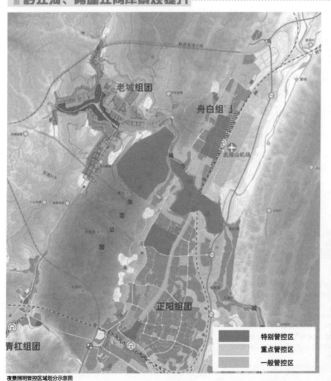

老城组团

舟白组团

正阳组团

青杠组团

图例
- 特别管控区
- 重点管控区
- 一般管控区

夜景照明管控区域划分示意图

夜景照明管控区域划分

夜景照明提升根据黔江老城区景观照明规划及新城未来建设情况，将照明系统提升划分为三个管控区域。特别管控区为能够彰显城市夜景特点或是对城市夜景有巨大影响而需要控制的区域，主要包括三岔河核心区域、正阳山山体、西沙步行街、新城行政文体中心区域及主要城市出入口。

三岔河核心区夜景照明提升

现有廊桥及周边高层建筑照明进行进一步完善，丰富夜间景观照明层次。

三岔河滨河景观照明提升

推进黔江老城区景观照明规划实施，连续三岔河夜间照明景观。

正阳山山体夜景照明提升

提升正阳山、正阳塔照明景观，展现山体特征，彰显城在山中景观特点。

西沙步行街片区照明景观提升

控制西沙步行街建筑立面灯光光色、打灯方式，编制西沙步行街的景观亮化规划，提高城市重要步行街道照明层次与景观质量。

新城行政文体区域照明景观提升

对新城政府大楼组群及前广场区域进行灯光控制与夜景设计，凸显建筑与山水背景，提升新城中心区夜间景观形象。

其他城市重要节点照明提升

对老城东部、西部出入口、舟白正阳隧道出入口、高速路入口、新华大道沿线城市公园、广场等公共空间节点、具有历史价值的建筑和地标建筑进行夜间景观设计，完善城市夜间景观层次。

其他重点管控区域、一般管控区照明景观控制

重点管控区域主要为城市主要道路以及主要商业节点，包括新华大道沿线、武陵大道沿线，正舟路以及城市主要商业节点和环路等，城市其他区域为一般管控区域。

指导教师：龙元 边经卫
设计小组成员：白昕 蒋汀婷

重庆市黔江区城市品质提升专项研究

Special Study on Quality Improvement in Qianjiang District of Chongqing

05 专项提升措施

城市核心提升区划分

老城中心（111.58公顷）

新城中心（330.59公顷）

城市核心提升区区位图

老城中心节点分区示意

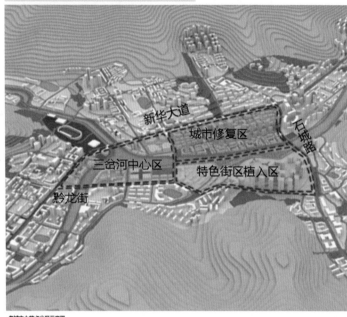

新华大道
城市修复区
石城路
三岔河中心区
特色街区植入区
黔龙街

老城中心节点分区示意图

老城中心

老城中心区面积共111.58公顷，范围为新华大道，石城路、黔龙街与三台山围合的区域。功能定位为文化+商业+滨水休闲运动+自然+旅游，中心区按照现状、区位与功能分为三个区域，采取不同的提升策略。

老城中心 三岔河中心区提升

三岔河中心区现状

运动场
体育馆
民族博物馆
民族文化宫
栅山河
黔江区民族小学校
黔江区南海鑫城
黔江老烟厂
黔龙河

三岔河中心区建筑质量现状图

地块现状

该区域为黔江老城核心区块，位于栅山河、城北河和黔江河三河交汇的位置，面积约3.4hm²。地块周边及内部有较多重要设施与建筑，如民族博物馆、体育馆运动场、民族小学校、黔江卷烟厂以及黔江区南海鑫城商业区等。

现状已有一定的建筑景观风貌，滨河立面较为统一，拥有滨水栈道、步行道、小广场等公共开敞空间，承载着居民日常主要的公共活动，有着较高的使用率。但仍存在景观单调、品质不高、功能较为单一、吸引力不足等问题。黔江卷烟厂工业地块置换以及增强与周边区域联系也是城市品质提升中需要考虑的对象。

河口地块提升案例分析

河口地块提升案例分析

从现有国内外针对城市内河流交汇处中心的设计案例来看，建设一个具有强烈视觉中性并有连续开阔空间相连接的中心，能够充分利用河流交汇所带来的地理优势与景观视线，营造丰富的节点与城市地标形象，天津、宁波、武汉、宜宾、重庆等城市均相当重视在城市江河交汇口处的城市设计，在空间形象与功能构成上加以精心规划。

天津河口三岔河区域构成要素：三角公园、地标建筑、地域文化设施

宁波三岔河口的主要构成要素：连续的城市公园系统、地标建筑、多样化的功能构成

从天津与宁波案例可以看出，影响三岔河河口品质的三个共同要素是多样性的土地利用形态、独特的地标建筑和完善的公共空间系统。

黔江三岔河口虽然在规模上小于天津、宁波等城市，但同样应以这三要素作为三岔河口中心区品质提升的重要抓手。

老城三岔河中心区提升策略

体育馆绿地与西山公园连接

提升现有博物馆建筑群中心性与文化服务水平

工业厂房活用

三岔河中心区提升示意图

提升策略

提高现有博物馆建筑群的中心性和可视性

北侧体育馆运动绿地南扩，形成延伸至河岸的运动休闲公园系统，并与规划中的西山公园连成一个整体。

结合未来建筑的改造提升，拆除沿岸部分品质较低的居住建筑以突出民族文化宫和民族博物馆的存在，强调博物馆建筑群的中心性及可视性，提升老城区中心的地标性。

工业厂房及绿地活用

赋予南侧黔江卷烟厂等工业厂房文化承载功能，结合原有厂房空地打造融合创意文化的大众休闲空间

指导教师：龙元 边经卫
设计小组成员：白昕 蒋汀婷

重庆市黔江区城市品质提升专项研究

Special Study on Quality Improvement in Qianjiang District of Chongqing

06 专项提升措施

▌老城中心 特色街区植入区提升

特色街区植入区现状

特色街区植入区建筑质量现状图

地块现状

该区域位于城南片区三台山，区域内有老城区沿水岸唯一的自然山体。山顶已经建成大片居住及酒店，是老城重要的视觉集中地。山脚及山腰建筑质量较差的自建民房，有待提升整治。

在未来规划中该区域将通过杨柳街衍生路段与对岸老城商业相连，在整个老城中心区中处于重要的连接位置。

特色街区植入区提升策略

特色街区连接滨水岸线与商业地块

山地特色民俗街区　山顶观景平台

特色街区植入区提升示意图

提升策略

城市山地民族风情街建设

三台山顶居住组团的商业服务设施的建设结合周边民房改造（红色区域），规划一条具有少数民族风情的特色山地民俗街，从水岸蜿蜒至山顶，兼顾内外需求，与三岔河中心及城市东商业片区形成连贯商业系统。

三台山观景平台建设

三台山山顶应保留一块俯瞰全城的观景平台，在提供良好观景视线的同时，增加市民对城市的认同感。

老城商业区修复理念：重视历史文化的保护与再创造

城市一直是人类生产和生活的重要基地，在其形成和发展过程中，各个城市都留下了自身的历史轨迹，城市历史遗产作为城市特定时代历史与精神文化的载体，在城市发展过程中越来越受到重视。只有充分了解城市发展的过程并对历史文化遗产进行保护，才能将城市物质建设与精神文明建设相结合，提高居民对城市的认同感。

近年来，随着城市文化建设在提升城市品质方面的重要性提升，市民在精神文化方面的需求越来越复杂，对城市历史文化的保护与再创造成为建设可持续发展城市的重要议题，南京、宁波等城市均在研究提升城市品质时将宣场发掘城市文化作为重要的一环。如南京市在《城市品质提升三年行动计划》中重点制定历史文化彰显行动，将科学管控老城新建建筑高度和用地建设强度，加强南京城南历史城区文化风貌整体保护，实施"城市修补、有机更新"，恢复老城功能和活力作为推动城市品质的关键。同时还制定了推进重要近现代建筑及风貌区保护和利用三年行动计划，促进南京近现建筑保护与活化利用相结合，切实保护好南京物质和非物质文化遗产，实施"先考古后建设"的地下文物保护制度，探索建立从历史城区到历史街区、历史风貌区、历史建筑，从此上到地下的南京历史文化遗产整体保护体系，延续历史文脉，重现古都风貌。宁波市则在《中心城区品质提升专项行动》中实施文化特色行动，加快推进历史城区保护建设工程和历史城区串联展示工程，保存修复并完善城市的历史信息和文化遗存，串接散落的历史街区、历史建筑、文物古迹等历史文化遗存，彰显城市历史文化底蕴，提升历史城区活力与品味，提高城市服务业水平，体现地方文化特色，具体表现在历史街区保护建设工程与历史城区串联展示工程等工程上。此外杭州、厦门、深圳、天津等城市在城市提升活动中也把城市历史文化保护作为重要的一环。可以说城市历史文化遗产保护已成为提升城市品质的重要组成部分。

黔江作为重庆地区有着悠久历史与民族风情的城市，虽然现状留存在城内的历史文化建筑与遗址较少，过去规划对此也缺乏足够重视，保护与发展工作严峻。应充分对范公祠、三台书院等著名的文化遗址进行发掘与重建，只有做到对过去历史文化充分的保护，才能在未来的发展中有着明确的方向及可持续性动力。

▌老城中心 城市修复区提升

城市修复区现状

城市修复区建筑质量现状图

地块现状

老城中心区的城市修复区位于老城城东片区，主要以居住商贸教育用地为主，商业用地主要集中在解放路两侧与大十字广场周围，同时与重庆百货、黔江商场、南海鑫城等重要商业建筑相邻，为老城主要商业活动集地，沿街商业有一定活力。该区域作为老城人口集中区域，建筑密度高，地块内部部分居住建筑质量较差，院落内部空间不足。滨河建筑肌理较为细密，有若干连接滨河步道的街巷，生活氛围浓厚。主要的市民公共活动空间为老红军广场与滨河步行绿道，交通较为拥挤，停车空间严重不足。地块内有范公祠与三台书院遗址。

老城商业区修复理念

老城商业区修复理念：小城市空间的保护与延续

威廉·怀特在《小城市空间的社会生活》中提到一种理论，保护乡村和保护城市其实同样重要，城市中无所不在的小空间会对城市生活的质量产生重大影响，城市公共空间作为人们聚会活动的场所，其意义要远大于城市大型公共基础设施工程项目。

黔江老城区之所以能有如此丰富的活动与活力，除了其人口与基础服务设施外，老城区在漫长发展中形成的错综复杂却又方便生活的巷道，无处不在的广场与绿地等小城市空间，这种流河细密的城市建筑肌理与若干条联通滨江的步道就是具有黔江特色的"小城市空间"，虽然现状建筑质量不佳，但空间利用十分活跃，构成了一道独特的黔江生活风景。因此保留原有细小街区的分隔、采用功能复合理念建设的低层居住组团十分必要。

老城城市修复区提升策略

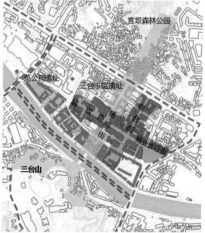

官坝森林公园
范公祠遗址
三台书院遗址
联合街
解放路商业步行街
城东路
三台山

城市修复区提升示意图

提升策略

营造解放路商业步行街区：将解放路作为老城中心重要的商业步行街区进行建设，提高商业步行街步行性与商业活力。未来步行区还将沿联合街、杨柳街等向南北两侧延伸，扩大步行街区范围。

保留和延续网状沿江带城市细密的肌理：保留与延续老城区沿江建筑原有的细密肌理与街巷，强化城市内侧与水岸的连接。

恢复与打造黔江地域传统街区风貌：对老城商业区城市风貌、街道景观进行设计，延续三岔河中心区的特色风貌景观，形成连续的黔江地域传统街区风貌。

恢复范公祠及三台书院等历史遗址：亟待加强城市历史文化建设，尽早对原有历史文化遗址进行重建，增强城市历史感和市民的归属感。

指导教师：龙元 边经卫
设计小组成员：白昕 蒋汀婷

重庆市黔江区城市品质提升专项研究

Special Study on Quality Improvement in Qianjiang District of Chongqing

07 专项提升措施

▌ 新城中心提升

新城中心现状与规划分析

2013总规
2016控规
新城中心区规划图

现状卫星图
新城中心区现状图

2016年控规功能结构图
新城中心区规划功能结构图

地块现状

地块整体处于建设起步阶段。如现状卫星图所示，正阳组团外围生态系统非常好，但内部开始产生断裂。2016年控规功能结构图保留正阳组团中的生态廊道是正确的决策，但在土地利用上并没有得到体现。现状除建设有碧桂园等成熟的高品质居住组团外，大部分土地尚未被开发，具有一定的调整余地。

新城中心提升示意图

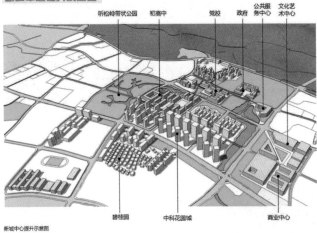
听松岭带状公园　初高中　党校　政府　公共服务中心　文化艺术中心
碧桂园　中科花园城　商业中心
新城中心提升示意图

新城中心提升方案平面图

人民公园　公共服务中心　文化艺术中心　商业中心　政府
新城中心提升平面图

打造多功能混合新城中心： 2016年控规中的新城综合中心北移至行政文化中心，成为新的新城中心。中心区包含丰富的用地性质，形成行政服务、文教、休闲、商业、居住等多功能混合的新城中心。

保留政府轴线： 保留连接武陵大道和政府广场的轴线，利用中央花园城楼盘沿轴线商业裙房，形成活力的轴线。

拓展文化轴线： 改善政府广场前轴线过窄的现状，串联区政府、公共服务中心与文化艺术中心，形成第二条文化轴线，展现黔江文化。

推动生态修复与水系规划： 通过生态修复，加强中心区内三块绿地之间的连接，修复断裂的水系，并强化水系的存在，可考虑从阿蓬江引水入城，将水作为新城景观提升的重要要素。

保留山体公园： 规划中小学地块内山体不适于建设，应考虑保留绿地，作为人民公园与听松岭公园之间的重要连接。

形成连续的生态廊道： 应坚持2009年控规中生态廊道的概念，形成组团之间特别是中心与南侧正阳组团的隔离。

▌ 城市山水绿廊提升

正阳组团生态绿廊修复

2016年控规　**2009年控规**
正阳组团生态绿廊规划调整示意图

正阳组团生态绿廊修复

利用正阳组团的自然条件建立生态的城市景观，并与原有水体结合，形态上向2009年控规靠拢。通过连接分散的绿地，形成连续的生态廊道，提高新城正阳组团的品质。

绿色生态城市规划理念

黔江新城区拥有得天独厚的自然生态基础，以往的多轮规划与城市设计都共同强调了新城生态廊道的建设。但是，管控执行力的不足导致分散建设的现状破坏了原有的生态体系，城市绿廊与水系无法形成一个连续系统，只能作为土地开发的陪衬。

为了能够在新城区快速发展的同时仍然能够保留完好的生态基础，需要对现有的规划理念进行调整。尤其要维护和恢复河道、保护和恢复湿地系统，扩大并严格遵守城市绿线，将生态基础设施建设列入新城开发的前提。

全市生态绿廊建设

武陵大道　教育路　机场大道　西沙路　杨排街　新华大道　城西四路　文峰路　下坝大桥　桐坪路　松岭路　群力路　天坪路
生态廊道建设示意图

全市生态廊道建设策略

1. 在城市中形成多条连接山水体的生态绿廊。
2. 老城以新华大道为轴线，营造垂直于新华路的五条山水绿廊，分别为城西四路、西沙路、杨排街、文峰路与下坝大桥。
3. 新城以武陵大道为轴线营造垂直于新华路的五条山水绿廊，分别为教育路、机场大道、桐坪路、松岭路、群力路与天坪路。

指导教师：龙元 边经卫
设计小组成员：白昕 蒋汀婷

重庆市黔江区城市品质提升专项研究

Special Study on Quality Improvement in Qianjiang District of Chongqing

08 专项提升措施

城市门户节点提升

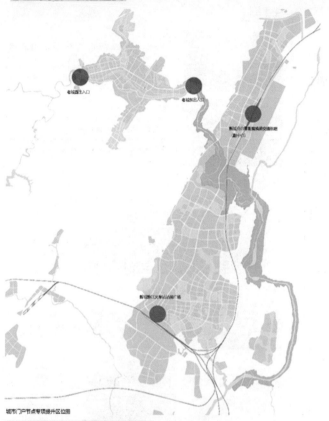

城市门户节点专项提升区位图

老城西出入口节点提升

现状分析

现状图
老城西出口节点现状图

该片区位于新华大道两侧，西至黔州隧道，东到老城西一路，范围内现状建筑主要有玫瑰大酒店、原黔江汽车站西站、加油站及其他居住建筑。现状建筑摆放较为凌乱，不能体现入城门户的风貌，同时入城景观也不够完善，山水间廊廊被阻隔，西入城口与黔州桥之间呼应不足。

提升策略

老城西出口节点提升示意图

1.入口滨河活动公园建设
将原黔江西站地块地块扩大绿地地面积，营造城市入口小公园的意向，建设滨河活动公园，并安置停车空间，提升入口节点交通功能，使之在服务老城西片区的同时成为入城入口区域的核心景观。
2.入口加油站迁移
为营造统一的入口节点景观，建议将老城西入口加油站适当外移，降低城市入口交通压力。
3.现有入口公园广场提升
现有绿地广场进行景观及植被上的建设提升，通过种植灌木及草本观赏植物，与水系结合，丰富临水岸线，打造宜人滨水景观。
4.北侧地块高层带沿河展开
沿河地块可采取高强度开发，与对岸高层住宅区和山体对应，营造特色入口形象。
5.周边建筑立面风貌整治
对入口周边建筑立面进行整治，统一建筑风貌，增加入口建筑的可识别性。

新城交通枢纽与火车站前广场节点提升

新城交通枢纽节点

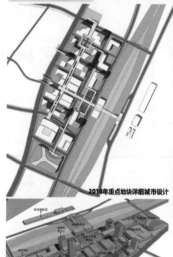

2016年重点地块详细城市设计

现有方案的提升
2016年城市设计建议方案基本合理，站前广场公交与步行立交处理，具有一定的前瞻性。
站前广场高层建筑的布局还应结合落地项目再次优化与细化城市设计。
应强化站前广场到武陵大道的绿化连接，形成体现城市生态建设的城市绿化走廊。

火车站前广场节点

地块现状
黔江火车站与汽车站站前广场建设完成，广场周边建筑尚未动工。
提升原则
优化高层建筑群的布局研究，结合落地项目进行详细城市设计。轴线对景的公园存在极其重要。应保留与2016年重点地块城市建议方案步行立交系统正对的保留零距离高换乘交通枢纽正对的绿地，形成进入黔江的自然门户节点。现状该块绿地存在，建议保留。

新城交通节点现状与规划示意图

地块现状

2016年控规

火车站前广场现状与规划示意图

老城东出入口节点提升

现状分析

现状图
老城东出口节点现状图

该片区位于黔江老城东侧，新华大道两侧，范围内现状主要为民居、空地、民族小学和州白隧道。
按照规划控制，未来入口附近工业和基础服务设施将进行迁移，现状民族小学建设已见规模，入口道路两侧建筑质量有明显改善。但是入城景观是立体的存在，现状山坡上自建民房区建筑布局及风格较为凌乱，虽没有直接临街，但由于处于高处，对整个入口景观有重要影响。

提升策略

建议方案
老城东出口节点提升示意图

1.自建区立面整治
改造提升片地块南北两侧较为凌乱遮挡视线的自建民房区，沿出入口道路规划入城口景观带，景观带北侧建设带状商业用地和西侧地块进行衔接。
2.峡谷公园北入口建设
该地块东冀为峡谷公园的北入口，规划设置入口广场、停车场、游客服务中心等设施。规划地块西侧狭长地带种植灌木及高大乔木，与东侧城市峡谷公园入口形成连续的景观界面。
3.民族小学外围绿化设计
新建民族小学，外围进行绿化处理，配合新建教学楼等建设风貌，形成东侧统一的绿色景观。
4.基础服务设施绿化处理
通过增加入口南侧污水处理厂、通过围墙与外围道路绿化，降低设施设置对入口山水景观的影响，提高入口节点景观的统一性。

指导教师：龙元 边经卫
设计小组成员：白昕 蒋汀婷

重庆市黔江区城市品质提升专项研究

Special Study on Quality Improvement in Qianjiang District of Chongqing

09 专项提升措施

▌特色街区与建筑

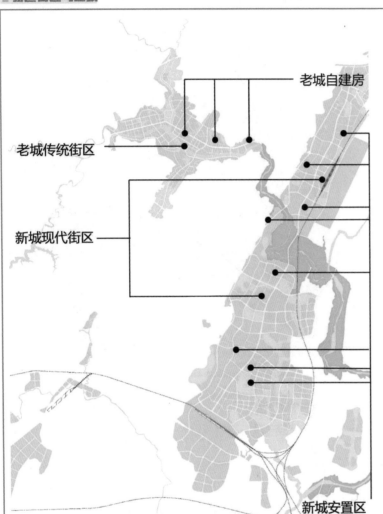

老城自建房

老城传统街区

新城现代街区

新城安置区

街区分类

现代街区： 按照功能分为商务街区和住宅街区。具有开放性，兼容多种城市功能，如商业、办公、公共服务、居住等。

传统街区： 能较完整地体现出传统风貌和民族地方特色的街区。如老城中心城市修复区、灌水古镇等。

自建街区： 根据黔江的具体情况，将自建街区分为老城山地自建区和新城安置区。新城安置区较老城山地自建区更为规整。

现代街区

商业街区

商业街区定义为地块尺寸在 50 至 100 米之间，高度 25 米以下的城市商业街区。

商业街区提升应结合地势等自然环境进行设计，如武陵大道西侧高差较大的用地可考虑利用其地理条件进行台地建筑的设计，形成尺度较小的商业街区。

住宅街区

住宅街区定义为地块尺寸在 50 至 100 米之间，高度 25 米以下，功能以居住为主的开放城市街区。

住宅提倡中层中密度紧凑开发，有助于形成更好的社区环境。提倡用地的混合性，鼓励 24 小时的利用，创造街区的活力。

传统街区

传统街区提升策略

保留老城中心城市修复区原有肌理。对具有历史价值的老建筑进行保护，修旧如旧。维持街区原有混合的功能布局。

冯家组团提升策略

定位为阿蓬江生态旅游的重要节点，城区到灌水之间的旅游中转站。

近期着重进行沿江带建筑的风貌整治与功能提升，风貌向灌水古镇靠近。

灌水提升策略

古镇对岸建筑立面整治，强调土苗民族风貌，花卉公园改造成为生态湿地公园，西塘岸线回复自然生态化。

自建街区

老城山地提升策略

对老城山地的自建建筑进行立面整治，并提炼土家少数民族建筑语言，运用在其立面改造和环境整治中。

新城安置区提升策略

新城安置区具有较为规整的平面布局，对其进行立面整治，并在组团式增加独栋建筑之间的联系，营造更加良好的街区环境。

▌城市小品提升

建筑小品设计提升

按照城市功能分区与风貌分区，规划编制城市设计导则，对现有雕塑、壁画、亭台、楼阁、牌坊等城市建筑小品进行提升设计，重点加强其功能实用性与文化宣传功能，并对城区关键节点与公共场所的建筑小品进行专项设计。

生活设施小品设计提升

按照城市功能分区与风貌分区，规划编制城市设计导则，对现有雕塑、壁画、亭台、楼阁、牌坊等城市建筑小品进行提升设计，重点加强其功能实用性与文化宣传功能，并对城区关键节点与公共场所的建筑小品进行专项设计。

生活设施小品设计提升

对车站牌、街灯、防护栏、道路标志、旅游景区指引牌等标志进行专项研究设计，在强调其指示功能的同时结合少数民族风情特色，凸显黔江城市特点。

指导教师：龙元 边经卫
设计小组成员：白昕 蒋汀婷

重庆市黔江区城市品质提升专项研究

Special Study on Quality Improvement in Qianjiang District of Chongqing

10 专项提升措施

历史文化遗址

三台书院

文峰塔

范公祠

历史文化遗址与保护

文化是城市的灵魂。重视城市历史文化遗址的保护与再创造，将范公祠、三台书院、文峰塔等黔江代表性历史文化遗址修护保护作为提高城市文化底蕴，推动城市历史文化建设的重要工程。

范公祠

溯源

范公祠位于联合镇西门居委会西200m处，为一青瓦木结构，单檐悬山式屋顶形式合院，前厅、正殿、天井、后花园，共占地356.44m²，建筑面积222m²，清光绪十九年（1893），张九章集资修建，纪念西晋丹兴（今黔江）人，成汉李雄政权宰相范长生。早年殿中央设香案，供范氏木雕像1尊。20世纪80年代因城建而撤除。

重建策略

恢复范公祠原有形制，并对其历史进行挖掘，传播黔江名人范长生的传奇故事，发扬其精神。

三台书院

溯源

三台书院位于联合镇十字街居委会北50m，因面向三台山而书名。历经乾隆、嘉庆、道光、咸丰、同治、光绪六朝，共150余年，为黔江的文化教育作出了巨大贡献。清乾隆十九年（1754）建，二十年维修，三十年更造。书院坐北朝南、四合院布局。青瓦，木结构、穿斗式梁架，悬山式压顶，有后厅、前厅、东西厢房、大小天井3个，占地663.12m²，建筑476.04m²。

重建策略

三台书院重建与城南小学建设工程结合，作为黔江文化教育的新标志。

文峰塔

溯源

文峰塔位于联合镇城东村南1km的酉阳山腰一座孤石峰上，俗称"宝塔"，通高15.5m，素面塔身，呈六边形，塔形层层上收，每边用方形石料组合成塔门。每层置重檐相扣。1982年，黔中一学生从中取出一尊镇江王石像。此塔，系清道光二十九年（1849）建。光绪《黔江县志》载："士民于酉阳山麓建文峰塔"。

修建策略

按照文峰塔原有形制及时修建，配合城市夜景照明工程，增加文峰塔景观可视性。

指导教师：龙元 边经卫
设计小组成员：白昕 蒋汀婷

重庆市黔江区城市品质提升专项研究

Special Study on Quality Improvement in Qianjiang District of Chongqing

11 专项提升措施

■ 城市公园绿地提升

老城城市绿地扩展

完善滨河绿道，增加大公园面积与公共空间，规划完善建设老城八大公园，形成环绕老城的公园网络；建设长征北路—三台山绿地景观系统，提升社区公园与街道绿地的质量。

城市山体公园与景观廊道建设

加快已规划山体森林公园建设，改造已有环北山道，新建环山步道，与城内滨水绿地形成完善连续的绿道，串接高山阳台。

新城公园绿地网络建设

完善民族公园建设，加快推进新城天生湖公园、中央生态公园、城市生态旅游景观带和城市生态休闲景观带建设，并利用现状绿地扩展"一环、三廊、十一园"的绿地结构。

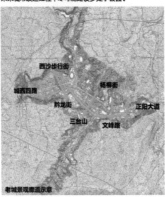

老城城市绿地扩展 公园规划建设

优先建设官坝山山体森林公园，扩展西山公园，在未来城市改造过程中尽可能建设多处小公园。

老城景观廊道示意

五条城市景观廊道建设

在老城内部建设五条垂直于黔江河的，连接山、城、水的城市廊道，沟通登山步道和滨水步道，营造良好的步行环境，步道两侧配置休闲商业功能。配合城市公园建设在老城周边山体与新城重要生态区山体上建设城市观景阳台，结合城市慢行系统建设与街道景观控制，形成"高山阳台—城市中心区—滨水步道"的梯道景观走廊。

■ 公共交通系统提升

公共交通换乘体系提升

黔江老城区交通拥挤，新老城交通连接点较少，作为带状城市应大力发展公共交通，提升公共交通服务水平才能根本上缓解与解决城市交通问题。因此应该在现有公交网络基础上，优化城市组团间公交线路，加密发车班次与覆盖范围，推进公交始末站建设，尤其增加新城公共交通覆盖面积，尽快服务于城市峡谷、零距离换乘交通枢纽与黔江火车站的公共交通系统，为疏解老城区交通压力，带动新城发展提供动力。

现代有轨电车系统

根据国际经验，轴线发展的带状城市最适合发展轨道交通，黔江作为新老城轴线发展趋势明显的区域，其狭长的城市结构需要一条高运量的城市公共交通系统连接，传统公共交通方式无法完全满足需要。因此，虽然在城市人口规模上黔江并没有达到建设轨道交通标准的要求，但可以采取多种快速交通系统替代，如现代有轨电车均是较为合适的选择。黔江区应学习与借鉴成都、淮安等城市建设有轨电车专线的成功案例，加快有轨电车的前期研究，适时启动建设贯穿新老城区的现代有轨电车系统，服务市民同时提升城市旅游形象。

■ 慢行系统提升

—— 老城内环慢行系统
—— 老城外环慢行系统
—— 武陵大道慢行轴线
······ 新城慢行环线

慢行系统网络示意

老城外环慢行系统建设与提升

通过街道改造、公园建设形成多条纵向慢行步道，连接老城各处公园绿地与官坝山山体森林公园等高山阳台。

老城内环慢行系统建设与提升

通过连接山地民俗商业街、老城中央商业步行街、零距离换乘枢纽立体步行系统、行政中心区域绿色廊道，形成环绕商业与重要基础设施的中央慢行环路。

新城慢行系统规划与建设

扩展武陵大道轴线慢行系统，结合新城绿地公园与水系网络，规划多个组团内部慢行网络；考虑在西阳山生态高山上设置能够俯瞰新城的城市阳台与慢行系统，增加新城慢行系统的丰富性。

■ 停车配套设施完善

老城停车配套设施完善

对老城重要交通线路及城市主要枢纽区附近停车空间集中安置，适当采用地下停车、集中停车等方式缓解停车问题，提高道路通行效率。

新城停车配套设施完善

新城建设严格执行配建停车位，在武陵大道、正舟大道等主要干道沿线规划建设一批公共停车场，道路条件允许的情况下，适当考虑沿街停车。鼓励政府机关和社会停车场公用，保障新城停车需求。

■ 架空线路整治

核心区域架空线路整治提升

将老城三岔河核心区及杨柳街—解放路商业地块、新华大道、三沙步行街、长征南路—长征北路和武陵大道沿线作为架空线路整治核心区近期重点整治与控制，架空电力线、通信线统一埋地，实现核心区域内无杆化，新城建设区域严格控制架空线路。

外围区域架空线路整治提升工程

核心区域外的区域采取逐步实施架空线路整治的策略。在远期可以结合区块开发、旧区整治与道路改造逐步进行架空线路整治行动。

指导教师：龙元 边经卫
设计小组成员：白昕 蒋汀婷

重庆市黔江区城市品质提升专项研究
Special Study on Quality Improvement in Qianjiang District of Chongqing

12 规划管控

规划管控创新

城乡规划是城乡建设和管理的依据，也是城乡政府宏观调控的重要手段，合理的规划实施方式与制度创新能够极大地提高城市建设效率，更加科学的管理城市，近年来许多城市均在城乡规划管理上进行创新，取得了瞩目的成绩。因此黔江不应仅仅在城市空间结构层面进行创新，更应该在城乡规划实施和制度创新上进行探索，从制度上保障城市建设带动城市品质提升，学习全国其他城市先进规划案例，建立科学高效的城乡规划管理体系。

扎实规划法制建设

规划法制建设是城乡规划的基础保障之一，是城市规划实现管理现代化、科学化的重要手段和支撑。黔江应针对现有规划编制情况，明确规划地理适用范围和编制原则，完善规划行政管理体制与责任分工，健全城乡规划体系和层次类别，强调突出特色风貌保护，并强化规划实施与监督，包括实施环节的公众参与和部门间协作与联动等。

推进规划信息化建设

应加快推动规划信息化建设，办公自动化、互联网等信息化技术在城市规划管理中的研究和应用，不断提高规划管理信息化水平。通过建立城市信息系统和规划系统政务网作为信息化管理平台，实现建设项目电子报建、方案技术查验和网上审批信息化管理网络，提升规划系统便捷性与准确性，为规划行政管理和规划编制工作提供更加准确、全面的信息支持。

规划管理制度创新提升

除了在规划保障基础层面进行提升外，黔江应进行一系列措施为规划管理创新打下基础，如制定新规划编制情况，实现规划编制时立项管理制度，构建"空间布局规划"与"规划管理政策"双平台等，实行"提前许可"、"模拟审批"等创新规划审批制度，提高规划审批效率。

做好规划一张蓝图，推动多规合一

黔江应开展"全域规划"一张蓝图、分区空间发展战略规划分区一张蓝图的编制工作，不断创新工作方法与形式，从规划系统的角度进行统筹，让"一张图"成为统筹全域空间要素、统筹各部门诉求的平台。除"一张蓝图"外，推动多规合一建设也是黔江未来城乡规划管控的重要途径。

管理改革，转变部门职能

通过规划编制创新，规划实施，对相应的规划委内职能进行调整与重划，包括调整调整处室设置、重划工作职能与强化中心作用、辅助职能转型两方面。工作职能重划体现在通过处室职能调整，规划委的工作职能细分成规划编制、规划审批和批后监管三大职能，形成规划"编制、审批、监管"三者相互协调、相互制约的管理机制，提高规划管理的科学性；部门职能转换则是为了配合未来数字化化管理的需求，完善各部门安排，保证规划委职能转型。

审批改革，深化"宽进严管严罚"

在审批流程方面，应加大改革力度，做到简化办事门槛。强化监管抽查，加强"事前审批"，解决规划管理审批的系统性问题。通过执行"双随机"，强化事中监管。实施"零容忍"，严惩违规建设，将破坏城市形象、降低城市品质的违章乱建拒杀在摇篮中。

推动试点创新项目

针对黔江目前老城问题多、新城开发面广的情况，可通过申请与设立规划试点创新项目，在探索城市空间发展模式的同时将调国家资金与技术支持，不仅能有效控制未来城市发展重心与区区域，也能够更好地集中优势力量与资源解决城市发展的关键难题。

责任分解

各街道政府、管委会：负责制订辖区范围内城市品质提升行动计划并组织实施，落实长效管理机制；负责完成定位、区政府及区级有关部门分解下达的各项牵头和配合工作任务；做好区级项目审批服务，保障本级政府（管委会）投资项目所需资金。

城管局：负责对城市品质门户节点综合整治、公园绿化、夜景照明、智慧城管、垃圾分类、环卫治理、城区内河环境治理等提出整治计划和要求，并指导督促区政府组织实施。

交通局：负责做好滨河岸线利用规划编制工作，协调南江沿线码头治理工作。

财政局：负责筹措安排财政预算资金，加强项目建设资金的管理和监督；配合相关部门进一步推跨区域项目投资的事权和出资责任。

发改委：负责做好城市品质提升行动相关项目的立项，简化审批流程，加快审批速度，并加强对列入重点工程项目的招投标监管。

国土资源局：负责城市品质提升行动相关项目用地审批和集体土地上征地补偿实施方案的审批工作。

规划局：负责做好品质提升专项行动方案制订工作；负责完成"一线、两心、六片"、滨河绿道、大型公园等重要区域的规划管控；负责对城市品质提升行动项目的专项风貌管控。

水利局：负责做好防洪排涝安全保障工程，提出工作计划和要求，做好牵头组织实施；执行防洪排涝相关工程实施标准和验收细则，建立长效机制，确保整治效果长久有效。

环保局：负责对大气环境质量提升工程，提出工作计划和要求，做好牵头组织实施。

公安局：负责有关品质提升项目的消防审批以及建筑工程的消防验收。负责提出城市交通通信工程的空线整治工程计划并实施。

国网城市供电公司：负责做好电力架空线路的综合治理提升工作，提出工作计划和要求，并配合组织实施。

区属国有公司：按照工作任务及工作要求，落实各自领域的相关工作任务，并配合好核心景观、形象品质、文化特色、基础设施、民生服务、生态环境等各项提升行动的有关工作。

行动计划

01 "魅力老城" 有机更新行动

推进老城旧城改造，在改造过程中应该按照城市内在的秩序和规律，顺应城市的肌理，采用适当的规模、合理的尺度，依据改造的内容和要求，妥善处理目前和将来的关系，在可持续发展的基础上探求城市的更新发展，不断提高城市建设的品质，使得城市改造区的环境与城市整体环境相一致。

02 "活力新城" 新城建设行动

1. 节点建设　加速零距离换乘等重要交通节纽建设，推动新城城市峡谷旅游服务设施等建设，同时推进舟白文教区建设，推进文化创意产业与教育设施结合。
2. 市民行政中心建设　针对原正阳行政中心，加速与文化活动设施配套建设，提升新城服务设施水平。
3. 自建区美化　近期重点完整宛寨城市八个自建区立面整治与空间梳理，提高自建区风貌与其服务功能。

03 "靓丽水岸" 城市滨河景观提升

1. 控制阿蓬江两岸土地使用，建议规划部门迅速设立阿蓬江山水体系保护规划，确定阿蓬江流域沿岸保护区范围，结合芭拉胡旅游区总体规划，形成统一连续的阿蓬江沿岸景观。
2. 扩展现有武陵水岸景观区域，对黔江河两岸城市建设风貌、高度、色彩等控制，提高三岔河口重要公共建设立面设计，营造连续生态、具有民族地域特色的黔江河两岸城市景观。

04 "星光大道" 城市街道景观提升

1. 新华大道城市景观提升　对新华大道两侧建筑进行专项风貌控制，对街道建筑立面、色彩、结构等提出控制原则；对重要的交叉路口与节点做好管控，拆违补旧。
2. 武陵大道城市景观提升　对武陵大道两侧建筑在风格、高度、色彩等进行控制；对黔江河两岸城市建设风貌控制。
3. 城市重要街巷整治提升　对杨柳街、官坝路等重要城市纵向道路两侧建筑进行风貌控制与道路景观设计。

05 深化城市夜景照明景观设计

参考黔江老城区景观照明规划以及新城建设情况，深化城市夜景照明设计，使之覆盖全部市区，并对主要节点提出具体夜晚景观照明设计。

06 深化城市中心区规划设计

对老城与新城中心区进行深化设计，对中心区建设现状进行更为详细的调查与评估，对中心区面积、功能进行研究并进行城市设计，使之符合目前城市发展要求。

07 "山水环城" 城市山水绿廊建设

1. 山体景观廊道建设　研究城市廊道设计方案，近期推动建设杨柳街一三台山与西沙路一黔龙街城市山水景观廊道，对未来城市廊道网络建设预留发展空间。
2. 城市自然水网控制　对新老城区现状水体、湿地等进行控制，建设覆盖全市的自然水网，并出台相关控制规划，提高对水体的保护与管控。

08 深化城市重要门户节点设计

对老城东出入口、西出入口、新城舟白组团零距离换乘枢纽、高速路出入口、正阳组团黔江火车站等能够体现黔江城市风貌的门户节点进行深化设计，完善功能与建筑形式，形成更为详细的城市设计方案与规划控制指导。

09 "特色街区" 提升建设行动

将城市特色街区建设作为重要的基础内容，通过对现有传统街区、现代街区以及自建街区进行详细的分类与研究，提出不同的提升策略。

10 "历史黔江" 城市历史文化复兴

1. 文化遗址修复　近期加紧范公祠、三台书院遗址的修复与改迁工作，将遗址修复重建与文化教育向结合。
2. 大力推动历史文化教育　推进黔江区少数民族文化及城市历史教育，提高市民对城市特色形象与各种非物质文化的认同感。
3. 历史街区创建　将黔江卷烟厂、老城商业区等一批具有历史、代表黔江城市发展历程的地块建立历史街区。

11 "装饰家园" 市容美化

1. 城市管理基础设施建设
2. "城市家具"更新
3. 市政视觉环境提升
4. 商业业态规划
5. 城市架空线路改造

12 深化城市公园绿地规划

针对缺乏城市公园的现状，完善滨河绿道，增加大面积公园与公共空间，规划完善城市老城八大公园，形成环绕老城的公园网络；完善民族公园建设，加快推进城北生水生湖公园、中央生态公园、城市生态旅游景观带和城市生态休闲景观带建设，扩展"一环、三廊、十一园"的绿地结构。

13 "公交优先" 城市交通畅通行动

1. 公交基础设施建设　规划建设一批公交专用停车场、加速轨道交通建设研究启动。
2. 加强停车场所建设　加强对公共停车场以及停车场地的规划与建设，老城采用多种停车方式。
3. 道路线型疏通　加路推进消除断头路、单向路。
4. 市民行动　大力宣传"公交优先"计划，引导并鼓励市民选择公交出行，倡议政府机关工作人员公务选择公交车辆。

14 深化城市慢行系统规划设计

结合现有老城滨河慢行系统与新城武陵大道慢行系统建设基础，扩展慢行系统线路，以网络化发展结合城市周边山体，规划设计中央环城慢行网络。

15 "山水城市" 城市双修

1. 推动城市双修工作　将城市双修工作作为提升黔江区城市品质的重要工程。
2. 老城功能修复　老城区推进城市功能修复工作，包括填补基础设施欠账，改善老旧小区，保护历史文化与塑造城市时代风貌等。
3. 新城城市修补　新城除加速城市建设外，重点进行城市生态绿地修补工作，包括加快山体修复等。

16 "人人参与" 城市品质评价体系

通过广泛的市民调研与各部门的讨论，建立一套符合黔江的城市品质评价体系，并向公众广泛征集意见，形成全面的黔江城市品质评价报告，提高城市品质提升行动的科学性与针对性。

指导教师：龙元 边经卫
设计小组成员：白昕 蒋汀婷

指导教师： 荣玥芳　张忠国　潘剑彬　魏菲宇

北京建筑大学

北

北京市控制性详细规划评估研究——以双井街道为例

/徐雪梅　闫　蕊　王真月　李　野　王若晨　张　政

北京市控制性详细规划评估研究——以丰台科技园东区为例

/李　双　高　溪　刘　洋　王秋晨　郭奕瑶

北京建筑大学
BEIJING UNIVERSITY OF CIVIL ENGINEERING
AND ARCHITECTURE

课程介绍

课题名称：控制性详细规划评估研究——以双井街道、丰台科技园东区为例

课题来源：北京市规划和国土资源管理委员会

课题性质：探索性研究课题

案例位置：双井街道位于北京市朝阳区中西部，东起东四环，南至劲松大街和广渠路，西至东二环，北至通惠河；研究范围面积 4.99 平方公里。中关村丰台科技园东区位于北京市丰台区，紧邻西南四环及永定河；研究范围面积共 6.17 平方公里。

研究背景：在宏观政策上，2014 年 2 月，习近平总书记在北京考察工作时强调提出"努力把北京建设成为国际一流的和谐宜居之都"的要求。即一是要明确城市战略定位，二是要调整疏解非首都核心功能，三是要提升城市建设特别是基础设施建设质量，四是要健全城市管理体制，提高城市管理水平，五是要加大大气污染治理力度。对于首都城市病问题极其关切。

中央、北京市要求加强规划评估和体检，规范控规编制与调整规则，维护控规的严肃性和权威性。

改变一事一议的传统控规调整模式，从评估服务编制／修编——建立常态性评估机制。

《北京城市总体规划（2016—2035 年）》已经国务院批复，按照总规实施任务清单的要求，分区规划已全面开展，即将开展控规修编工作，新总规对规划体制机制创新提出新的要求。新总规提出"建立城市体检评估机制，提高规划实施的科学性和有效性"。同时，北京市将建立多规合一的规划实施管控体系，实现一张蓝图绘到底。建立城市体检评估机制和规划实施监督考核问责制度，维护规划的严肃性和权威性。建立精细智慧的城市管理体系，加快形成与国际一流的和谐宜居之都相匹配的城市管理能力。

研究目标：为北京市控制性详细规划评估研究工作开展提供基础性研究。

研究生名单：组长：徐雪梅

组员：徐雪梅、闫蕊、王真月、李野、王若晨、张政、李双、高溪、刘洋、王秋晨、郭奕瑶

指导教师：荣玥芳、张忠国、潘剑彬、魏菲宇

 北京建筑大学 控制性详细规划评估研究——以双井街道、丰台科技园东区为例

EVALUATION OF REGULATORY DETAILED PLANNING —— CASES STUDY OF SHUANGJING STREET AND EAST DISTRICT OF FENGTAI SCIENCE AND TECHNOLOGY PARK

选题与任务书

教学目标

1. 专业：城乡规划
2. 班级：研 17
3. 教学时间：2017/2018 学年第 2 学期
     第 1~8 周；每周星期二、星期五，1~4 节
4. 课程名称：城市规划设计与研究（研究方向）（必修）
5. 教学（设计）课题：控制性详细规划评估研究——以双井街道、丰台科技园东区为例
6. 教学内容：单元一 控制性详细规划评估工作背景
     单元二 相关案例研究以及理论借鉴
     单元三 研究案例现状调查
     单元四 交通专题研究
     单元五 公服设施专题研究
     单元六 绿地以及开敞空间专题研究
     单元七 控规评估结论研究
7. 课内学时：64 学时
8. 学分：4

教学要求

1. 针对城乡规划专业研究生的知识结构特点，在学生已经经历本科规划专业基础知识的学习基础上，已经全面掌握城市规划原理、城市法定规划编制体系、城市控制性详细规划编制内容与方法等理论以及设计课内容的基础上，开展城乡规划专业硕士研究生的核心设计课程——城市规划设计与研究（研究方向），通过对城市规划设计中某类相关类型设计的理论研究、实践研究，展开相关设计内容的研究与思考，对某类规划设计的理论基础、相关案例研究、实践探索等进行研究与总结，从中探索城市规划与设计的逻辑规律，并从中发现问题、解决问题，掌握不同类型的城市规划设计要点、学习方法，同时加强 CAD、PHOTO SHOP、WORD 等相关软件的实际应用，加强规划文本、说明书的文字写作能力的培养以及规划方案的汇报解说能力；并通过课程强化学生的团队合作能力。

2. 强化学生对城市宏观结构、城市发展战略等城市宏观、中观层面问题的理解，培养学生理论联系实践的能力。

教学内容纲要

1. 控制性详细规划评估工作背景
2. 相关案例研究以及理论借鉴
3. 研究案例现状调查
4. 交通专题研究
5. 公服设施专题研究
6. 绿地以及开敞空间专题研究
7. 控规评估结论研究

练习设计内容

控制性详细规划内容研究、评估目标与政策研究、控规评估工作方法与工作机制研究、控规评估工作内容研究、控规评估工作成果表达以及汇报能力训练。

成果要求

1. 平时成绩（包括出勤、参与调研、参与讨论、与他人合作、汇报等内容）
2. 中期初步成果汇报
3. 期末提交成果

教学方式

1. 讲授与研讨
2. 设计辅导
3. 资料查阅
4. 多媒体讲解
5. 现场汇报方案
6. 成果表达训练

进度安排

周次	课内计划教学内容[教学手段]	课外内容	阶段成果	提交时限
1	开题—控制性详细规划评估研究——以双井街道、丰台科技园东区为例	查阅资料		
	明确控规评估工作背景及内容	查阅资料		
2	案例地区调研	分组讨论		
	案例地区现场座谈	分组讨论		
3	分专项研讨并确定评估内容与对标标准	讨论、绘图		
	国内优秀案例研究	讨论、绘图		
4	总体框架初稿汇报	讨论、写说明书		
	县城城镇体系划分专题研讨并汇报框架初稿	绘图、写说明书	提交框架初稿成果	
5	进一步展开各专题研究	讨论、绘图		
	对标标准找出案例地区的问题	讨论、总结		
6	各专题研讨并空间落实	讨论、绘图		
	对标现状\国标以及宜居城市标准展开评估	讨论、总结		
7	完善评估工作内容	讨论、绘图		
	汇总初稿并汇报	讨论、总结		
8	根据导师组意见修改完善	讨论、绘图		
	提交成果	讨论、总结	提交完整成果	

成绩比例分配

此项执行建筑学院对研究生课程成绩评定的统一规定：

本课程成绩单中"平时成绩"占本课程总评成绩的 40%，期中汇报成绩占 20%，"期末考查（试）成绩"占本课程总评成绩的 40%。

参考资料

1.《中华人民共和国城乡规划法》(2008.1)
2.《城市规划编制办法》(2006.4.1)
3.《城市用地分类与规划建设用地标准》(GB 50137—2011)
4.《城市道路交通规划设计规范》(GB 50220—1995)
5.《历史文化名城保护规划编制要求》(1994.9.5 建规字 533 号文)
6.《城市居住区规划设计规范》(GB 50180—1993)
7. 吴志强 . 城市规划原理（第 4 版）[M]. 北京：中国建筑工业出版社，2011.
8. 同济大学，天津大学，重庆大学，华南理工大学 . 控制性详细规划 [M]. 北京：中国建筑工业出版社，2011.

北京市控制性详细规划评估研究——以双井街道为例
EVALUATION OF REGULATORY DETAILED PLANNING——A CASE STUDY OF SHUANGJING STREET

评估背景

本次控制性详细规划评估背景包括国家宏观政策与北京新总规批复。在国家宏观政策上，将国家政策中对于北京提出的要求进行研究与实行；北京新总规的批复，将继续开展分区规划，控制性详细规划评估对于控规修编将起到很大作用。

宏观政策

2014年2月，习总书记在北京考察工作时强调提出"努力把北京建设成为国际一流的和谐宜居之都"的要求。即一是要明确城市战略定位，二是要调整疏解非首都核心功能，三是要提升城市建设特别是基础设施建设质量，四是要健全城市管理体制，提高城市管理水平，五是要加大大气污染治理力度。对于首都城市病问题极其关切。

中央、北京市要求加强规划评估和体检，规范控规编制与调整规则，维护控规的严肃性和权威性。改变一事一议的传统控规调整模式，从评估服务编制/修编——建立常态性评估机制。

北京新总规批复

《北京城市总体规划（2016年-2035年）》已经国务院批复，按照总规实施任务清单的要求，分区规划已全面开展，即将开展控规修编工作，新总规对规划体制机制创新提出新的要求。

新总规提出"建立城市体检评估机制，提高规划实施的科学性和有效性"。同时，北京市将建立多规合一的规划实施管控体系，实现一张蓝图绘到底。建立城市体检评估机制和规划实施监督考核问责制度，维护规划的严肃性和权威性。建立精细智慧的城市管理体系，加快形成与国际一流的和谐宜居之都相匹配的城市管理能力。

北京市总规空间结构图

北京总规功能分区图

双井概况

1. 区位：双井街道位于朝阳区中西部，东起东四环，南至劲松大街和广渠路，西至东二环，北至通惠河，面积4.99平方公里。

2. 交通：东二环路、东三环路、东四环路、西大望路、广渠路等7条市级道路贯穿双井地区，有区级道路15条。

3. 人口：三个街道总人口约14.21万人，其中双井街道人口约9.9万人。

朝阳区、双井街道示意图

双井试点概况一览表

街区、社区名称		人口（万人）	面积（公顷）	备注
0405 街区		4.10	198.29	—
其中	双花园	0.93	15.71	—
	光 环	1.30	62.52	—
	富 力	1.06	58.35	—
	忠实里	0.81	61.71	属于东城区东花市街道
0406 街区		5.89	315.14	—
其中	九 龙	0.99	97.48	—
	九龙南	2.12	60.96	—
	大 望	0.72	43.38	—
	百子园	0.88	64.36	—
	大望北社区	1.18	48.96	属于朝阳区南磨房乡，社区名称不详
0407 街区		4.22	142.80	—
其中	广和里	0.64	36.31	—
	广 泉	0.46	8.34	—
	广外南	0.36	9.10	—
	垂 东	0.67	23.15	—
	垂 西	0.61	20.44	—
	广渠门外南里	0.45	18.37	属于东城区东花市街道
	劲松北社区	1.03	27.09	属于朝阳区劲松街道
合 计		14.21	656.23	

评估范围

评估范围位于双井街道，具体范围包括0405、0406、0407三个街区，总面积约6.68平方公里。包括双井街道的12个社区和东城区的2个社区，以及朝阳区的2个社区，共计16个社区。

0405、0406、0407街区位置示意图

街区及社区划分

双井街道包括12个社区，总面积4.99平方公里。社区包括广和里、垂东、垂西、广泉、广外南、富力、光环、双花园、九龙、九龙南、大望和百子园。

双井社区位置示意图

评估工作重点及要素选取

评估工作流程

双井试点评估工作包括：评估准备、评估调研、评估分析、评估结论四部分。

双井试点评估工作流程示意图

北京市控制性详细规划评估研究——以双井街道为例
EVALUATION OF REGULATORY DETAILED PLANNING——A CASE STUDY OF SHUANGJING STREET

评估工作重点及要素

根据双井试点以居住功能为主的特点，在进行控规评估要素选取时将公共设施和市政设施作为评估的重点，尤其是社区级和街区级设施。根据《北京市居住公共服务设施配置指标》（7号文）的要求，社区级和街区级设施分别有12项和22项

评估要素一览表

序号	分类		分级	
			社区级（B级）	街区级（C级）
01	用地及规模		主导功能	
02			用地规模、结构、各类用地整体实施情况	
03			人口规模（居住人口、就业人口）	
04			就业岗位（职住关系）	
05			主要产业	
06	公共设施	行政办公	**社区管理服务用房**	社区服务中心、街道办事处、派出所
07		教育设施	**幼儿园**	小学、初中、高中
08		医疗设施	**社区助残服务中心、社区卫生服务站**	社区卫生服务中心、社区卫生监督所、残疾人托养所
09		养老设施	**托老所、老年活动站**	机构养老设施
10		文化设施	—	社区文化设施
11		体育设施	—	室内体育设施
12		商业设施	**再生资源回收站**	菜市场、其他商业设施
13	交通设施	对外交通		对外交通场站、客货运枢纽等
14		道路系统		道路等级、功能、路网密度、路网衔接、断头路等
15		公共交通	—	公交首末站
16		停车系统		社会停车场、路边停车、非机动车停放等
17		慢行系统		步行系统、自行车道等
20	市政设施	供电设施		开闭所
21		电信设施	**固定通信机房、宏蜂窝基站机房、有线电视机房**	邮政所、邮政支局、固定通信汇聚机房、移动通信汇接机房、有线电视基站
22		燃气设施		燃气调压柜
23		供热设施	**锅炉房**	
24		环卫设施	**公共厕所**	密闭式垃圾分类收集站
25	防灾设施	消防设施		消防站
26		防震设施		避难疏散场地
27		防洪设施		防洪工程管理设施
28	公共空间	城市广场	社区广场	街区广场
29		城市绿地	小微绿地	公园绿地
30		建筑风貌		建筑特色、建筑色彩、建筑风格等

注：加粗内容为《北京市居住公共服务设施配置指标》（7号文）所要求的设施（社区级12项、街区级22项）。

评估工作内容及结论

用地性质与规模

本次评估对用地情况整体进行核算，分别从现状用地面积和规划用地面积核算规划实施率。并对各类用地现状进行评估。

用地性质评估内容一览表

序号	系统	子系统	内容	评估层次				对标	
				现状	规划	上位规划	专项规划	规范标准	
								名称	条文
01	用地	主导功能	主导功能比例	●	●	○	○	《控制性详细规划规范》	—
02		用地结构	用地结构比例	●	●	○	○	《控制性详细规划规范》	—
03		人口规模	人口规模	●	●	○	○	《控制性详细规划规范》	—
04		用地规模	用地规模	●	●	○	○	《控制性详细规划规范》	—
05		建设规模	建设规模	●		○	○	《控制性详细规划规范》	—

现状情况：现状建设用地面积644.04公顷；
规划实施：规划建设用地面积639.89公顷，整体的用地实施情况较好。

双井街道用地性质现状图

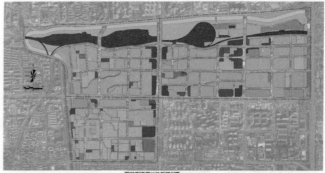

双井街道用地性质规划图

双井街道用地汇总表

用地代码	用地名称	用地面积（hm²）		占城市建设用地比例（%）	
		现状	规划	现状	规划
R	居住用地	237.34	240.03	35.52	35.92
A	公共管理与公共服务设施用地	47.10	46.63	7.05	6.98
B	商业服务业设施用地	71.56	21.69	10.71	3.25
M	工业用地	—	—	—	—
S	道路与交通设施用地	110.06	154.26	16.47	23.09
U	公用设施用地	5.75	2.67	0.86	0.4
G	绿地与广场用地	59.00	81.36	8.83	12.18
W	物流仓储用地	1.55	1.31	0.23	0.2
F	多功能用地	40.52	22.17	6.06	3.32
T	区域交通设施用地	70.45	69.77	10.54	10.44
X	待深入研究用地	0.71	—	0.11	—
H	城市建设用地	644.04	639.89	96.38	95.76
E	非建设用地	24.16	28.31	3.62	4.24
	总用地	668.20	668.20	100	100

居住用地

现状情况：现状居住用地面积237.34公顷，其中双花园、垂西、垂东为老旧社区；
规划实施：规划居住用地面积240.03公顷，规划实施率约90%。

老旧社区

垂东社区

垂西社区

双井街道居住用地现状图

新建社区

大望社区

百子园社区

双井街道居住用地规划图

居住用地汇总表

用地代码	用地名称		用地面积（hm²）		占城市建设用地比例（%）	
			现状	规划	现状	规划
R	居住用地		237.34	240.03	35.52	35.92
	其中	一类居住用地	7.00	—	1.05	—
		二类居住用地	223.46	240.03	33.44	35.92
		三类居住用地	6.88	—	1.03	—

存在问题：老旧社区房屋质量老化现象严重，设施配置不足。

评估建议：政府牵头、公众参与、社区营造。政府牵头组织成立社区公共议事中心，讨论社区存在问题与解决方案，组织社区居民共同参加，自下而上完成社区更新。

公共服务设施用地

现状情况：现状公共服务设施用地面积47.10公顷，其中现状用地中无体育用地；
规划实施：规划公共服务设施用地面积46.63公顷，规划实施率约80%。

公共服务设施用地现状图

公共服务设施用地汇总表

用地代码	用地名称		用地面积（hm²）		占城市建设用地比例（%）	
			现状	规划	现状	规划
A	公共管理与公共服务设施用地		47.1	46.6	7.05	7
	其中	行政办公用地	2.91	0.85	0.44	0.1
		文化设施用地	0.54	1.25	0.08	0.2
		教育科研用地	35.73	31.7	5.35	4.8
		中等专业学校用地	1.93	—	0.29	—
		中小学用地	26.73	24.9	4	3.7
		幼托用地	5.4	4.78	0.81	0.7
		科研用地	1.67	2.08	0.25	0.3
		体育用地	—	2.89	—	0.4
		医疗卫生用地	4.67	5.34	0.7	0.8
		社会福利用地	3.07	0.56	0.46	0.1
		社区综合设施	0.18	4.02	0.03	0.6

北京市控制性详细规划评估研究——以双井街道为例
EVALUATION OF REGULATORY DETAILED PLANNING——A CASE STUDY OF SHUANGJING STREET

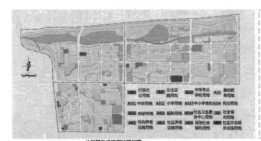

存在问题：公共服务设施用地总指标相对合理，但教育设施占比较高，约占68%，文化、体育、福利设施建设相对滞后。

公共服务设施用地规划图

行政办公用地

文化设施用地

教育科研用地

医疗卫生用地

社会福利用地

社区综合服务设施用地

评估建议：一是要保证各类公共服务设施用地，按照总体规划、控规和专项规划等逐步落实各类公共设施和项目；二是要结合各社区不同的定位、特点、突出矛盾等，逐步进行设施配置。

疏解	优化	增补
行政办公	医疗卫生 / 教育设施	文化娱乐 / 体育健身 / 养老福利

行政办公：疏解老旧社区中行政办公设施，在新建社区中预留用地以预留用地。

医疗卫生：提升医疗服务水平、优化医疗卫生设施分布，提高建设水平。

教育设施：优化教育设施，尤其是托幼设施的数量和质量。

文化娱乐：补充文化娱乐设施，提升社区的活力。

体育健身：补充体育设施，并结合开敞空间优化健身活动场地，加强管理。

养老福利：补充社区日间照料中心，推进养老设施与医疗卫生设施的融合。

商业服务设施用地

现状情况：现状商业服务设施用地面积71.56公顷，其中双花园、垂西、垂东为老旧社区；
规划实施：规划商业服务设施用地面积21.69公顷，规划实施率约98%。

商业服务设施用地现状图

商业服务设施用地汇总表

用地代码	用地名称	用地面积（hm²）		占城市建设用地比例（%）	
		现状	规划	现状	规划
B	商业服务业设施用地	71.56	21.69	10.71	3.25
其中	商业用地	35.16	1.47	5.26	0.22
	商务用地	13.65	1.42	2.04	0.21
	娱乐康体用地	—	—	—	—
	公用设施营业网点用地	15.64	16.47	2.34	2.46
	其他服务设施用地	7.11	2.33	1.06	0.35

商业服务设施用地规划图

存在问题：老旧社区的商业设施规模小、质量差，无法满足居民就近购物和买菜的需求，并不是所有社区都有小型的菜篮子便民站，日常的便民网点也没有完全普及。

评估建议：商业设施应该按照街区和社区层面按规划实施，对于过多的商业网点应该有序治理，规范位置，在满足基本的日常服务之上再安排其他的商业设施，避免过度的开发。

垂东社区 / 垂西社区 / 双花园社区

新建社区

百子园社区

光环社区

大望社区

多功能用地

现状情况：现状多功能用地面积40.25公顷；
规划实施：规划多功能用地面积22.17公顷，规划实施率约182%。

多功能用地现状图

多功能用地汇总表

用地代码	用地名称	用地面积（hm²）		占城市建设用地比例（%）	
		现状	规划	现状	规划
F	多功能用地	40.25	22.2	6.08	3.3
其中	住宅混合公建用地	23.11	9.72	3.46	1.5
	公建混合住宅用地	4.99	—	0.75	—
	其他类多功能用地	—	4.73	—	0.7
	绿隔地区集体产业建设用地	12.42	7.72	1.86	1.2

多功能用地规划图

存在问题：多功能用地以底商为主，部分社区的公建混合住宅用地建设杂乱，存在一定安全隐患。

评估建议：适当腾退较为混乱的用地。

九龙社区 / 百子园社区 / 忠实里社区

垂东社区 / 垂东社区 / 九龙南社区

道路交通设施用地

现状情况：现状道路交通用地面积110.06公顷。
规划实施：规划道路交通用地面积154.26公顷，规划实施率约71.3%。
存在问题：部分道路存在断头路；停车场配置不足，停车占道问题严重；公共交通场站设施配置不足。

评估建议：科学规划，提高管理水平。整合社会停车场用地，依停车需求预测，合理规划停车场。打通断头路，优化道路结构。增加公交场站设置，促进公共交通发展。

道路与交通设施用地现状图

道路与交通设施用地汇总表

用地代码	用地名称	用地面积（hm²）		占城市建设用地比例（%）	
		现状	规划	现状	规划
S	道路与交通设施用地	110.06	154.26	16.47	23.09
其中	城市道路用地	100.91	147.17	15.1	22.02
	城市轨道交通用地	1.6	—	0.24	—
	交通场站用地	0.35	2.64	0.05	0.4
	社会停车场用地	6.74	—	1.01	—
	其他交通设施用地	0.46	0.2	0.07	0.03
	其他城市交通用地	—	4.25	—	0.64

道路与交通设施用地规划图

存在问题

断头路 / 停车占道 / 停车场配置不足

存在问题

公共交通场站占用 / 由于施工导致的道路阻断 / 道路堵塞

北京市控制性详细规划评估研究——以双井街道为例
EVALUATION OF REGULATORY DETAILED PLANNING——A CASE STUDY OF SHUANGJING STREET

公用设施用地

现状情况：现状公用设施用地面积5.75公顷。公用设施大部分为前国企单位遗留建筑，基本位于双井街道的周边地区。

规划实施：规划公用设施用地面积2.67公顷，规划实施率约215%。

公用设施用地现状图

用地代码	用地名称	用地面积（hm²）		占城市建设用地比例（%）	
		现状	规划	现状	规划
	公用设施用地	5.75	2.67	0.86	0.4
U	供应设施用地	2.95	1.48	0.44	0.22
其中	环境设施用地	0.29	—	0.04	—
	安全设施用地	—	0.75	—	0.11

公用设施用地指标核算表

公用设施用地规划图

存在问题：现状部分公用设施属于原拆迁单位未移走的设施，对周边居民的生活以及用地规划的合理性会有一定的影响。

评估建议：需要提前解决相关用地权属问题和公用设施必要性评价，对于对居民生活影响较大的公用设施进行可搬迁性评估，对拆除后不影响地区生活条件的优先考虑，拆迁难度较大的，需先新建满足居民使用的设施后，再予以拆除。

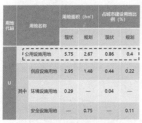

绿地与广场用地

现状情况：现状公园绿地、防护绿地以及广场用地面积58.9公顷；规划实施：规划公园绿地与防护绿地用地面积81.36公顷，规划实施率约70%。

用地代码	用地名称	用地面积（hm²）		占城市建设用地比例（%）	
		现状	规划	现状	规划
G1	公园绿地	25.11	22.74	3.76	3.40
G2	防护绿地	31.27	58.62	4.68	8.77
G3	广场用地	2.62	—	0.39	—

绿地及广场用地现状图

绿地及广场用地现状图

绿地及广场用地规划图

存在问题：双井街道现有公园绿地6处，分布不均衡，主要分布在北侧大望社区、百子园社区，而广泉社区、广外南社区、垂杨社区，几乎无街旁绿地，不能满足300m见绿、500m进园的要求；防护绿地宽度较小，且植种形式简单；广场用地仅一处，不能满足居民活动需求。

评估建议：根据现状绿地情况，进一步完善绿地建设。利用现状闲置地、边角地进行绿化，增加绿化空间，完善绿化网络。

本章小结

现状问题
公共服务设施用地总指标相对合理，文化、体育、福利设施建设相对滞后；
现状绿地、广场较少，且布局欠合理；
现状道路交通实施情况较差，且支交路网密度欠缺，停车用地紧张的矛盾较突出；
现状商业用地和多功能用地比例相对过大。

规划实施
绿地、广场等公共空间相关用地实施情况较差；
道路交通设施实施情况较差，停车用地紧张的矛盾也较为突出。

配套设施评估

双井试点的配套设施评估范围包括0405、0406、0407三个街区，总面积约6.68平方公里，包括双井街道的12个社区和东城区的2个社区，以及朝阳区的2个社区，共计16个社区。

双井街道
户籍人口：9.9万，
户数：5.8万户，
街道面积：5.08平方公里，下辖12个社区
双井街道覆盖3个街区：0405、0406、0407

双井街道评估范围图

配套设施评估框架

本次评估对公共服务设施服务水平按人口规模进行核算，分别从控规实施至目前人口规模和规划目标人口规模分别核算各项设施的建筑规模缺口与用地规模缺口。核算标准参照《公共服务设施配置指标（7号文）》。控规将公共服务设施分为市区级、街区级与社区级公共服务设施，本次设计公共服务设施评估只对街区级和社区级两个层级进行评估。

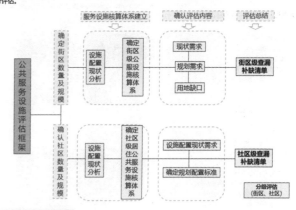

街区级设施评估

0405街区基本情况
现状人口41119人
北至通惠河北路；南至广渠门外大街；
西至东二环路；东至东三环中路；面积1.8平方公里；
行政辖区
0405街区主要在双井街道辖区内，同时西侧少量区域属东城辖区。

0406街区基本情况
现状人口：58931人
北至通惠河北路；南至广渠路；
西至东三环路；东至东四环中路；面积3.2平方公里；
行政辖区
0406街区主要在双井街道辖区内，同时北侧少量区域属南磨房乡和高碑店乡辖区。

0407街区基本情况
现状人口42068人
北至广渠路；南至劲松路；
西至东二环路；东至东三环南路；面积1.43平方公里；
行政辖区
0407街区主要在双井街道辖区内，同时西侧少量区域属东城辖区，南侧少量区域属劲松街道。

街区级设施评估要素

根据京政发[2015]7号文中《北京市居住公共服务设施配置指标》和《北京市公共服务设施配置指标实施意见》将街区级需要评估公共服务设施的内容表提取如下，共22项。并根据居住相关设施能否满足一刻钟服务圈将22项公共务设施分成9+13两两部分分别进行评估和配置

前缀	名称	类别	服务规模	对应街区划分关系
	社区服务中心		1000~3000户	
	街道办事处		0.7 万/人	
	房管所	社区综合服务	0.7 万/人	
C	室内综合健身场所		0.7 万/人	一刻钟服务圈（7项）
	社区文化设施		0.7 万/人	
	机构养老设施		1.75~2 万/人	
	残疾人用房		3万/人	
	派出所		4-1.2万/人	
C	变电站	社会公用	0.7 万/人	一刻钟服务系列（2项）
	社区卫生服务中心	医疗	3-5万/人	
	社区卫生服务站			
	菜市场	商业服务	1000~1500户	一刻钟服务系列（2项）
	其他商业服务		5-7万/人	

以一刻钟服务圈为核算单元
涉及4类，13项设施
配套设施布局遵循以15分钟步行距离为服务半径的原则

前缀	名称	类别	服务规模	对应街区划分关系
C	公交首末站	交通		街区（1项）
	固定通信汇聚机房			
	移动通信汇聚机房			
C	有线电视基站	市政公用		街区（5项）
	开闭所			
	街道式垃圾分类收集			
	小学		1.14万/人	
C	（九年一贯制学校）		1.71万/人	
			2.29万/人	
	初中	教育	3.43万/人	街区（3项）
C	（九年一贯制学校）		4.57万/人	
			5.71万/人	
	高中		4.87万/人	
			6.75万/人	
			8.1万/人	

以街区为核算单元
涉及3类，9项设施
综合考虑街区与街道办事处辖区的空间关系的原则

北京市控制性详细规划评估研究——以双井街道为例
EVALUATION OF REGULATORY DETAILED PLANNING——A CASE STUDY OF SHUANGJING STREET

0405街区

0405街区公共服务设施现状

各社区有社区服务中心、街道办事处、室内体育设施；缺乏文化设施等。

医疗设施：
有一处，双井社区卫生服务中心。

教育设施：
有小学2所，文汇小学、芳草地小学，60班；中学2所，55班。

养老设施：
双花园社区养老驿站和忠实里社区有2处；具体数据不明确。
其中忠实里社区养老设施属于私立，收费较高。

社区综合管理服务设施：

市政公用设施：有马раoq邮政所一所，建筑面积300平方米。

医疗卫生设施：现状有一处双井社区卫生服务站。

0405街区公共服务设施评估

小学用地分布情况：
现状需求：48个班，3.82公顷。
用地规模：尚缺
基本覆盖0407街区
规划需求：72个班，6.87公顷。
规划小学：2所小学，2.35公顷。

用地规模：尚缺4.52公顷
服务半径：覆盖0405街区

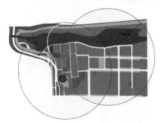

中学用地分布情况：
现状需求：50个班，5.29公顷。
现状用地规模：尚缺
文汇中学现状：36个班
建筑面积12000平方米，用地规模1.7公顷。
服务半径：东侧街区使用不便利
规划需求：60个班，6.48公顷。
规划中学：1所中学，18个班，1.33公顷。

用地规模：尚缺5.15公顷
服务半径：基本覆盖0407街区

高中用地分布情况：
现状需求：24个班，2.65公顷。
用地规模：尚缺
服务半径：基本覆盖0407街区
规划需求：30个班，3.66公顷。
规划中学：1所中学，36个班，3.33公顷。

用地规模：尚缺0.33公顷
服务半径：基本覆盖0407街区

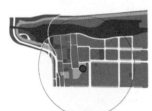

密闭式垃圾收集站分布
现状有一处，用地面积分别为：
双花园社区300平方米，目前已经停止使用。
规划用地无环卫设施用地

最小规模/一般规模：每处建筑面积250~280平方米，用地面积1000~1200平方米。
服务规模1~2万人。

邮政所用地情况评估
现状需求：822平方米
建筑规模：尚缺522平方米
规划规模：1014平方米
规划规模：尚缺522平方米

邮政所最小建筑面积200平方米；邮政支局最小建筑面积1200平方米。

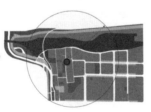

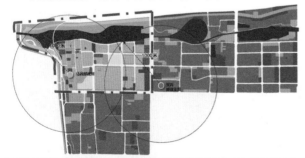

0405街区中小学专项规划情况

规划情况：
中学：1处，北京市工业大学附属中学（富力城分校）
十二年一贯制学校一处。
小学：1处，芳草地国际学校双花园分校

实施情况：中学小学已实施；规划十二年一贯制学校工大附中，现状为高中部，无初中小学；现状有文汇中学（初中）和文汇小学没有在控规图上显示。

中小学规划分布图　　　现状教育设施用地

0405街区医疗专项规划实施情况

规划情况：
医院：规划一处，中间性规划（ZJ-13）
现状光华医院

实施情况：该地块是北京市车辆段的油库所在地，目前闲置。

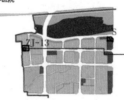 

0405街区评估报告

现状街区级缺乏设施

街道办事处 室内体育设施 社区文化设施 残疾人托养所 公交首末站 邮政支局 社区卫生监督所

问题总结

现0405街区设施总体较为缺乏，无法满足居民休闲娱乐的需要。 1 2	社区综合管理服务设施较为缺乏，体育、文化、养老设施缺项，无法满足居民日常生活使用需求。
交通设施中缺乏交通首末站，导致居民出行受限，不能有效缓解地面的交通压力。 3 4	教育设施情况相对较好，占地面积缺口较小，和教育专项有些出入，基本满足使用需求。
医疗卫生设施目前不能满足需求。 5 6	商业服务设施中，菜市场面积不能满足京政发[2015]7号文标准，其他商业服务设施较为丰富，能够满足使用需求。

0405街区现状设施查漏补缺清单　　建筑规模缺口共43836平方米。

类别	序号	名称	现状情况统计		现状需求		评价
			用地面积（公顷）	建筑面积（平方米）	用地面积（公顷）	建筑面积（平方米）	
社区综合管理服务	1	社区服务中心	—	3000	—	1479	多余1521平方米
	2	街道办事处	—	—	0.25	1972	尚缺1972平方米
	3	派出所	—	—	0.25	1972	
	4	室内体育设施	—	—	—	4900	尚缺4900平方米
	5	社区文化设施	—	—	—	4900	尚缺4900平方米
	6	机构养老设施	—	130	2.37	19728（347床）	尚缺19598平方米
	7	残疾人托养所	—	—	0.30	2461	尚缺2461平方米
交通市政公用	8	公交首末站	—	—	1.38	1969	尚缺1969平方米
	9	邮政所	—	300	—	985	尚缺685平方米
	10	邮政支局	—	—	—	1477	尚缺1477平方米
	11	固定通信汇聚机房	—	—	—	—	
	12	移动通信接入机房	—	—	—	—	
	13	有线电视基站	—	—	—	—	
	14	开闭所	—	—	—	—	
	15	密闭式垃圾分类收集站	—	—	—	—	
教育	16	小学（九年一贯制学校）	—	—	3.82	—	
	17	初中（九年一贯制学校）	—	—	5.29	—	
	18	高中	—	—	2.65	—	
医疗卫生	19	社区卫生服务中心	0.05	1760	0.37	2954（最小规模3000平方米）	尚缺0.32公顷,1194平方米
	20	社区卫生监督所	—	—	—	246	尚缺246平方米
商业服务	21	菜市场	—	500	—	2462	尚缺2462平方米
	22	其他商业服务	—	—	—	30768	

0405街区规划设施查漏补缺清单　　建筑规模缺口共58708平方米。

类别	序号	名称	规划情况统计		规划需求		评价
			用地面积（公顷）	建筑面积（平方米）	用地面积（公顷）	建筑面积（平方米）	
社区综合管理服务	1	社区服务中心	—	—	—	1825	尚缺1825平方米
	2	街道办事处	—	—	—	2433	尚缺2433平方米
	3	派出所	—	—	0.30	2433	尚缺2433平方米
	4	室内体育设施	—	—	—	6084	尚缺6084平方米
	5	社区文化设施	—	716	—	6084	尚缺6084平方米
	6	机构养老设施	—	—	2.92	24336（393床）	尚缺24336平方米
	7	残疾人托养所	—	—	0.37	3042	尚缺3042平方米
交通市政公用	8	公交首末站	—	—	1.70	2433	尚缺2433平方米
	9	邮政所	—	—	—	1217	尚缺1217平方米
	10	邮政支局	—	—	—	1825	尚缺1825平方米
	11	固定通信汇聚机房	—	—	—	—	
	12	移动通信接入机房	—	—	—	—	
	13	有线电视基站	—	—	—	—	
	14	开闭所	—	—	—	—	
	15	密闭式垃圾分类收集站	—	—	—	—	
教育	16	小学（九年一贯制学校）	6.87	—	2.35	—	占地面积尚缺4.52公顷
	17	初中（九年一贯制学校）	6.48	—	1.33	—	占地面积尚缺5.15公顷
	18	高中	3.66	—	3.33	—	占地面积尚缺0.33公顷
医疗卫生	19	社区卫生服务中心	—	—	0.46	3650	尚缺3650平方米
	20	社区卫生监督所	—	—	—	304	尚缺304平方米
商业服务	21	菜市场	—	—	—	3042	尚缺3042平方米
	22	其他商业服务	—	—	—	38025	

北京市控制性详细规划评估研究——以双井街道为例
EVALUATION OF REGULATORY DETAILED PLANNING——A CASE STUDY OF SHUANGJING STREET

0406街区

0406街区公共服务设施现状

各社区有社区服务中心、街道办事处、室内体育设施；缺乏养老设施、医疗卫生设施等。

医疗设施：
有一处，双井第二社区卫生服务中心。

教育设施：
有小学五所，北京市第二实验小学朝阳学校，北京市朝阳区三里屯一中；中学2处，北京市朝阳区三里屯一中和大望路中学，15班；九年一贯制学校一所：乐成国际学校，含高中部，50班。

养老设施：
2处，恭和苑，占地1.3公顷；北京市朝阳区恭和老年公寓，占地面积0.5公顷；残疾人托养所一处，大望社区助残。

社区综合管理服务设施：
现状有双井街道办事处一处，占地面积0.6公顷；社区文化设施四处，宣传橱窗、书香朝阳自助图书馆、大望社区活动室，社区图书室。

市政公用设施：
有九龙山邮电所一处，建筑面积400平方米。环卫一清垃圾楼，建筑面积30平方米。

医疗卫生设施：
有两处社区卫生服务站，为双井第二社区卫生服务中心，九龙社区卫生服务站。

0406街区公共服务设施评估

小学用地分布情况：
现状需求：60个班，用地面积3.9公顷
用地规模：用地面积8公顷（含一贯制学校）
规划需求：102个班，7.5公顷
规划小学：2所小学，5公顷

用地规模：尚缺2.5公顷
服务半径：基本覆盖0406街区

中学用地分布情况：
现状需求：54个班，建筑面积46500平方米，用地面积3.6公顷
用地规模：用地面积8.9公顷（含一贯制学校）
服务半径：基本覆盖0406街区
规划需求：90个班，6.3公顷
规划中学：4所中学，一所九年一贯制学校，9.2公顷

用地规模：超出需求规模
服务半径：基本覆盖0406街区

高中用地分布情况：
现状需求：建筑面积14489平方米，用地面积2.2公顷。
用地规模：建筑面积51000平方米，用地面积3.8公顷。
服务半径：基本覆盖0406街区。
高中需求：336个班，26.5公顷。
0406街区高中规划：12年一贯制学校所高中，3.8公顷
04片区高中规划：10.93公顷
分别为：12年一贯制学校4所、完全中学12所

用地规模：尚缺15.57公顷
服务半径：基本覆盖0406街区·

现状需求：街道办事处建筑面积2356平方米，用地面积2945平方米。
现状规模：建筑面积6000平方米，已超过现状需求规模。
规划需求：街道办事处建筑面积3595平方米，用地面积4494平方米。

街道办事处

社区卫生服务中心

需综合考虑街区与街道办事处镇区的空间关系的原则的公服设施

需遵循以15分钟步行距离为服务半径的原则的公服设施

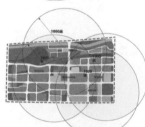

现状需求：建筑面积：280平方米（最小规模），用地面积：1200平方米（最小规模）。
现状规模：建筑面积30平方米，尚缺250平方米。
规划需求：280平方米（最小规模），用地面积：1200平方米（最小规模）。
规划规模：未规划。

密闭式垃圾分类收集站

第二列

现状需求：建筑面积3534平方米，用地面积4418平方米。
规划需求：建筑面积5393平方米，用地面积6741平方米。
规划规模：未规划卫生服务中心。

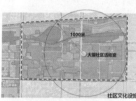

社区文化设施

现状需求：社区文化设施建筑面积5890平米。
现状规模：357平方米，尚缺5533平方米。
规划规模：未规划社区文化设施。

0406街区中小学专项规划情况
规划情况：
中学一处：大望路中学
小学一处：北京实验二小朝阳学校
一贯制学校两处。

0406街区中小学规划分布图

0406街区医疗专项规划实施情况
规划情况：
社区卫生服务中心一处：双井第二卫生服务中心
商业医院一处。

规划医疗设施用地

0406街区养老设施专项规划情况
规划况况：
养老设施两处。

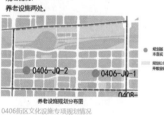

养老设施规划分布图

0406街区文化设施专项规划情况
规划情况：
文化设施两处。

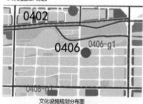

文化设施规划分布图

第三列

现状需求：机构养老设施：每千人8个床位，471个床位，建筑面积23560平方米，用地面积28272平方米。
现状规模：269个单元+469张床，建筑面积33881平方米，用地面积18000平方米。
规划需求：719床位，建筑面积35952平方米，用地面积43142平方米。
规划规模：未规划机构养老设施用地。

邮政所

现状需求：建筑面积1178平方米
现状规模：建筑面积400平方米，尚缺778平方米
规划需求：1798平方米
规划规模：未规划邮政所。

实施情况：小学、中学和一贯制学校均已实施。

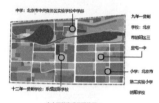

中小学教育设施现状用地

实施情况：社区卫生服务中心已实施，商业医院在建。

现状医疗设施用地

实施情况：两处均已实施并投入使用。

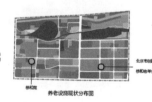

养老设施现状分布图

实施情况：未实施。

文化设施现状分布图

0406街区公共服务设施评估总结

现状街区社区缺乏：社区服务中心、街道办事处、室内体育设施、社区文化设施、机构养老设施、残疾人托养所、邮政支局、社区卫生服务中心、社区卫生监督所。

类别	序号	名称	现状情况统计		现状需求		评价
			用地面积（公顷）	建筑面积（平方米）	用地面积（公顷）	建筑面积（平方米）	
社区综合管理服务	1	社区文化设施	—	357	—	5890	尚缺5533平方米
	2	残疾人托养所	—	80	—	2945	尚缺4414平方米
市政公用	9	邮政所	—	400	—	1178	尚缺778平方米
	15	密闭式垃圾分类收集站	—	30	1200	280	尚缺250平方米
医疗卫生	19	社区卫生服务中心	—		0.67	3534	

现状建筑规模缺口共10975平方米。

北京市控制性详细规划评估研究——以双井街道为例
EVALUATION OF REGULATORY DETAILED PLANNING——A CASE STUDY OF SHUANGJING STREET

0407街区

0407街区公共服务设施现状

各社区有社区服务中心、街道办事处、室内体育设施；缺乏养老设施、医疗卫生设施等；

教育设施：
现状有小学3所，垂杨柳中心小学（低高部），27班；垂杨柳中心小学中部，15班；劲松第四小学和平分校；中学两处：北京工业大学附属中学，占地面积1.8公顷，建筑规模13735平方米，劲松第一中学，占地面积0.72公顷，建筑规模5877平方米。

市政设施：
密闭式垃圾收集站两处，建筑面积5200平方米，占地面积0.54公顷。

交通设施：
公交首末站一处，4760平方米，占地面积0.35公顷。

社区综合管理服务设施：
现状有双井派出所一处，占地面积0.26公顷。

市政公用设施：
有垂杨柳邮政所一处，建筑面积400平方米。

医疗卫生设施：
现状有两处社区卫生服务站，为广泉社区卫生服务站、垂东社区卫生服务站。

0406街区公共服务设施评估

小学用地分布情况
现状需求：57个班（一个24班，2个18班），29500平方米，3.9公顷。
建筑规模：现状总建筑面积为19694平方米，尚缺9806平方米。
用地规模：尚缺0.2公顷。
规划需求：78个班（1个24班，3个18班），39000平方米，5.1公顷。
规划小学：4所小学，一所九年一贯制学校，3.31公顷。
用地规模：尚缺1.79公顷
服务半径：覆盖0407街区

中学用地分布情况
现状需求：49个班（2个24班），25000平方米，3.42公顷。
建筑规模：现状总建筑面积为19612平方米，尚缺5388平方米。
用地规模：尚缺0.4公顷。
规划需求：66个班（1个18班，2个24班），34900平方米，4.75公顷。
规划中学：2所中学，一所九年一贯制学校，3.54公顷。
用地规模：尚缺1.21公顷
服务半径：基本覆盖0407街区

高中用地分布情况评估
现状有一所职业中学，1.9公顷，4439平方米。
现状需求：24个班，13200平方米，1.7公顷。
建筑规模：尚缺8761平方米。
用地规模：超出需求规模
04片区规划需求：336个班，26.5公顷
04片区高中规划：10.93公顷
分为：
12年一贯制学校4所、完全中学12所
用地规模：尚缺15.57公顷
0407街区规划需求：36个班，19500平方米，2.8公顷，规划中学：1所职业高中，1.3公顷
用地规模：尚缺1.5公顷

养老设施分布情况评估
现状需求：建筑面积16800平方米，用地2.02公顷，336床。
规划需求：建筑面积27600平方米，3.31公顷，552床。
现状无机构养老设施，
规划一处机构养老设施，位于0407街区东北部，建筑面积15000平方米，500床。
建筑规模：尚缺12600平方米，
床位数：尚缺52床。
规划实施情况：机构养老设施未实施，无法满足居民需求。

派出所用地情况评估
现状需求：派出所建筑面积1680平方米，用地面积2100平方米。
用地规模：超出需求规模
规划需求：派出所建筑面积2760平方米，用地面积0.35公顷。
用地规模：0.35公顷

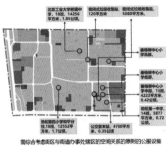

北京工业大学附属中学，18班，14256平方米，1.85公顷。

密闭式垃圾收集站，120平方米。

密闭式垃圾收集站两处，5080平方米。

垂杨柳中心小学南部，18班，12552平方米。

垂杨柳中心小学中部，15班，4222平方米，0.42公顷。

劲松第一中学，14班，5877平方米，0.72公顷。

需综合考虑街区与街道办事处辖区的空间关系的原则的公服设施

邮政便利店，建筑面积150平方米。

垂杨柳邮政所，建筑面积400平方米。

双井派出所，0.26公顷。

京客隆便利店，建筑面积400平方米。

垂东便民市场，建筑面积200平方米。

公交首末站，4760平方米。

需遵循以15分钟步行距离为服务半径的原则的公服设施

小学现状用地分布图

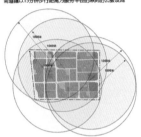

中学现状用地分布图

高中规划用地分布图

0407-GH-1

养老设施规划分布图

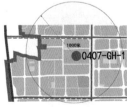

派出所现状分布图

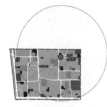

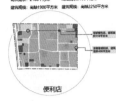
现状需求：840平方米，规划需求1380平方米，建筑现状290平方米，尚缺830平方米
邮政所

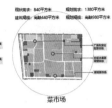
现状需求：2100平方米，规划需求3450平方米，建筑现状1900平方米，尚缺2250平方米
便利店

现状需求：840平方米，规划需求1380平方米，建筑现状440平方米，尚缺980平方米
菜市场

0407街区中小学专项规划情况

实施情况：
中学两处：劲松一中
小学：四处
九年一贯制学校一处。

实施情况：中学已实施；小学规划垂杨柳中心小学合并为一处，现状仍为三处分校；规划九年一贯制学校工大附中，现状为初中部，无小学；规划CY-0407-X51小学用地未实施。

中小学规划分布图

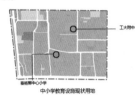

中小学教育设施现状用地

0407街区公共服务设施评估报告

现状街区缺乏设施：
街道办事处、室内体育设施、社区文化设施、残疾人托养所、公交首末站、邮政支局、社区卫生监督所

问题总结

教育设施情况相对较好，占地面积缺口较小，基本能满足使用需求。	1	2	交通设施中交通首末站有一处，但占地面积不满足标准。
社区综合管理服务设施较为缺乏，体育、文化、养老设项缺项，无法满足居民使用需求。	3	4	商业服务设施中，菜市场面积不能满足京政发[2015]7号文标准，其他商业服务设施较为丰富，能够满足使用需求。
	5		医疗卫生设施缺项。

0407街区现状设施查漏补缺清单　　用地规模缺口共1.75公顷，建筑规模缺口58355平方米。

类别	序号	名称	现状情况统计		现状需求		评价
			用地面积（公顷）	建筑面积（平方米）	用地面积（公顷）	建筑面积（平方米）	
社区综合管理服务	1	社区服务中心	—	—	—	1260	尚缺1260平方米
	2	街道办事处	—	—	—	—	
	3	派出所	0.26	—	0.21	1680	用地规模超出标准
	4	室内体育设施	—	—	—	4200	尚缺4200平方米
	5	社区文化设施	—	—	—	4200	尚缺4200平方米
	6	机构养老设施	—	—	2.02	16800（336床）	尚缺2.02公顷，16800平方米
	7	残疾人托养所	—	—	0.25	2100	尚缺2100平方米
交通	8	公交首末站	0.35	4760	1.18	1680	用地尚缺0.83公顷，建筑规模超出标准
市政公用	9	邮政所	—	400	—	840	尚缺440平方米
	10	邮政支局	—	—	—	1260	
	11	固定通信汇聚机房	—	—	—	—	
	12	移动通信接机房	—	—	—	—	
	13	有线电视机房	—	—	—	—	
	14	开闭所	—	—	—	—	
	15	密闭式垃圾分类收集站	—	—	—	—	
教育	16	小学（九年一贯制学校）	—	—	3.9	—	尚缺9806平方米0.2公顷
	17	初中（九年一贯制学校）	—	—	3.4	—	尚缺5388平方米0.4公顷
	18	高中	1.9	4439	13200	1.7	尚缺8761平方米
医疗卫生	19	社区卫生服务中心	—	—	0.32	2520（最小规模3000平方米）	尚缺0.32公顷，3000平方米
	20	社区卫生监督所	—	—	—	210	尚缺210平方米
商业服务	21	菜市场	—	200	—	2100	尚缺1900平方米
	22	便利店	—	550	—	840	尚缺290平方米

0407街区规划设施查漏补缺清单　　用地规模缺口共4.01公顷。

类别	序号	名称	规划情况统计		规划需求		评价
			用地面积（公顷）	建筑面积（平方米）	用地面积（公顷）	建筑面积（平方米）	
社区综合管理服务	1	社区服务中心	—	—	—	2070	
	2	街道办事处	—	—	—	—	
	3	派出所	—	—	0.35	2760	
	4	室内体育设施	—	—	—	6900	
	5	社区文化设施	—	—	—	6900	
	6	机构养老设施	—	—	3.31	27600（552床）	
	7	残疾人托养所	—	—	0.41	3450	
交通	8	公交首末站	1.21	—	1.93	2760	尚缺0.72公顷
市政公用	9	邮政所	—	—	—	1380	
	10	邮政支局	—	—	—	2070	
	11	固定通信汇聚机房	—	—	—	—	
	12	移动通信接机房	—	—	—	—	
	13	有线电视机房	—	—	—	—	
	14	开闭所	—	—	—	—	
	15	密闭式垃圾分类收集站	—	—	—	—	
教育	16	小学（九年一贯制学校）	3.31	—	5.1	—	占地面积尚缺1.79公顷
	17	初中（九年一贯制学校）	4.84	—	4.75	—	超出需求规模
	18	高中	1.3	—	2.8	—	尚缺1.5公顷
医疗卫生	19	社区卫生服务中心	—	—	0.52	4140	
	20	社区卫生监督所	—	—	—	345	
商业服务	21	菜市场	—	—	—	3450	
	22	便利店	—	—	—	—	

北京市控制性详细规划评估研究——以双井街道为例
EVALUATION OF REGULATORY DETAILED PLANNING——A CASE STUDY OF SHUANGJING STREET

社区级评估要素

公共服务设施总体情况：双井街道公共服务设施现状存在部分设施缺项的问题，现状已有部分设施在用地面积与建筑面积存在缺口；规划后部分设施达标，但仍有设施缺项或不达标。现就双井街道中选取一个新建社区、一个老旧社区进行公共服务设施评估。

据"京政发[2015]7号文"，层级B所列的12项配套设施是为社区提供基本公共服务的设施，各社区应核算层级B配套设施的规模。

层级	名称	类别	服务规模	核算单元
B	社区管理服务用房	社区综合管理服务	1000-3000户	以社区为主要核算单元
	托老所		0.7-1万人	
	老年活动场站		0.7-1万人	
	社区助残服务中心		0.7-1万人	
B	锅炉房	市政公用		以社区为主要核算单元
	固定通信机房		1000-5000户	
	室外一体化基站		—	
	有线电视机房		1000-5000户	
	公共厕所		0.5-0.7万人	
B	幼儿园	教育	0.12万人/班	以社区为主要核算单元
B	社区卫生服务站	医疗卫生	0.7-2万人	以社区为主要核算单元
B	再生资源回收站	商业服务	1000-1500户	以社区为主要核算单元

1) 新建社区

大望社区为新建社区，设施相对完善。
社区级公共服务设施情况如下：
社区综合管理服务设施：社区管理用房面积较小，不满足配置需求。社区助残服务站与养老驿站，面积较小，存在一定的规模缺口，不满足配置需求。
教育设施：幼儿园两处，满足社区使用需求，并超过配置需求。
体育设施：大望社区现状有一处社区活动室，但建筑规模不满足配置需求。

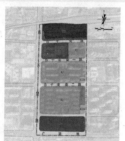

大望社区社区服务设施配置现状

类别	序号	名称	现状			现状需求		大望社区级居住公共服务设施配置现状表分析：
			用地面积（公顷）	建筑面积（平方米）	是否独立占地	建筑面积（平方米）	用地面积（平方米）	
社区综合管理服务	1	社区管理服务用房	—	285	否		350	缺项
	2	托老所	—	—	—		800	1. 托老所
	3	老年活动站	—	327	否		250	2. 锅炉房
	4	社区助残服务中心	—	80	否		250	3. 公共厕所
市政	5	锅炉房	—	—	—			4. 再生资源回收站
	6	固定通信机房	—	70	否		70	服务水平低
	7	弘蜂窝基站机房	—	20	否		70	社区管理服务用房、规模小，无法满足现状使用需求。
	8	有线电视机房	—	30	否		50	
	9	公共厕所	—	—	—			
教育	10	幼儿园	—	5730（2所，12个班）	是	6班（1所1幼的托，建筑面积1847㎡，用地规模2685㎡）		
医疗卫生	11	社区卫生服务站	—	150	否		120	
商业服务	12	再生资源回收站	—	—	—		70	

大望（社区级）居住公共服务设施规划配置标准

类别	序号	名称	用地面积（公顷）	建筑面积（平方米）	规划居住人口容纳量计算
社区综合管理服务	1	社区管理服务用房		721	据统计大望社区总建筑面积为50.03万平方米。
	2	托老所	0.19	1298	规划居住人口容纳量=规划住宅总建筑面积÷85×2.45
	3	老年活动站	0.04	361	大望社区规划人口共14420人。
	4	社区助残服务中心	0.04	361	
市政	5	锅炉房			基础教育设施服务人口按社区总规划人口的1.3倍计算
	6	固定通信机房			基础教育设施服务人口：14420×1.3=18746人=18.75千人
	7	弘蜂窝基站机房			幼儿园核算班数：18.75×25÷15=15.6班，取整范围15-18，周边设施缺乏取整为18。规定最小为六班幼儿园：3个六班即可，较核算班数增加2.4班以弥补周边缺乏设施。
	8	有线电视机房			
	9	公共厕所			
教育	10	托幼	0.54	3720	
			3所，18个班，3个6班		养老、医疗服务人口按社区总规划人口的1.2倍计算
医疗卫生	11	社区卫生服务站		346	养老、医疗服务人口14420×1.2=17304人=17.3千人
商业服务	12	再生资源回收站		72	

大望社区(社区级)居住公共服务设施查漏补缺清单

类别	序号	名称	社区提供现状情况			基于级划人口面积的需求		下发级规划供给		评价
			用地面积（公顷）	建筑面积（平方米）	是否独立占地	用地面积（公顷）	建筑面积（平方米）	用地面积（公顷）	建筑面积（平方米）	
社区综合管理服务	1	社区管理服务用房	—	285	否		721			建筑面积尚缺436平方米
	2	托老所	—	—		0.19	1298			建筑面积尚缺1298平方米
	3	老年活动站	—	327	否	0.04	361			建筑面积尚缺34平方米
	4	社区助残服务中心	—	80	否	0.04	361			建筑面积尚缺281平方米
市政	5	锅炉房								
	6	固定通信机房								
	7	弘蜂窝基站机房								
	8	有线电视机房								
	9	公共厕所								
教育	10	幼儿园	—	5730（2所，12个班）	是	0.54（3所，18个班，3个6班）	3720			建筑面积多2010平方米
医疗卫生	11	社区卫生服务站	—	150	否		346			建筑面积尚缺196平方米
商业服务	12	再生资源回收站	—	—			72			建筑面积尚缺72平方米

大望社区现状常住人口7162人；
大望社区规划居住人口容量14420人。
设施共室，且建筑规模不足的情况，统一将该处建筑面积归为某一项设施，其余设施建筑规模按0计算。
经核算大望社区建筑规模缺口共2317平方米。

2) 老旧社区

垂东社区为老旧社区，设施相对缺乏，其中社区级公共服务设施情况如下：

教育设施：垂东社区有一处垂杨柳中心小学，建筑面积存在缺口。
商业设施：有药房三处，万民阳光药房、百世德大药房和金象大药房，商业主要为沿街商业，缺乏大型购物设施，主要到周边社区解决。
其中社区级设施为：
社区综合管理服务设施：社区管理用房面积较小，不满足配置规模需求。
教育设施：幼儿园一处，满足且超出配置需求。
医疗卫生设施：社区卫生服务站一处，建筑面积较小，存在建筑规模缺口，不满足配置需求。
问题：垂东社区现状无文化、体育、养老设施；无初中教育设施；教育设施中小学存在建筑规模缺口，社区卫生服务站存在建筑规模缺口。

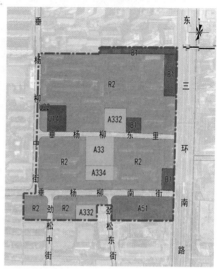

垂东社区社区服务设施配置现状

类别	序号	名称	现状			现状需求		垂东社区级居住公共服务设施配置现状表分析：
			用地面积（公顷）	建筑面积（平方米）	是否独立占地	建筑面积（平方米）	用地面积（平方米）	
社区综合管理服务	1	社区管理服务用房	—	200	否	334		缺项
	2	托老所	—	—	—	601	867	1. 托老所
	3	老年活动站	—	—	—	167	167	2. 老年活动站
	4	社区助残服务中心	—	—	—	167	167	3. 社区助残服务中心
市政	5	锅炉房	0.49	1400	是			4. 再生资源回收站
	6	固定通信机房						服务水平不足
	7	弘蜂窝基站机房						1. 社区服务中心面积较小，无法满足现状使用需求。
	8	有线电视机房						2. 社区卫生服务站规模小，无法满足现状使用需求。
	9	公共厕所		25	否			
教育	10	幼儿园	0.35公顷	2090（1所，14个班）		6班（建筑面积1850㎡，用地面积3000㎡）		
医疗卫生商业服务	11	社区卫生服务站	—	90	否	160		
	12	再生资源回收站						

垂东（社区级）居住公共服务设施规划配置标准

类别	序号	名称	用地面积（公顷）	建筑面积（平方米）	规划居住人口容纳量计算
社区综合管理服务	1	社区管理服务用房		620	据统计垂东社区总建筑面积为35.81万平方米。
	2	托老所	0.16	1116	规划居住人口容纳量=规划住宅总建筑面积÷85×2.45
	3	老年活动站	0.03	310	垂东社区规划人口共10322人。
	4	社区助残服务中心	0.03	310	
市政	5	锅炉房			基础教育设施服务人口按社区总规划人口的1.3倍计算。
	6	固定通信机房			基础教育设施服务人口 10322×1.3=13419人=13.4千人
	7	弘蜂窝基站机房			幼儿园核算班数：13.4×25÷30=11.2班，取整范围12。则为十二班，较核算班数增加0.8个班以弥补缺乏设施。
	8	有线电视机房			
	9	公共厕所			
教育	10	托幼	0.51	3400	养老、医疗服务人口按社区总规划人口的1.2倍计算
			1所，12个班		养老、医疗服务人口10322×1.2=12386.4人=12.4千人
医疗卫生商业服务	11	社区卫生服务站		300	
	12	再生资源回收站		62	

垂东社区(社区级)居住公共服务设施查漏补缺清单

类别	序号	名称	调研设计/社区提供现状情况			基于级划人口面积的需求		下发级规划供给		评价
			用地面积（公顷）	建筑面积（平方米）	是否独立占地	用地面积（公顷）	建筑面积（平方米）	用地面积（公顷）	建筑面积（平方米）	
社区综合管理服务	1	社区管理服务用房	—	200	否		620			无独立占地要求
	2	托老所	—	—		0.16	1116			用地面积尚缺0.16公顷建筑面积尚缺1116平方米
	3	老年活动站	—	—		0.03	310			用地面积尚缺0.03公顷建筑面积尚缺310平方米
	4	社区助残服务中心	—	—		0.03	310			用地面积尚缺0.03公顷建筑面积尚缺310平方米
市政	5	锅炉房	0.49	1400	是					
	6	固定通信机房								
	7	弘蜂窝基站机房								
	8	有线电视机房								
	9	公共厕所		25	否					
教育	10	幼儿园	0.35	2090（1所，14个班）		0.51	3400（1所，12个班）			用地面积尚缺0.16公顷建筑面积尚缺1310平方米
医疗卫生	11	社区卫生服务站	—	90	否		300			建筑面积尚缺210平方米
	12	再生资源回收站					62			建筑面积尚缺62平方米

垂东社区现状常住人口6673人；
垂东社区规划居住人口容量10322人。
设施共室，且建筑规模不足的情况，统一将该处建筑面积归为某一项设施，其余设施建筑规模按0计算。
经核算垂东社区建筑规模缺口共3738平方米。

北京市控制性详细规划评估研究——以双井街道为例
EVALUATION OF REGULATORY DETAILED PLANNING——A CASE STUDY OF SHUANGJING STREET

交通设施

控制性详细规划对于交通基础设施的评估,主要从路网现状、小微道路、公共交通站点、公共停车场、自行车租赁点、机动车停车问题、慢行交通问题以及评估建议等方面评估。

路网现状

道路网现状:
主要对外交通6条
快速路:东二环、东三环中路,东四环中路
主干路:广渠路、西大望路、劲松路
实地核查区域内道路共43条
道路总长度:51.11km
路网密度:7.63km/km²
道路网规划:
规划路网密度:8.57km/km²
规划实施率:89%
规划道路中未实施的道路共19条,长约6311米。

道路现状图

路网密度表

道路等级	道路网密度 (km/km²)	规范参考值 (km/km²)
快速路	1.22	0.4~0.5
主干路	1.32	0.8~1.2
次干路	2.52	1.2~1.4
支路	2.58	3~4

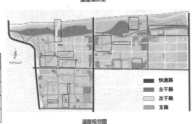
道路规划图

小微道路

社区内部道路已有约3769米。可打通14条,共3365米,打通后道路网密度为9.62km/km²。

小微道路现状图

小微道路规划图

公共交通站点

《城市道路交通规划设计规范》中规定市中心区公共交通线网密度应达到3~4km/km²;非直线系数不大于1.4。调研区域内共有32个公交车站,5个轨道交通站点,其中九龙山车站为换乘站点。
公交线网密度为3.50 km/km²,非直线性系数:1.197
以300m服务半径计算,服务面积为城市用地62.31%(50%)
以500m服务半径计算,服务面积为城市用地82.97%(90%)

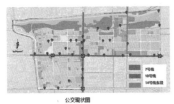
公交现状图

300米服务半径圈

公共停车场

调研区域内共有3座公共停车场
共有车位数:240个
平均停车率:76.67%

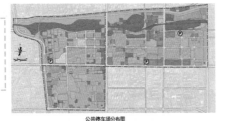
公共停车场分布图

自行车租赁点

《城市步行和自行车交通系统规划设计导则》中规定:租赁点密度为4~25个/km²,平均密度推荐值:11个/km²
双井社区内自行车租赁点平均密度为2.3个/km²

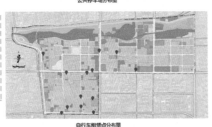
自行车租赁点分布图

机动车停车问题

公共停车场较少,且占用率较高,社区配建停车位数不足,社区居民以路侧停车为主。
老旧社区内部路侧停车问题严重,部分道路仅容一辆机动车通过,非机动车和机动车混行,容易产生拥堵。

公共交通设施实施情况

小区名称	户数	车位数	规范参考值
后现代城	4900	1600	2450
金茂府	1900	1500	950
东郊站1号楼	148	0	74

大望社区停车调查

慢行交通问题

新小区存在问题主要为人行道被非机动车占用;老旧小区支路存在人行道宽度不足以及部分支路无人行道情况。

人行道宽度不足　　未设置人行道　　非机动车占用人行道　　机动车停车占用人行道

人行道拥挤问题　　非机动车停车占用　　路侧停车占用道路　　快递配送点占用

建议

针对目前共享单车普及率较高的情况,增设共享单车电子围栏替代自行车租赁点的功能。
针对新老社区周边路侧停车严重影响交通的现象,建议在社区周边建设停车场或停车楼,以满足社区居民的停车需求。同时协调周边大型公共服务设施,开放场地作为周边居民夜间停车使用;推广共享停车,增加社区内部私人停车位的利用率,尽量满足居民的停车需求。

交通设施评估内容一览表

序号	系统	子系统	内容	评估层次				对标	
				现状	规划	上位规划	专项规划	规范标准	
								名称	条文
01	对外交通		快速路路网密度	●	●	○		《城市道路交通规划设计规范》	0.4~0.5km/km²
			主干路路网密度	●	●	○		《城市道路交通规划设计规范》	0.8~1.2km/km²
02	交通基础设施	道路系统	道路等级	●	○	—	—	—	—
			道路红线宽度	●	○			—	—
			次干路路网密度	●	●			《城市道路交通规划设计规范》	1.2~1.4km/km²
			支路路网密度	●	●			《城市道路交通规划设计规范》	3~4km/km²
			断头路	●	○			《城市道路交通规划设计规范》	
03		公共交通	公交站点300米服务半径覆盖率	●				《城市道路交通规划设计规范》	不得小于城市用地面积的50%
			公交站点500米服务半径覆盖率	●				《城市道路交通规划设计规范》	不得小于城市用地面积的90%
			公交线网密度	●				《城市道路交通规划设计规范》	在市中心区域规划的公交线网密度,应达到3~4km/km²,在城市边缘地区应达到2~2.5km/km²
			非直线性系数	●				《城市道路交通规划设计规范》	公共交通线路非直线系数不应大于1.4
04		停车系统	公共停车场	●			●		
			非机动车停车场	●			●		
05		慢行系统	人行道宽度	●	●		●	《城市道路空间规划技术规范DB11/1116-2014》	快速路辅路、主干路一般值为4.0m,最小值为3.0m;次干路一般为3.5m,最小值为2.5m;支路一般为3.0m,最小值为2.0m
			非机动车道路宽度	●	●		●	《城市道路空间规划技术规范DB11/1116-2014》	快速路辅路、主干路应为3.5m;次干路应为3.5m,困难情况下应为3m;支路应为2.5m
			自行车租赁点	●	○		●	《城市步行和自行车交通系统规划设计导则》	自行车租赁点密度为4~25个/平方公里,平均密度推荐取11个/平方公里

北京市控制性详细规划评估研究——以双井街道为例
EVALUATION OF REGULATORY DETAILED PLANNING——A CASE STUDY OF SHUANGJING STREET

建筑风貌

控制性详细规划对于建筑风貌的评估，主要从容积率、建筑高度、天际线、标志性建筑和建筑材质色彩等方面。

建筑风貌调研要素列表

序号	系统	子系统	内容	评估层次					
				现状	规划	对标			
						上位规划	专项规划	规范标准	
								名称	条文
01	公共空间	建筑风貌	容积率	●	●	○	○	—	—
02			建筑高度	●	●	○	○	—	—
03			天际线	●	●	○	○	—	—
04			标志性建筑	●	●	○	○	—	—
05			建筑材质色彩			○	○	—	—

注：●为必选项目，○为待选项目。

容积率

双井街道实际容积率通过对现场建筑层数的调研，以及总图上面积的测量得到双井街道的每个地块的建筑统计率。根据《北京中心城控制性详细规划》，主要广渠路两侧路段建筑容积率过高，建筑沿街不够平坦开阔，无法体现宜人、便于室外活动的空间，缺乏城市活力。

双井街道重要视廊、视点整体性评估；以广外发展轴、东三环发展轴为重要轴线。

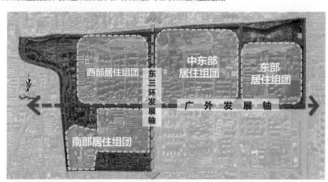

双井街道现状结构分析图

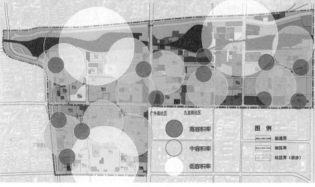

双井街道容积率高低模式图

建筑高度

实际建筑高度，通过现场调研建筑的层数，对于不同的类型的建筑采用不同的层高。其中西部居住组团除双花园社区西北部外为老旧居住区建筑高度（多层为主），其余部分建成较晚（高层、中高层为主）。高层建筑主要集中在组团东部。

西部居住组团除双花园社区西北部分外为老旧居住区，其余部分建成较晚。

高层建筑主要集中在组团东部。

- 30层及以上
- 20-29层
- 15-19层
- 10-14层
- 5-9层
- 5层以下

双井街道实际建筑高度分析图

天际线

在天际线位置选取上，在纵横两个方向各选取一条街区内部核心道路，以广渠路和东三环进行分析。

现有天际轮廓线死板，并未形成曲折有变化的轮廓。从街道空间来看，整体天际线过于平直；城市内部局部建筑高度一致，并未形成高低错落之感。

对城市天际线进行整体引导。城市天际轮廓线主要从双井街道西侧东二环进行控制，由传统老城区向现代生活区逐步升高，再向活力新城区逐步降低，并在汇通大厦形成高潮。

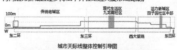

城市天际线整体控制引导图

双井街道代表性街道天际线情况

横轴天际线发展示意图

纵轴天际线发展示意图

标志性建筑

现状调研发现：1.新建街区各街道标志性建筑形态风格不统一。从众多道路交叉口，街角标志性建筑建成时间相差较大街道间风格形态难以统一；同一街道公共配套标志性建筑，已融于周边建筑。2.传统老旧居住区标志性历史特色建筑有待发掘。

标志性建筑现状图

建筑色彩

根据现状调研：街道现有建筑色调基本统一，尤其在双花园社区色彩整治之后，老城风貌更加集中、具象地得到展现。与富力社区、广外南社区新城风貌形成鲜明对比。当前整体风貌较为杂乱，在老与新之间徘徊，并不能明确看出风貌控制力度。

建筑色彩现状图

建筑材质

根据现状调研：1.部分建筑材质与周边建筑不协调。住宅以涂料为主，沿街公共设施以石材质为主，经济适用。大望社区存在新建居住区为显示高档性，大量使用石材贴面的情况，部分公共设施金属材料过多，与居住区风貌不符。2.沿街公共设施牌匾风格、材质杂乱不统一。

建筑材质现状图

建筑色彩建议：1.注重传统城市风貌的保护，对有价值的特色建筑及场所进行改造提升，在内部镶嵌绿地，为其注入新的城市活力；2.居住建筑宜采用中灰色系，作为传统风貌区和新城风貌区的过渡；公共建筑宜采用暖灰色系；3.现代生活区采用新中式建筑风格，融入中式建筑元素和现代建筑手法，保留传统住宅的精髓，延续覆瓦坡屋顶，吸收当地的建筑风格及元素。

北京市控制性详细规划评估研究——以双井街道为例
EVALUATION OF REGULATORY DETAILED PLANNING——A CASE STUDY OF SHUANGJING STREET

公共空间

双井街区公共空间绿地概况：双井街区总面积约为668.20hm²，包括12个社区，涉及到绿地类型为公园绿地（G1）、防护绿地（G2）、广场用地（G3）三类。

序号	类别代码	类别名称	数量		绿地面积（hm²）	
			现状（处）	规划（处）	现状	规划
1	G1	公园绿地	5	27	25.11	22.74
2	G2	防护绿地	29	18	31.27	58.62
3	G3	广场绿地	5	—	2.62	—
		合计	39	45	59.00	81.36

绿地结构

双井街区规划中，公园绿地在社区中均匀分布，基本可以满足300m见绿500m进园的要求。但在实施过程中，或变为公园绿地，或被居住区围住，变为附属绿地，使公园绿地和防护绿地面积均减少，公园绿地分布不均衡，不能满足300m见绿500m进园的要求。

建议：对于已经规划的公园绿地应当通过拆除违章建设、逐步置换用地、结合工作难易程度、分期实施绿地公园规划。对于规划绿地上存在的合法建设，要控制其加建、扩建，保持建设总量不增加，保障规划绿地的实施，实现还绿于民，还景于民。

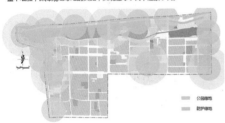

现状公园绿地分布图

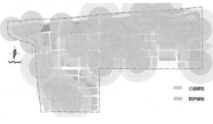

规划公园绿地分布图

总结

绿地修补策略	拆迁建绿	破硬复绿	见缝插绿	老旧公园改造	立体绿化	提高绿化品质
具体措施	拆违建建筑、老旧民居、建设城市绿地	破除面积过大的硬质地面、河渠等，建设绿地	利用闲置、废弃地进行绿地建设	对一些老旧公园进行升级改造，提升服务功能和景观效果	结合城市建筑和市政基础设施，开展墙体、屋顶、桥体、公交站点等立体绿化，增加绿量	充分利用本地乡土植物，丰富植物种类、群落涡交化、配置复层绿化

根据绿地500米服务半径分布现状，需新建小型社区公园或街头绿地18处，总面积约25.36公顷，以满足市民300米建绿、500入园的需求。

滨水景观、见缝插绿

简单式绿色屋顶

花园式绿色屋顶

道路周边绿篱、绿带、花丛

道路周边绿篱、绿带、花丛

雨水花园结构图

雨水花园示意图

公园绿地

双井街区规划中，共有27处公园绿地，包括1处公园和26处街旁绿地。但在实施过程中，6处公园绿地实施，3处公园绿地被居住区占用变为附属绿地，4处公园绿地变为防护绿地，2处公园绿地暂未建设，实施率为72.51%，且公园绿地分布不均衡无法满足300m见绿、500m进园的要求。

序号	名称	规划类型	现状类型	序号	名称	规划类型	现状类型
P1	公园绿地1	防护绿地	公园绿地	1	附属绿地1	公园绿地	附属绿地
P2	公园绿地2	公园绿地	公园绿地	2	附属绿地2	公园绿地	附属绿地
P3	公园绿地3	公园绿地	公园绿地	3	附属绿地3	公园绿地	附属绿地
P4	公园绿地4	公园绿地	公园绿地	4	附属绿地4	公园绿地	附属绿地
F1	防护绿地1	公园绿地	防护绿地	5	附属绿地5	公园绿地	附属绿地
F2	防护绿地2	防护绿地	防护绿地	6	附属绿地6	公园绿地	附属绿地
F3	防护绿地3	公园绿地	防护绿地	7	附属绿地7	公园绿地	附属绿地
F4	防护绿地4	公园绿地	防护绿地	8	附属绿地8	公园绿地	附属绿地
G1	广场绿地1	公园绿地	广场用地	9	附属绿地9	公园绿地	附属绿地

变为附属绿地的公园绿地5

公园绿地P2

问题一：大型公园绿地数量少，分布均匀度不够，公园绿地类型主要为街旁绿地，功能不足，景观性较差，不能满足市民休闲的需求。
建议一：增加公园绿地种类，做到点线面分布均匀，充分利用闲置用地、生态基础良好的用地，完善改造，增加社区公园绿地面积，保证可达性，消除绿化盲区。
问题二：公园绿地整体景观质量较差，除庆丰公园具有一定的文化性特殊性，其他绿地存在景观单一缺乏时代特征，功能简单，设施欠缺，管理粗放等问题。
建议二：丰富景观结构，提升景观效果，从休闲设施、商业设施、服务设施、娱乐设施等多方面进行优化修补。结合海绵城市理论，现状公园、街头绿地等通过采用下沉式绿地、透水铺装等手段进行修补。

防护绿地

问题：分布不均，数量少
规划防护绿地面积为58.61hm²，实施建设防护绿地31.27hm²。但仍有部分防护绿地被居住区及单位占用，成为附属绿地。
建议：增加绿地数量，提升绿地品质。

滨河防护绿地　　道路防护绿地

广场绿地

问题一：数量少，分布均匀度不够，规划中未涉及广场绿地，现状共有5处广场绿地共2.62hm²。但仍无法满足附近居民举行大型活动、健身娱乐的需求。
建议一：发掘闲置用地，增加广场数量，扩大广场分布，开发闲置用地、城市街角等潜力空间为广场用地，修补完善社区级的中、小型活动场所，满足市民日常活动需要。
问题二：缺乏特色，景观品质不佳，大部分广场存在环境设计不佳，缺乏主题设计，活动空间太小，有待进一步提升。且绿化过少，不利于居民休息。
建议二：广场与绿地结合，优化景观品质，加强广场特色，优化广场环境，使广场与绿地分布更好的结合，加强地域文化特色和艺术性。

现状广场绿地分布图

现状广场绿地5

现状广场绿地

广场与绿地结合　　广场与绿地结合

北京市控制性详细规划评估研究——以丰台科技园东区为例
EVALUATION OF REGULATORY DETAILED PLANNING——A CASE STUDY OF THE EAST DISTRICT OF FENGTAI SCIENCE AND TECHNOLOGY PARK

现状基本情况

区位概况

京津冀区域空间格局示意图　　丰台科技园在北京市位置图

中关村丰台科技园东区位于北京市丰台区，紧邻西南四环及永定河。东区一、二期已建设成为北京重要的总部经济区、高新技术产业基地和中小型科技企业的孵化基地。在占丰台区不足1%的土地上，丰台科技园的工业总产值占到全区1/2，增加值占到全区1/3，税费总额占到全区1/4，对财政收入的贡献占到全区1/5。

评估范围

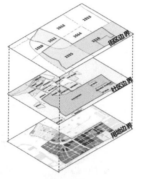

丰台科技园东区评估范围图　　丰台科技园评估研究边界

此次评估统筹研究范围包括丰台科技园东区控规评估范围与生活配套统筹研究区，其中生活配套研究内容仅为街区级公共服务配套设施。

统筹研究范围面积共6.17平方公里，其中：丰台科技园控规评估范围为中心城西南部15片区，总面积4.56平方公里，总建筑规模约660万平方米。生活配套统筹研究区为丰台科技园东区所在街区范围，除园区以外还包含一期北侧及三期南侧地块，增加研究范围总面积约1.60平方公里。

园区按照建设时序从西到东分为一、二、三期。现阶段一期已建设完成，包含四环路以东的生活配套区，四环路以西、海鹰路以北的高新产业区；二期已建设完成，北至海鹰路、南四环路，东至丰科路，内含总部经济区、汉威国际和国美广场，其中国美广场现处于闲置状态，汉威国际部分区块尚未投入使用；三期为丰科路以东区域，多数地块处于待建设与建设期。

园区目前由丰台科技园管委会统筹管理，一期、二期已基本建成，三期部分地块已建成。一期和二期现有高新企业935家，涉及电子信息、生物医药、先进制造和新材料和新技术等八个领域，现有企业员工超12万人，其中高端人才超过7万。现状居住总建筑面积70万平方米，人口约2万人。

评估流程及要素选取

评估工作流程

通过丰台科技园东区试点的控规评估工作，一方面总结产业型单元控规评估要素选取以及评估方法与工作模式，为大规模开展控规评估工作奠定基础，提供经验。为北京市控规评估工作模式、调研方法、评估内容等奠定案例基础，并在此基础上，完善北京市控制性详细规划编制与管理办法。

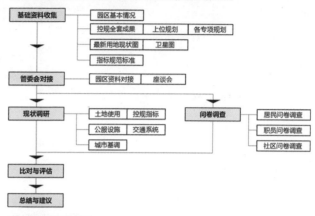

评估要素选取

为保持该地区持续高活力的发展态势，丰台科技园东区控规评估的重点应针对就业人口及产业发展需求。通过对产业业态与发展效益、土地使用情况、控规指标、城市基调、公共空间、综合交通、职住需求、公共服务设施等方面进行量化指标分析，得出各要素对照标准、与上位规划的对接点和需求量化的方法，并对丰台科技园东区控规进行系统性评估。

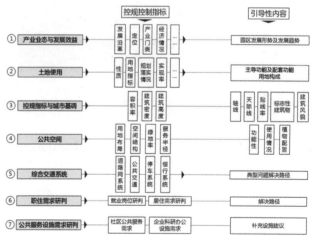

丰台科技园东区控规评估要素选取一览表

北京市控制性详细规划评估研究——以丰台科技园东区为例
EVALUATION OF REGULATORY DETAILED PLANNING——A CASE STUDY OF THE EAST DISTRICT OF FENGTAI SCIENCE AND TECHNOLOGY PARK

产业业态与发展效益

原控规编制产业定位

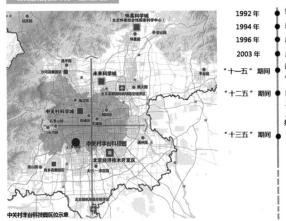

中关村丰台科技园区位示意

1992 年	始建，全国总部经济示范区（全国第一家提出发展总部经济的园区）
1994 年	进入国家级高新区行列
1996 年	成为全国首批向 APEC 开放的科技工业园之一
2003 年	启动"总部基地"建设
"十一五"期间	逐步形成高端、高效、高辐射产业聚集态势；汇集企业决策管理中心、科技研发中心、资本运营中心、财务结算中心和市场营销中心五大企业总部功能
"十二五"期间	园区总收入位居"一区十六园"第三，国家级高新技术企业和上市公司总量第二；2012 年：园区面积扩张，由 818 公顷增至 1763.09 公顷，增幅 115%；2013 年：获批北京市首批"总部经济集聚区"；打造现代服务业与现代制造业融合创新的"总部型创新企业集群"
"十三五"期间	

丰台区
首都高品质生活服务供给重要保障区
首都商务新区
科技创新和金融服务融合发展区
高水平对外综合交通枢纽
历史文化和绿色生态引领新型城镇化发展区

丰台科技园
京津冀协同发展示范园区
科技创新中心重要承载区
具有国际影响力的产业创新中心

产业发展定位研判

产业类型

《北京市人民政府关于加快科技创新构建高精尖经济结构用地政策的意见（试行）》中对于入园企业准入条件提出：产业类型、投资强度、产出效率（含地均产值）、创新能力及节能环保等要求。

产业集群 → 特色产业带动 → 重要产业补充

高新技术产业

四大特色产业
01 轨道交通
02 航天军工
03 应急救援
04 节能环保

文化创意产业

生产性服务业

发展研判

结合《意见》及类似总部经济集聚产业区案例比较，将地均产值及产业准入门槛要求值作为控规评估考核标准。

依据《"十三五"规划指标体系表》将产业园区总收入与年均增速作为控规评估考核标准，得到产业园区发展水平阶段性研判。

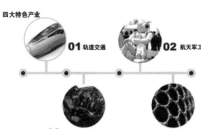

丰台科技园总收入变化（2014—2016）
■总收入（亿元） ■技术收入（亿元） ■产品销售收入（亿元）
3369.4 / 338.6 / 929.5（2014）
4404.1 / 468.4 / 861.3（2015）
4403.3 / 503.9 / 831.9（2016）

丰台科技园利润总额变化（2014—2016）
■利润总额（亿元） —指数（利润总额（亿元））
219.4（2014） 295.9（2015） 345.6（2016）

年均增速：13.40%
新增国家高新技术企业：266家
技术收入年均增速：20.0%
园区财政收入：105.36亿元

地均产值

丰台园"十三五"时期规划指标体系表

类别	序号	指标	目标	属性
经济保持中高速增长	1	总收入	8000 亿元	约束性
	2	留区财政收入年均增速	10%	约束性
产业发展高端化逐步强化	1	新增国家高新技术企业	500 家	预期性
	2	新增上市公司	70 家	预期性
	3	形成拥有技术主导权的产业集群	1~2 个	预期性
创新驱动发展能力全面增强	1	新增国家级企业技术中心、国家工程研究中心	5 家	预期性
	2	每万人发明专利拥有量年均增速	不低于 15%	预期性
	3	国际专利（PCT）年均增速	25%	预期性
	4	技术合同成交额	1000 亿元	预期性
	5	企业主导或参与制定国际标准、国家标准、行业标准的数量	80 项	预期性
创新创业活力持续迸发	1	每年新增具有原始创新能力的科技型企业	1000家左右	预期性
	2	新增符合未来发展趋势的特色创新型孵化器、众创空间	100 家左右	预期性
	3	新增科技中介机构	100 家左右	预期性
	4	总收入超过100亿元的创新型企业	20 家左右	预期性
承载能力明显提升	1	每年开复工面积	不低于 100 万平方米	预期性
	2	每年固定资产投资	不低于 100 亿元	预期性
	3	新增创新空间	不低于 300 万平方米	预期性

地均GDP	海淀园	丰台园	石景山园	朝阳园	亦庄	西城园	东城园	昌平园
2013	10.07	20.87	5.37	28.53	309.03	26.61	5.46	24.20
2014	12.30	15.76	6.26	26.40	311.03	99.78	3.27	21.80
2015	13.03	16.19	5.79	22.29	333.31	102.84	3.58	20.86
2016	12.28	15.69	5.39	14.99	368.81	100.74	5.17	17.18

地均GDP	大兴园	平谷园	门头沟园	房山园	顺义园	密云园	怀柔园	延庆园	通州园
2013	22.32	7.32	15.03	8.19	27.86	9.33	15.44	6.82	7.64
2014	24.65	10.43	47.25	9.06	40.06	9.30	17.62	8.49	8.09
2015	30.40	12.70	40.90	9.67	57.29	10.23	21.22	8.09	8.52
2016	41.55	16.67	37.35	10.92	80.37	11.06	48.78	10.06	9.36

北京市控制性详细规划评估研究——以丰台科技园东区为例
EVALUATION OF REGULATORY DETAILED PLANNING——A CASE STUDY OF THE EAST DISTRICT OF FENGTAI SCIENCE AND TECHNOLOGY PARK

土地使用

现状用地概况

丰台科技园东区总用地面积4.56平方公里。分三期建设。一期南以工业研发用地为主；南四环西路东侧以居住用地为主。二期以工业研发用地为主；科技大道东侧以商务办公用地为主。三期存在在建和待建地块，现状以综合性商业金融服务业用地为主，同时包含图书展览、行政办公、零售商业、餐饮等用地。樊羊路东侧和五圈路以南为在建和待建地块。

调研版丰台科技园土地使用现状图

用地性质及规模

用地代码	用地名称	现状用地面积（公顷）	规划用地面积（公顷）	现状占用地比例（%）	规划占用地比例（%）
M	工业用地	91.20	170.03	20.0	37.3
B	商业服务业设施用地	98.02	61.08	21.5	13.4
X	待深入研究用地	60.89	—	13.4	—
A	公共管理与公共服务设施用地	13.32	13.12	2.9	2.9
R	居住用地	27.54	28.70	6.0	6.3
U	供应设施用地	1.46	3.14	0.3	0.6
G	绿地与广场用地	39.93	43.35	8.8	9.5
S	道路与交通设施用地	122.25	134.6	26.8	29.5
E	非建设用地	1.39	1.98	0.3	0.4
	总用地	456	456	100	100

工业用地

工业用地现状　　　　　工业用地规划

现状情况：现状工业用地为工业研发用地，占地91.20公顷，主要分布于一期和二期西片区，三期处于在建状态，部分用地性质不明确。

规划情况：科技园控规中规划工业用地170.03公顷。

实施情况：现状主要是二期东片区和三期未与原规划一致，三期仍为在建状态，存在大量待深入研究用地，使得现状工业用地较规划减少，现状工业用地占地91.20公顷，规划面积170.03公顷，现状工业用地规划实施率约为：53.6%。

商业服务业设施用地

商业服务业设施用地现状　　　商业服务业设施用地规划

现状情况：现状商业服务业设施用地总面积98.02公顷。主要位于二期东片区和三期，在一期和二期西片区地块中零散分布。

规划情况：科技园控规中规划商业服务业设施用地61.08公顷。

实施情况：现状三期除待建地块外，基本与原规划一致，二期东片区现状商业用地为综合性商业金融服务业用地，其他地块依据实际需求分散设置为商业用地。现状商业服务业设施用地占地98.02公顷，规划面积61.08公顷，规划实施率约为：160.5%。

公共管理与公共服务设施用地

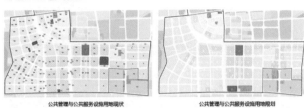

公共管理与公共服务设施用地现状　　公共管理与公共服务设施用地规划

现状情况：现状公共管理与公共服务设施用地主要为行政办公、文化设施、基础教育、医疗卫生用地。用地面积13.32公顷，一、二、三期均有分布。

规划情况：控规中公共管理与公共服务设施用地主要为基础教育、医疗卫生和文化设施，分布于一期和三期地块内。三期中设有幼托、小学、中学、医院和图书展览用地，一期中设有社区服务设施、幼托、小学用地。用地面积13.12公顷。

实施情况：现状三期除待建地块外，增加一处行政办公用地，同时保留了原育仁里社区的小学用地；一期、二期增加行政办公用地和医疗卫生用地。现状用地面积13.32公顷，规划面积13.12公顷，规划实施率约为：101.5%。

居住用地

居住用地现状　　　　居住用地规划

现状情况：现状居住用地主要分布于一期生活区和三期育仁里社区，以二类居住用地为主。用地面积27.54公顷。

规划情况：控规中居住用地用地面积28.70公顷。

实施情况：现状居住用地与规划基本一致，现状三期地块内保留有小学用地一处，使得现状居住用地少于规划用地。现状用地面积27.54公顷，规划面积28.70公顷，规划实施率约为：96.0%。

绿地与广场用地

绿地与广场用地现状　　　绿地与广场用地规划

现状情况：现状绿地与广场用地分布于各地块边缘区，以公园绿地、生态景观绿地、广场用地为主。用地面积39.93公顷。

规划情况：控规中绿地与广场用地面积43.35公顷。

实施情况：现状实施情况基本与规划一致，主要差别在于具体地块功能的改变，如一期沿南四环边缘规划公园绿地现状为生态景观绿地。现状用地面积39.93公顷，规划面积43.35公顷，规划实施率约为：92.1%。

规划落实情况

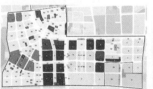

丰台科技园现状未与控规统一地块分布情况现状图　　丰台科技园现状未与控规统一地块分布情况规划图

由于三期存在多处待建地块，落实情况分析中将去除三期的待深入研究用地块（60.89公顷），在总规划实施率计算中，仅考虑一、二、三期中已确定用地性质及规模的地块，总面积为395.11公顷。除待深入研究用地外，31处与原控规不一致地块总面积为67.36公顷，现状用地性质及规模按控规实施面积为327.75公顷。

总用地面积公顷（去除待深入研究用地）	按规划实施面积公顷	规划实施率
395.11	327.75	82.95%

经调研校核，科技园东区总用地规划实施率约为82.95%，整体规划落实情况较好。

北京市控制性详细规划评估研究——以丰台科技园东区为例
EVALUATION OF REGULATORY DETAILED PLANNING——A CASE STUDY OF THE EAST DISTRICT OF FENGTAI SCIENCE AND TECHNOLOGY PARK

控规指标与城市基调

控规控制要求

容积率

丰台科技园规划容积率

建筑高度

丰台科技园规划建筑高度

丰台科技园实际建成容积率

丰台科技园三期建筑规划高度

一期地块规划容积率主要沿四环主路较高,集中在 3-4 之间,向周围降低,西侧办公区域和东侧住宅区域多集中在 1.4-1.6 之间。

二期地块容积率大致分为东侧较高区域和西侧低容积率区域。沿四环主路部分为最高区域。

一期建筑高度沿四环主路为高点,向两侧辐射开,渐渐变低。

结合地区公共空间系统,建立多层次的地区建筑高点认知体系和特色建筑区域,塑造认知感强的三维城市形象。

建筑密度

丰台科技园容积率实施情况

丰台科技园实际建成建筑密度情况

丰台科技园建筑高度实施情况

图中洋红色标记部分为 大于原规控的地块,由于地块出于动态发展阶段,容积率会依据发展需求做出相应调整。

一期场地中多数地块密度在 40% 以下,个别地块呈现高密度。

二期建筑高度在四环主路以及轴线交点处为高点,东侧向西侧建筑高度由高到低。

图中蓝色标记部分为超过原控规规划限高地块中的建筑,为集中在九个地块中的 17 栋建筑。

城市设计导则要素

轴线设计

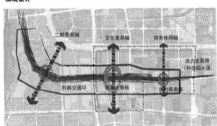

用地布局

整体考虑科技园建设现状,合理规划三期用地,形成"两轴、两核、一带、一环"的空间结构。
文化景观轴:汽车博物馆,产业展示中心、会议、地区管理服务中心、商业、高档公寓,周边配以核心总部办公功能。
商务休闲轴:连接周边城市功能的重要轴线,地区商务商业、休闲娱乐、城市服务中心。
活力发展带:东西向沿五圈路,作为连接轨道交通站点,串联一期,二期,三期的科技园特色活力发展大道。

三期整体展示

下沉广场集中绿地 2.8 公顷
1516-46 绿地面积 0.32 公顷
集中绿地:主要为人提供休息环境。

516-31 绿地面积 1.64 公顷
1516-61 绿地面积 1.94 公顷

三期轴线展示

产业园二期已建成,中间留出公共绿轴,实地调研中发现,绿轴绿化度较低,多为硬质广场。
现场走访调研中也发现市民的参与度较低。实际绿化面积少,市民反映轴线感受不够强烈。

二期已建成景观轴线效果

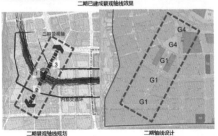

二期景观轴线规划   二期轴线设计

三期轴线规划

三期轴线实施情况

三期绿化轴线北侧建成,绿轴面积较小,利用两侧建筑控制其范围,建筑底层设计骑楼,空间丰富,轴线竖向设计丰富。
调研中,走访中发现市民对轴线设计评价较高,多数人认为绿化层次丰富,但面积较小。

北京市控制性详细规划评估研究——以丰台科技园东区为例

EVALUATION OF REGULATORY DETAILED PLANNING——A CASE STUDY OF THE EAST DISTRICT
OF FENGTAI SCIENCE AND TECHNOLOGY PARK

控规指标与城市基调

城市设计导则要素

天际线

一期天际线

二期天际线

三期天际线

三期天际线

丰台科技园一、二、三期建筑风貌差距较大，一期建成年代较为久远，建筑配色较为杂乱；二期建筑风格较为统一，为现代简约风格和"高亮派"，建筑配色以棕色和白色为主，二期风貌自成一派；三期建成地块多为现代简约风格和Art-Deco风格，形体简洁大方，建筑立面以驼色石材和玻璃为主。

科技园整体风格较为杂乱，但各个分期内部风格各有体系。后期建设过程中需要考虑协调建成地块的建筑风貌，早期建筑修缮过程中也需要同现有建筑协调统一。

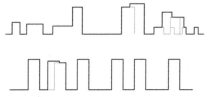

丰台科技园三个地块，天际线靠近四环主路部分较为高耸、独立，并向两侧降低，其余区域较为平整。
调研走访居民，认为天际线较为有机，和秩序感。

建筑贴线率

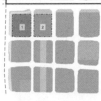

丰台科技园三期建筑贴线率
地块 1 东西两侧贴线率低于规定的 70% 贴线率。
地块 2 由于是特殊建筑，故不用特意满足规划的贴线率。

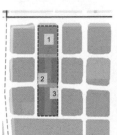

1 为北京汽车博物馆，地块中的较为具有标志性，建筑为异形体量，丰富了地块中的建筑形体。
2 和 3 为地块中的高点，为高层写字楼，分别属于诺德中心和华夏幸福创新中心。
将场地中具有标志性的三栋建筑设计在绿轴两侧，强调中央绿轴，同时也缓解市民视觉。

标志性建筑

北京汽车博物馆

北京国际汽车博物馆是中国第一座汽车博物馆，应于北京市丰台区，建在北京国际汽车博览中心的正中部位。博物馆有汽车博览、主题展览、汽车科普、汽车娱乐、学术交流等功能展示区。一方面通过国内外不同历史时期的汽车、汽车用品、汽车艺术品和汽车衍生品来体现不同时代的生活和文化；另一方面通过知识性、参与性、娱乐性的科普娱乐项目来展现汽车科技的魅力和乐趣。

建筑风貌

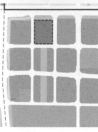

一期天际线

二期天际线

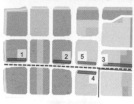

三期范围中，沿五圈路东西向轴线建筑骑楼样式和尺寸多种，主要是商务写字楼和商业步行街两种。其中商业步行街骑楼尺度较为宜人。5 处标记的骑楼过窄，不满足控制导则中宽度2-4 米的规定。

汽车博物馆南侧已建成地块，沿中央绿轴两侧建筑有骑楼，一层多为公共服务功能，骑楼大致尺度为3m（宽）×7m（高）且风格统一。再往南侧地块正处于施工阶段。

北京市控制性详细规划评估研究——以丰台科技园东区为例
EVALUATION OF REGULATORY DETAILED PLANNING——A CASE STUDY OF THE EAST DISTRICT OF FENGTAI SCIENCE AND TECHNOLOGY PARK

公共空间评估

评估工作重点及评估要素选取

评估流程图

- 资料收集
  - 丰台科技园用地规划图
  - 丰台科技园用地现状图
  - 绿地分类标准
- 现状调研
  - 明确现状绿地类别、布局结构
  - 丰台科技园绿地现状分布图
  - 绘制各类绿地的分布图
  - 绘制绿地类型、面积、绿地统计表
- 评估分析
  - 控规绿地系统与规范标准对比
  - 现状绿地系统与控规、规范标准对比 ← 计算绿地率、服务半径覆盖率、绿地实施率
  - 规划落实情况、绿地使用情况总结
- 修改建议

规划绿地与绿地规范比对

丰台科技园现状总体绿地占地比 8.46%，规划公园绿地覆盖率基本对现居住区范围内 500m 服务半径内的全覆盖，满足《城市园林绿化评价标准》GB/T 50563—2010 中此项要求。

丰台科技园规划绿地各项面积

类别	规划面积（hm²）	绿地率（%）
G1公园绿地	5.09	—
G4附属绿地	31.82	—
广场	5.73	—
总面积	42.74	8.46

绿地规划与用地现状对比

丰台科技园现状总体绿地率下降，绿线和蓝线控制基本和规划一致。

规划指标

类别	规划面积（hm²）	绿地率（%）
G1公园绿地	5.09	—
G4附属绿地	31.82	—
广场	5.73	—
总面积	42.74	8.46

现状指标

类别	使用面积（hm²）	被占用面积（hm²）	新增面积（hm²）	绿地率（%）
G1公园绿地	5.09	—	—	60.1
G4附属绿地	27.56	4.62	0.39	28.48
广场	5.73	—	—	46
总面积		38.38		7.59

丰台科技园绿地用地规划图

丰台科技园用地规划图

丰台科技园用地现状图

现状绿地布局评估

城市居民出行 300 见绿，500m 入园。《住房城乡建设部关于促进城市园林绿化事业健康发展的指导意见》(建城[2012]166号)

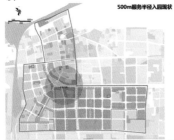
500m 服务半径入园现状

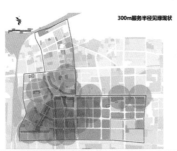
300m 服务半径见绿现状

评估工作内容

绿地分类标准

根据《城市绿地分类标准》(CJJ/T 85—2002)对现状范围内的绿地进行细致划分（现状划分是依据北京市城乡规划用地分类标准）。在现状调研中，内容涉及分类均是按照城市绿地分类标准。

北京市城乡规划用地分类标准

类别代码		类别名称	内容
大类	小类		
G1		公园绿地	向公众开放，以游憩为主要功能，兼具生态、美化、防灾作用的绿地。
	G11	公园	综合公园、社区公园、专类公园等、专类公园包植物园、动物园、植物园、历史名园、风景名胜公园、游乐公园、其他具有特定内容的公园。面积大于等于此类别比例不小于 65%。
	G12	其他公园绿地	街道休闲、城市广场、水景等，具有游憩和防灾功能的绿地带，包括街心广场和绿地，（绿化占地比例不小于 65%。
G2		防护绿地	市县具有卫生防护、安全防护和隔离功能的绿地。
G3		广场用地	以游憩、纪念、集会和停车等功能为主的城市公共活动场地。
G4		附属绿地	不独立占据建设用地的绿地。
	G41	景观绿化绿地	绿地控制用地范围内的附属绿地和园林休闲、沿城市生态环境建设、园林项绿地和园林局部绿地。
	G42	生态游憩绿地	以生态保育和景观营造、可持续的以生态环境演替、过程利用等方式进行，形成有林木、水源涵养生态功能并兼具游憩功能的各类绿色空间场地。
G5		园林生产绿地	为城市绿化提供苗木、草皮和花卉园地。

城市绿地分类标准(CJJ/T85-2002)(部分涉及调研内容的)

类别代码			类别名称	内容涉及面	备注
大类	中类	小类			
G1 公园绿地		G12	社区公园	为一定居住用地范围内的居民服务，具有一定活动内容和设施的集中绿地。	不包括居住组团绿地
		G121	居住区公园	服务于一个居住区的绿地，具有一定规模的内容和设施。为居住区配套建设的集中绿地。	服务半径：0.5~1.0km
		G15	街旁绿地	位于城市道路用地之外，相对独立成片的绿地，包括街道广场绿地、小型沿街绿地等。	绿化占地比例大于等于65%
G4 附属绿地		G41	居住绿地	城市居住用地内的绿地，包括组团绿地、宅旁绿地、配套公建绿地、小区道路绿地等。	
		G43	工业绿地	工业用地内的绿地。	
		G46	道路绿地	道路广场用地内的绿地，包括行道树绿带、分车绿带、交通岛绿地、交通广场和停车场绿地等。	

丰台科技园绿地现状概况

丰台科技园东区位于中心城西南部 15 片区（1516 街区）研究范围总面积 505.34 公顷，主要绿地类型有公园绿地（G1）附属绿地 G4 两大类，《城市绿地分类标准》CJJ/T 85—2002）

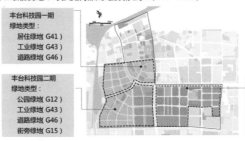

- 丰台科技园一期
  绿地类型：
  居住绿地（G41）
  工业绿地（G43）
  道路绿地（G46）
- 丰台科技园二期
  绿地类型：
  公园绿地（G12）
  工业绿地（G43）
  道路绿地（G46）
  街旁绿地（G15）
- 丰台科技园三期
  绿地类型：
  街旁绿地（G15）
  道路绿地（G46）

绿地使用现状问题

丰台科技园规划绿地与广场用地（G 类 面积 42.74 公顷，占区域总用地比例 8.46%。
现状：已建成绿地及广场用地面积 30.18 公顷，占区域用地总比例 5.97%。

类别	建成面积（hm²）	废弃面积（hm²）	待建面积（hm²）	建成绿地率（%）
G1公园绿地	5.09	—	—	
G4附属绿地	19.36	1.86	6.34	5.97
广场	5.73	—	—	

丰台科技园绿地现状图

- 公园绿地
- 街旁绿地
- 绿地废弃
- 被占绿地
- 待建绿地

现状绿地结构分析

规划：横向以科技园发展大道为活力发展带 纵向结合二期景观轴、文化景观轴、商务休闲轴三条轴线组成绿地整体结构。

现状：一期、二期绿地结构基本与规划相符，三期的一带一轴未形成连续性，一核心绿地待建中。绿地实施完成度大于 60%。

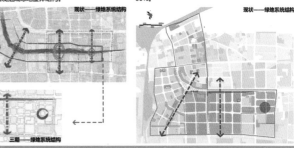
现状——绿地系统结构

三期——绿地系统结构

北京市控制性详细规划评估研究——以丰台科技园东区为例
EVALUATION OF REGULATORY DETAILED PLANNING——A CASE STUDY OF THE EAST DISTRICT OF FENGTAI SCIENCE AND TECHNOLOGY PARK

公共空间评估

G1公园绿地

G121 居住区公园
1. 均布性和可达性——服务半径：0.5~1.0km《城市绿地分类标准》（CJJ/T 85—2002）
2. 公园绿地的布局尽可能实现居住用地范围内500m 服务半径全覆盖。《城市园林绿化评价标准》(GB/T 50563—2010)
3. 公园绿地服务半径覆盖率大于80%。《国家园林城市系列标准》建城[2016]235号
4. 面积5-10公顷社区级公园绿地率大于70%。《公园设计规范》[附条文说明] GB 51192—2016

G15 街旁绿地
1. 以街道广场绿地、小型沿街绿化用地为主（绿化占地比例应大于等于65%）。街旁绿地分布总面积不应少于5000 ㎡。《城市园林绿化评价标准》GB/T 50563—2010
2. 绿地率：编号1——25%
编号2、3——100%（丰台控规）

G4附属绿地

G41 居住绿地
1. 宅旁绿地(0.1-0.2公顷)《城市居住区规划设计规范(2002年版)》GB 50180—993
2. 居住区绿地率：新建区不应低于30%，旧区改建不宜低于25%。《城市绿化规划建设指标的规定》（城建[1993]784号）

居住区公园服务半径覆盖图

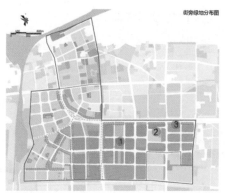
街旁绿地分布图

居住绿地分布图

现状指标估：
1. 一期、二期居住范围内满足可达性和均布性要求。
2. 一期、二期基本实现公园绿地在居住用地范围内500m 服务半径全覆盖。
3. 现状1000m 服务半径覆盖率62.13% 不达标 绿地率60.1% 不达标。

现状问题：
1. 多样性较差：植物配置冬季景观较差 游憩设施单一（只有散布景观长椅）。
2. 基本满足乔灌比1：2~1：3。

现状指标评估：
1. 绿化基本满足占地比例大于等于65% 编号1绿地率21.8% 不满足。
2. 已建成街旁绿地19.03 公顷 满足面积需求。
3. 编号1、3绿地率小于10% 编号2绿地率0。

现状问题：
1. 可达性好，有慢行系统和下凹式绿地，乔灌比大约1：3 建成区分布较多，但相对集中。
2. 缺乏地被植物 季相性单一 缺少可游憩的功能 整体利用率不高 甚至有废弃的。

现状指标评估：
1. 现状宅旁绿地面积大部分在0.1公顷左右 基本满足要求。
2. 绿地率：一期生活区18.59%。
三期建成区25.8% 均不达标。

现状问题：
1. 多数封闭 部分半开放。
2. 乔木为主 少有灌木和地被 部分后期管理不善。
3. 有组团无人车分流 灌木为主 无地被 冬季景观较差。

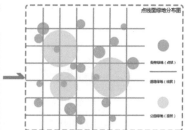

建议及策略

绿地布局结构
现状：公共绿地分布中，公园绿地仅有一个——科丰公园，街旁绿地沿景观轴线较为集中分布。

建议：以道路绿地为网状基底，公园绿地分布均衡，大小不一街旁绿地散布其中，形成公共绿地的点、线、面布局系统，营造满足不同职业、不同年龄等人员需求的绿色空间。

潜在小微绿地
1. 优化后300m 见绿，500m 见绿地分布。
2. 300m 见绿可满足全覆盖，500m 入园由于一期、二期已建成 所以仅三期1号地块（1.94公顷）较大面积的绿地待建 可考虑作为公园绿地。

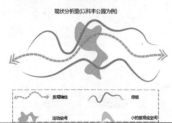
现状绿地布局

点线面绿地分布图

500m服务半径入园

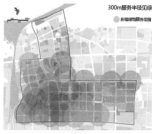
300m服务半径见绿

绿地功能性问题
现状：街旁绿地和小公园功能，空间划分单一，景观与人的互动性少，居民对公共空间满意度较低。

改进：丰富空间 利用植物来围合和分割不同的活动场地，增加场地的趣味性和景观的游赏性。

现状分析图(以科丰公园为例)

优化分析图(以科丰公园为例)

分析：在现状的基础上沿轴线（以道路为主）在两侧散布一些小的景观节点或者休憩、观赏的活动场地 来丰富空间层次。

开放性问题
现状：附属绿地以封闭为主，景观整体效果较差。

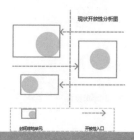
现状开放性分析图

改进：适当增加绿地的开放性，由点成面，由线成网，更方便人们的日常休闲、游憩、娱乐等。

优化开放性分析图

北京市控制性详细规划评估研究——以丰台科技园东区为例
EVALUATION OF REGULATORY DETAILED PLANNING——A CASE STUDY OF THE EAST DISTRICT OF FENGTAI SCIENCE AND TECHNOLOGY PARK

综合交通系统

道路路网

区域内交通道路网

控规路网

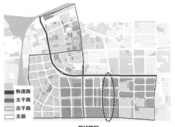
现状路网

城市道路交通规划设计规范 GB 50220—91995				控规					现状				
	路网密度		道路用地率	道路等级	长度(km)	区域面积(km²)	路网密度	道路用地率	道路等级	长度(km)	区域面积(km²)	路网密度	道路用地率
道路等级	大城市人口大于200万人	大城市人口小于200万人	中等城市											
快速路	0.4-0.5	0.3-0.4	—	15%~20%	快速路	4.3	4.70	0.91	20%	快速路	4.3	4.70	0.91	22%
主干路	0.8-1.2	0.8-1.2	1.0-1.2		主干路	3.88		0.83		主干路	6.4		1.36	
次干路	1.2-1.4	1.2-1.4	1.2-1.4		次干路	7.95		1.69		次干路	8.5		1.81	
支路	3-4	3-4	3-4		支路	23.71		5.04		支路	24.4		5.19	
					39.84		8.47			43.6		9.28	

控规中四合庄西路为主干路,现状四合庄西路为双向四车道,中央为护栏分隔属于次干路,未达要求;
控规指标超出规范指标,道路网指标满足控规要求。

主干路横断面

现状主干路横断面形式

控规对主干路横断面形式无明确说明;
现状主干路横断面为四块板,双向八车道,设有非机动车道、人行道。

次干路横断面

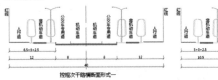
控规次干路横断面形式一

控规次干路横断面形式二

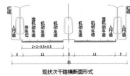
现状次干路横断面形式

控规次干路横断面形式一为三块板,有公交专用道、非机动车道、人行道,无中央分隔带,有机非分隔带;
控规次干路横断面形式二为四块板,有公交专用道、非机动车道、人行道,有中央分隔带,有机非分隔带;
现状次干路横断面形式为二块板,无公交专用道、有非机动车道、人行道,有中央分隔带,无机非分隔带。

支路横断面

控规支路横断面形式一　　控规支路横断面形式二　　现状支路横断面形式

控规支路横断面形式一为三块板,有非机动车道、人行道,无中央分隔带,有机非分隔带;
控规支路横断面形式二为四块板,有机动车道、人行道,有中央分隔带,有机非分隔带;
现状支路横断面形式为一块板,无非机动车道,无中央分隔带。

公共交通

公交场站

★公交场站位置
控规公交场站位置

★公交场站位置
现状公交场站位置

现状公交场站不足,由于三期产业园区待建,公交场站建设未完成。

公交线路

━━ 公交路线
现状公交路网

控规无公交线路网密度要求;
规范要求市中心区规划的公共交通线路网密度应达到3—4km/km²;在城市边缘地区应达到2—2.5km /km²;
《城市道路交通规划设计规范》GB 50220-95)
现状公共交通线路网密度为30.6/4.70=6.51km/km²,指标满足。

公交站点

现状公交站点300米服务半径

现状公交站点500米服务半径

控规无公交站点服务半径覆盖率要求;
规范要求公共交通车站服务面积,以300m半径计算,不得小于城市用地面积的50%;以500m半径计算,不得小于城市用地面积的90%。
《城市道路交通规划设计规范》GB 50220—95)

轨道交通线路与站点

M9线
L6线
R2线
M16线
控规修建轨道交通线路

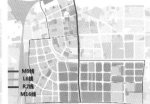
M9线
L6线
R2线
M16线
现状轨道交通线路

控规指标包括4条轨道线路,现状仅存在M9线;
控规无轨道线路网密度指标;
计算控规轨道交通线路网密度为(1.6+2.1+1.6+3.6)/4.7=1.89km/km²,现状轨道交通线路网密度仅为2.1/4.7=0.45km/km²。

公共停车

公共停车场

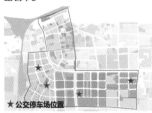
★公交停车场位置
控规公共停车场位置

★公交停车场位置
现状公共停车场位置

控规要求一、二期产业园区修建两处地下公共停车场,三期产业园区修建两处公共停车楼,现状均未建成;
区域仅一处小型公共停车场,有150停车泊位,停车率82%。

路侧停车

邻枫街

丰科西路

中环西路

四合庄二号路

北京市控制性详细规划评估研究——以丰台科技园东区为例
EVALUATION OF REGULATORY DETAILED PLANNING —— A CASE STUDY OF THE EAST DISTRICT OF FENGTAI SCIENCE AND TECHNOLOGY PARK

综合交通系统

公共停车

路侧停车

百强大道　　　　　　　　　　　　　　　　锦丰路

道路一块板，无渠化，机非混行，交通秩序乱；公交车多，路段通行能力低；无非机动车道，人行道被非法停车占用。

慢行交通

人行道及非机动车道

新华街　　　　　　　　　　　　　　　　丰台南路地铁站旁

道路渠化差，组织差；自行车停放混乱，占用人行道及非机动车道；共享单车大面积聚集。

公共自行车租赁点

丰台科技园地铁站旁　　　　　　　　　　　五圈路

电动车、共享单车停放混乱，占用人行道、非机动车道、机动车道。

控规租赁点位置　　　　　　　　　　　　　现状租赁点位置

通过对比控规与现状租赁点位置分布，得出现状租赁点不足。
其中控规中心租赁点 7 个，普通租赁点 22 个；现状中心租赁点 3 个，普通租赁点 14 个。

交通拥堵问题

富丰桥、看丹桥交叉口之间西四环南路辅路

路段及交叉口通行能力不足；
无机非分隔设施，机非混行；
交通量大，有大量公交车，占用非机动车道，非机动车道功能丧失，公交停靠加剧拥堵；
看丹桥交叉口北行车辆排队过长，延伸至富丰桥；
信号配时不合理，拥堵仅发生在南向北方向，其他方向正常。

总结建议

道路路网：区域支路与控规指标差距较大，基本未设置非机动车道；一期生活区道路渠化组织差，无隔离措施；
公共交通：区域地面公交线路网密度大，站点服务面积覆盖率大，超过控规指标；区域轨道交通线路不足，未达成控规指标；
公共停车：区域公共停车场少，停车泊位不足，路侧停车泊位基本停满，存在违法停车，建议规划新停车设施；
慢行交通：一期生活区人行道不安全、不连续，建议清除障碍物；共享单车停放混乱，建议合理规划停放点；
拥堵路段及交叉口：西四环南路辅路、科技大道部分路段交通量大，沿线交叉口压力大，建议采取车辆引导、智能控制等改善交通拥堵问题。

职住需求研判

就业岗位研判

丰台产业园区东区现提供岗位数量共计 173869 人，伴随着园区三期的开发，预计将增加约 8 万 3 千个工作岗位。

就业人口构成现状

各年龄层占比　　各学历占比　　京籍职工占比　　长期职工占比

园区现状就业人口 30 岁以下占比近 40%，该年龄层对公寓、宿舍需求量较高；高端人口（本科及以上学历）占比 46%；京籍职工占比 39%，长期职工（签订了一年以上合同的员工）占比 73%。

居住需求研判

政策性住房——人才公租房供给现状
现实行政策有《中关村科技园区丰台园人才公共租赁住房暂行管理办法》，主要供给对象为企业高管人员，以及科技研究人员，现已进行至第三期，供给数近 500 套。

配套人才公寓——《中关村科技园丰台园东区三期规划方案》
高端公寓：市场化开发
协调园区的空间布局和开发时序，在地区双中心的标志性高点建筑顶部兼容 20% 的服务公寓，总量规模控制在 4~5 万平方米左右，满足园区高端商务人士的短期居住需求。现状五圈路路北诺德中心已完成，路南未开发。
普通人才公寓：管委会提供
两处用地占地约 5.89 公顷，建筑规模控制在 14.7 万平方米左右，按照人均 30~40 平方米核算，居住人口约为 5000 人，占三期就业人口的 6% 左右。现状未开发。

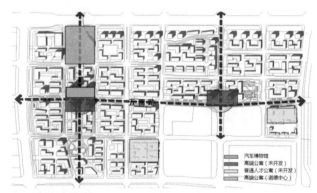

汽车博物馆
高端公寓（未开发）
普通人才公寓（未开发）
高端公寓（诺德中心）

街区内社区住房量统计

	序号	社区名称	管辖户数	常住人口	公寓占比
新村街道	01	育仁里社区	—	5600	
	02	科一社区	3132	6996	
	03	科二社区	—	8330	
	04	韩一社区	—	18	
	05	韩二社区	—	6899	
	小计		3132	27843	
	序号	社区名称	管辖户数	常住人口	公寓占比
丰台街道	01	向阳社区	1553	4628	
	02	新华街北社区	3276	10592	
	03	新华街南社区	2377	7075	
	04	建国街社区	1966	7710	
	小计		9172	30005	
	序号	社区名称	管辖户数	常住人口	公寓占比
丰台街道	01	四合欣园社区	—	—	
	02	天兴家园社区	—	—	
	小计		—	—	
合计			12304	57848	

对园区内各行业员工抽样填写调查问卷，通过数据统计，总结园区居住需求。

居住需求分析

居住情况　　　　通勤时长　　　　政策性住房需求

被调职工中住宿舍及租房住的职工占比 64%；通勤时长 60 分钟以上的占比 26%；政策性住房的需求集中在公租房以及园区统一宿舍，占比 55%。

北京市控制性详细规划评估研究——以丰台科技园东区为例
EVALUATION OF REGULATORY DETAILED PLANNING——A CASE STUDY OF THE EAST DISTRICT OF FENGTAI SCIENCE AND TECHNOLOGY PARK

公共服务设施需求研判

公服设施分布现状

园区层面

科技园区内公共服务设施情况表（总）			
类别		数量（个）	估算建筑规模（㎡/处）
行政办公管理		1	
商业配套设施	商业	餐饮 36	商店：50~100 地下美食广场：1000~3000
		零售商业（超市/便利店）37	100~300
		购物商场（购物中心）1	
		企业服务（打印店等）14	30~50
	商务金融	银行（保险/证券）23	
		酒店 16	
	休闲	咖啡厅 12	
		酒吧 6	
		图书馆、书店 1	
教育配套设施		0	
文化体育设施	体育场地 4		
	展览馆/文化馆 1		
医疗设施	医院 3		
	诊所 7		
	药店 6	100
市政供应设施	供电设施 变电站 1		
	燃气设施 燃气调压站 1		
	环境设施 垃圾收集站 1		

公共服务设施分布现状——园区

丰台科技园区行政管理办公设施如科技园管委会、科技园审判区、科技园区派出所，均建设在外环西路西侧的生产防护绿带中。根据管委会提供的资料，丰台科技园区现有机关处室10个，事业单位5家，办公场所4处，现有办公空间面积2810平方米。

商业配套设施主要集中分布于一、二期，除万达广场这一大型商业广场外，其余商业配套设施大部分依据市场需求自发形成，有一定集聚效应。

园区内现无现状教育配套设施；文化体育设施除一市级文化中心——汽车博物馆外，另有4处室外体育设施；市政供应设施变电站、燃气调压站、垃圾收集站各一处；现状医疗设施有3家医院，7家诊所，6处药店。

公服配套设施评估标准——园区

公益性公服配套设施评判标准依据《科技产业园区配套设施规划研究》《丰台科技园东三期控规深化设计》中关于公共服务配套设施的研究，核算出三期规划商业、行政办公等设施的万人指标，用于丰台一期、二期现状公共服务配套设施的评估。

丰台科技园三期企业人口9.5万，一期和二期约5.9万人。

类型	建筑规模（㎡）	规划布局	备注	万人指标（㎡/万人）
一站式服务大厅	5000		六所（工商所、财政、国税、地税、审计事务所、统计所）	500
综合办公楼	10000		管委会办公服务、园区机关和指数事业单位	1000
街坊中心1	10000	合幼儿园一处建筑面积2000平方米，含网购自提点，建筑面积150平方米	包括：超市、便利店、餐饮、银行、药店等功能	1000~3000
街坊中心2（商服大楼）	30000	含网购自提点，建筑面积150平方米	结合地下空间以餐饮娱乐为主，其他商业用途	1000~3000
垃圾收集站	≥80	设置一定宽度的绿化带，服务半径为800米	综合整个园区，居住类建筑按照人均每天生活垃圾产生量1公斤/人日计算，公建类建筑按照人均生活垃圾产生量0.29公斤/人，园区就业岗位约15.4万人，园区人口2.7万人，预计园区日产生活垃圾量约71.6吨/日	《城镇环境卫生设施设置标准》CJJ 27-2012
公共厕所	≥80（80~170）			根据《城市公共厕所规划和设计标准》
自行车租赁点	1800	按300米服务半径布置	可结合公共停车点，规范自行车布置	
能源站			地下二层建设	
公交站场				

公服配套设施评估标准——街区

街区层面

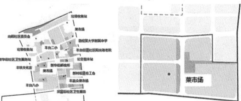

街区级别公共服务配套设施核算标准依据《北京市居住公共服务设施配置指标》、《北京市居住公共服务设施配置指标实施意见》（京政发[2015]7号）》

街区级别公共服务设施标京政发[2015]7号文标准							
类型	层级	名称	千人指标		最小规模/一般规模		服务规模
			建筑规模（㎡/千人）	用地规模（㎡/千人）	建筑面积（㎡/每处）	用地面积（㎡/每处）	
社区综合管理服务	C	社区服务中心	20~30		1000		每个街道一处
		街道办事处	30~40	50	1200~1500		每个街道一处
	C	派出所	30~40	36~50	1200~1500	1500~1800	3-5万人
		室内体育设施	100		700~1000		0.7~1万人
		社区文化设施	100		700~1000		0.7~1万人
		机构养老设施	200~400	160~480			1.26万人
		残疾人康养所	30~50	20~60			3万人
交通	C	公交首末站	40	280	300		0.7万人
	C	邮政所	20		200	2000	1-1.2万人
		邮政支局	30		1200		5万人
市政公用		固定通信汇聚机房			400		2万户
		移动通信机房			200		2万户
		有线电视机房			400		2-3万户
		开闭所				300	50万平米
		密闭式垃圾收集站			250~280	1000~1200	1~2万人
教育	C	小学	423~463	536~596			1.14-2.29万人
	C	初中	351~351	351~402			3.43-5.71万人
	C	高中	228~246	334~382			9.4-8.1万人
医疗卫生	C	社区卫生服务中心	60	75	3000		3-5万人
		社区卫生监督所	5				2-5万人
商业服务	C	菜市场	50		1000~1500		2-5万人

社区层面

科一科二公服设施主要为警务工作站、城管监察站等社区综合管理服务机构；幼儿园、卫生服务站、及回收站、修车等便民服务点。育仁里社区公服设施较少，主要为社区服务站，药店，小超市等。

公共服务设施分布现状——社区

公服配套设施评估标准——社区

社区级别公共服务配套设施核算标准依据《北京市居住公共服务设施配置指标》、《北京市居住公共服务设施配置指标实施意见》（京政发[2015]7号）》

社区级别公共服务设施标京政发[2015]7号文指标							
类型	层级	名称	千人指标		最小规模/一般规模		服务规模（万人/处）（万㎡/每处）
			建筑规模（㎡/千人）	用地规模（㎡/千人）	建筑面积（㎡/处）	用地面积（㎡/千人）	
社区综合管理服务设施	B	托老所	90	130	800		0.7~1万人
		老年活动场站	20~25	25	200~250		0.7~1万人
		社区管理服务用房	50		350		1000~3000户
		社区综合服务中心			200~250		0.7~1万人
市政公用	B	锅炉房			40㎡/万㎡		10-26万平米
					140㎡/万㎡		50-100万平米
		固定通信机房			50~70		1000~5000户
		室内一体化基站			30~70		
		有线电视机房			30~50		1000~5000户
					70		0.5-0.7万人
教育	B	幼儿园	239~258	350~375			
医疗卫生	B	社区卫生服务站	24				0.7~2万人
商业服务	B	再生资源回收站	5				1000~1500户
		其他商业服务设施	535~625				3-6万人

北京市控制性详细规划评估研究——以丰台科技园东区为例
EVALUATION OF REGULATORY DETAILED PLANNING——A CASE STUDY OF THE EAST DISTRICT OF FENGTAI SCIENCE AND TECHNOLOGY PARK

公共服务设施评估结论和建议

评估结论

园区

现状园区内无教育配套设施,公共服务设施基本以底商形式的商业服务为主,且多集中分布于一期、二期,一期、二期公共服务设施数量较多且种类较满足园区需求,但分布分散,未能统筹集约;三期内现有万达广场及汽车博物馆两处大型公共服务设施。

社区

科一科二社区公服设施主要为警务工作站、城管监察站等社区综合管理服务机构;幼儿园、卫生服务站及回收站、修车等便民服务点;商业服务设施相对较多,现状3个幼儿园(服务半径300m)基本满足需求,依据《北京市人民政府关于印发〈北京市居住公共服务设施配置指标〉》和《北京市居住公共服务设施配置指标实施意见》的通知(京政发[2015]7号)规定指标对比缺乏托老所、公厕。

育仁里社区公服设施较少,主要为社区服务站、药店、小超市等。公共服务配套设施与《北京市人民政府关于印发〈北京市居住公共服务设施配置指标〉》和《北京市居住公共服务设施配置指标实施意见》的通知(京政发[2015]7号)相比对缺乏:幼儿园、再生资源回收站、公共厕所。

街区

北部11街区现状街区级公共服务设施主要以教育、社区综合管理服务设施为主,另有一处公交首末站。校核11街区公服设施与《北京市人民政府关于印发〈北京市居住公共服务设施配置指标〉》和《北京市居住公共服务设施配置指标实施意见》的通知(京政发[2015]7号)标准,现状缺乏:街道办事处、市政公用机房、社区卫生监督所。南部街区现状公服设施较少,对标需补充设施。

设施新增建议——园区

新增公共服务设施示意

现状一期、二期公共服务设施数量较多且种类较满足园区需求,但分布分散,未能统筹集约;
根据一、二期就业人口校核园区公服配套评估标准指标表,新增设施包括:
综合办公楼、邻里中心站——各2处;
一站式服务大厅——1处;
公交站——4处;
垃圾收集站——2处、公共厕所——3处;
能源站——1处。

新增公共服务设施示意

根据配套标准新增邻里中心站、服务大厅等管理、服务类;新增自行车租赁、垃圾收集站、能源站等市政设施,同时建议新增市场类如星级酒店。

设施新增建议——社区

社区级公共服务设施新增主要依据《北京市人民政府关于印发〈北京市居住公共服务设施配置指标〉》和《北京市居住公共服务设施配置指标实施意见》的通知(京政发[2015]7号),同时参考居民对于现状公服设施需求情况,新增:

科一科二社区:公共厕所三处;老年活动场站一处,托老所一处。
育仁里社区:幼儿园一处;再生资源回收站一处,公共厕所两处。

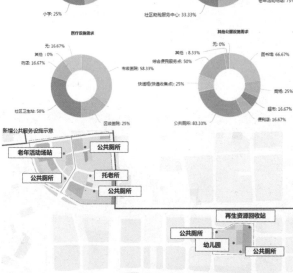

新增公共服务设施示意

设施新增建议——街区

1511街区

新增公共服务设施示意

	1511街区	
	独立占地	小区配套
社区综合管理服务设施	机构养老设施一处	室内体育设施一处
		社区文化设施两处
		街道办事处一处
交通	符合标准	无
市政公用	符合标准	开闭所三处
教育	符合标准	
医疗卫生	无	社区卫生监督所一处
		残疾人托养所一处

1516街区

新增公共服务设施示意

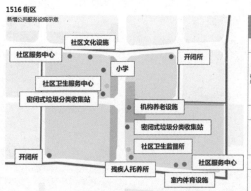

	1516街区部分	
	独立占地	小区配套
社区综合管理服务设施	机构养老设施一处	室内体育设施一处
		社区文化设施一处
		社区服务中心两处
交通		无
市政公用	密闭式垃圾分类收集站两处	开闭所两处
教育	小学一处	
医疗卫生	社区卫生服务中心一处	社区卫生监督所一处
		残疾人托养所一处

指导教师：魏 伟 谢 波

武汉大学

中

倾听一派"湖言" 体味自然之理——东湖绿心雁中咀村湾改造规划

雁说新语 基于城市文化需求的生态村落营造

/洪梦谣 朱恺易 张 睿 何思源 刘 畅 曾 源 张 婧 赵丽丽 俞依凡 熊 耀

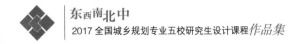

课程介绍

课程名称：人居环境科学理论与实践 (Theory of Sciences and Human Settlements)

授课教师：魏伟（教授）

教授年级：城市规划学研究生一年级

课程性质：硕士学科通开课

课程内容：第一讲　100个世界典型人居空间分析目的和要求：掌握全球典型人居空间的类型、演化脉络，能分析人居空间的特征、肌理。

第二讲　200篇中外经典人居环境科学文献导读目的和要求：掌握人居科学发展的原因和理论渊源；熟悉学术思想发展的历程和发展的趋势；了解中国在人居科学上的发展现状。

第三讲　联合国人居署人居大会（一、二、三）宪章、议程、文献及案例目的和要求：熟悉国外不同时期人居科学相关的规划理论和研究侧重点；理解国外建设实例如何体现人居科学理论。

第四讲　人居环境科学基础理论导读目的和要求：掌握"人居环境"、"人居环境科学"含义；熟悉人居科学学科特征；理解人居科学理论"五大原则"、"五大要素"、"五大层次"以及"五大统筹"；理解人居科学基本研究框架的深层含义和逻辑关系。

第五讲　人居环境科学技术与方法目的和要求：通过技术方法研读，加深对人居科学理论的理解，掌握与人居科学理论相关经典方法和最新技术。

第六讲　人居环境科学最新理论及方法探索——"城市人"理论目的和要求：掌握"城市人"理论，能应用该理论的方法技术开展空间规划研究。

课程任务：完成《"东湖绿心"改造方案竞赛项目》，将理论与实践相结合

"东湖绿心" 改造方案竞赛项目
"EAST LAKE GREEN CENTER" PLANNING COMPETITION

选题与任务书

项目名称

雁中咀规划改造方案征集。

基地条件

雁中咀位于东湖风景区东北片，为临湖半岛，自然条件较好，基地西侧紧邻落雁路及东湖绿道郊野道。基地总规划面积约为 24.22 公顷，现状建筑规模约 10.56 万平方米（详见附图）。湖面平均水位为 19.65 米，历年实测最高水位为 20.06 米。

2016 年 12 月 28 日，全长 28.7 千米的东湖绿道一期工程全线建成开放，全面提升了东湖风景区活力和市民生活品质，取得了良好的社会反响。2017 年 1 月 22 日，中国共产党武汉市第十三次代表大会上，时任武汉市委书记陈一新代表武汉市第十二届委员会作报告，正式提出拼搏赶超，开启新征程，建设现代化、国际化、生态化大武汉，规划建设东湖城市生态绿心，传承楚风汉韵，打造世界级城中湖典范；建成百里东湖绿道，努力构建串联主城和新城的绿道网络。

规划定位

东湖绿心规划将以东湖作为武汉市生态绿城建设的切入点，继续推进绿道建设，开展生态治理，提升东湖风景区旅游功能及周边地区产业功能，分类推进 "百湖" 规划建设升级，做好水文章，勾画出江湖相济、湖网相连、人水相依的美丽画卷，努力将武汉打造成为国内外知名滨水生态绿城，东湖城市生态绿心建设成为 "城市生态之心、城市人文之心、城市融合之心"，实现东湖世界级城中湖典范的目标。

1. 什么是世界级城市绿心的核心要素？

可结合世界级城市绿心的案例研究，提出世界级城市绿心的标准及核心组成要素，并可基于东湖绿心的发展现状，分析东湖绿心打造世界级绿心的优势与劣势、机遇与挑战，寻找突破口，提出相应的规划对策。

2. 东湖如何在文化旅游和功能策划实现突破？

可以着重选取文化内涵挖掘、旅游项目策划、产业功能植入和旅游路径设置四个方面提出规划建议。

3. 未来东湖的交通组织模式是什么样的？

从外部交通疏解、内部交通组织、公共交通组织等方面提出未来交通组织创意和规划亮点。

设计要求

1. 对基地现状进行综合分析，结合湖岸生态修复，策划文化品牌及若干特色化项目。包括且不限于对武汉及文化和产业发展的现状解析、国内外相关案例的发展经验和模式借鉴、文化旅游规划体系、整体产业功能定位及产业类型、文化和产业发展空间落位，及若干个策划项目的具体思路。提出适宜的改造模式。

2. 深度挖掘基地现状特色，结合半岛区域的空间特点，充分利用岸线景观资源，通过景中村整治改造，策划合适的功能和活动场地，激活区域活力。

3. 结合民居改造、生态种植、驿站建筑、景观小品、场地标识、环卫照明、铺装材料等景观塑造，探索滨湖生态和景观创造性修复方案，塑造独具特色的村落景观。结合用地，合理设置功能内容与组织空间布局。

4. 根据策划内容，明确各类建筑功能的指标体系。

5. 根据整体定位，合理提出交通需求，整体考虑交通流线组织，关注对内对外交通的衔接、绿道与机动车交通的接驳、交通集散与停放等问题。

6. 现状建筑以保留改造、功能置换为主，局部可结合设计理念新建相关建筑，新建建筑应距离湖岸线 50 米，且建筑高度不超过 10 米。总体建筑规模控制在 4 万—6 万平方米。

设计成果提交形式

本次竞赛成果文件以电子文档形式提交，不接受任何纸质文件。成果文件应以压缩包 (.zip/.rar) 的形式提交至官方指定邮箱 zhongguiwh@163.com。

压缩包文件名称应为 "竞赛成果 + 团队编号"，提交作品的文件夹里须附有一个竞赛说明文本 (.txt/.doc)，内容包含参赛者姓名（团队需注明队长）、作品名称及 500 字以内设计说明。

1. 提交成果的电子版。包括方案总平面设计、总体设计效果及意向、空间结构及功能分区、交通组织设计、局部详细设计、雕塑小品设计等内容。

2. 提供主要图纸的可编辑文件。文本为 doc 格式文件，主要图纸为 dwg 格式文件（总平面图、建筑平面布置图），效果图为 jpg 格式文件，三维模型文件为 Sketchup 或 3dmax 等文件。

时间节点

分两个阶段：第一阶段各设计团队（个人）成果完成后于 9 月 30 日 18：00 前（时间暂定）将成果以线上方式提交至主办方，由主办方组织专家评审会议，确定入围团队（个人）。第二阶段，入围团队（个人）进行线下完善工作，并于 10 月 31 日 18：00 前（时间暂定）将成果提交至主办方。最终由主办方组织专家评审会议确定最终奖项。

指导老师：魏　伟（教授）

谢　波（副教授）

参赛同学：洪梦谣　朱恺易

张　睿　何思源

刘　畅　曾　源

张　婧　赵丽丽

俞依凡　熊　耀

倾听一派"湖言" 体味自然之理——东湖绿心雁中咀村湾改造规划
LISTEN TO THE "LAKE TALK" AND SAVOUR THE NATURAL REASON —— TRANSFORMATION PLANNING OF TSUI CUN WAN

项目背景

武汉市第十三次党代会明确提出规划建设东湖城市生态绿心，传承楚风汉韵，打造世界级城中湖典范。东湖风景区内现存有大量景中村，制定良好的景中村改造计划是东湖绿心发展的关键。根据规划总体布局，景中村改造应以现状产业为基础，重点发展应对未来需求的创新产业经济，充分考虑本地居民的生产生活方式，植入新兴绿色产业，通过产业转型带动区域发展。

根据《东湖风景名胜区总体规划（2010—2025年）》，落雁景区属于自然景观保护区和风景恢复区，属二类保护区，其主要功能为田园观光和特色乡村度假，为本次规划方向做出指引。

本次详细规划项目用地位于东湖落雁景区落雁岛内，位于东湖雁中咀，地处东湖风景区东北片，为临湖半岛，自然条件较好，用地西侧紧邻落雁路及东湖绿道郊野道。区域绿道体系已形成，整体自然水文条件优越、发展潜力较大。

项目区位

落雁景区是东湖生态旅游风景区的三大景区之一，其规划面积10.24平方公里，其中陆地6.17平方公里，水域4.07平方公里，景区内水陆相连，生物资源十分丰富，素有"九十九湾咀"之说。本次详细规划项目用地位于东湖落雁景区落雁岛内，位于雁中咀，地处东湖风景区东北片，为临湖半岛，自然条件较好，用地西侧紧邻落雁路及东湖绿道郊野道。区域绿道体系形成，整体自然水文条件优越、发展潜力较大。基地总规划面积约为24.22公顷，现状建筑规模约10.56万平方米。

宏观区位

东湖风景名胜区范围，东至武广铁路，西至东湖路，北边以筲箕湖以北地区及中北路延长线为界，南边界至老武黄公路、喻家山、南望山一线山脉南麓区域，总用地面积约62平方公里。拥有层次丰富的景观资源和以荆楚文化为核心的历史人文资源。风景区内现存大量的景中村，自然村湾景观价值较大且发展空间潜力巨大。

中观区位

落雁景区位于武汉市东湖生态旅游风景区新武东，占地面积10.24平方公里，落雁景区与磨山景区隔湖相望，占地面积10.24平方公里，其中水域面积4.29平方公里，湖面广阔，湖岸曲折。落雁景区是获得2000年国家旅游国债资金支持的旅游开发投资项目，拟在本景区建设珍稀古树名木园、草滩浴场、仿古游船(中西兼有)等十余处景点。

微观区位

雁中咀位于东湖风景区东北片，为临湖半岛，自然条件较好，基地西侧紧邻落雁路及东湖绿道郊野道。基地总规划面积约为24.22公顷，现状建筑规模约10.56万平方米（详见附图）。湖面平均水位为19.65米，历年实测最高水位为20.06米。该园植被茂盛、风动林涛、港汊交错、水鸟众多，东湖风景区得天独厚的自然风光造就了它秀美的生态环境和景观，区域水网发达、水资源条件优越、自然村湾景观特色显著。

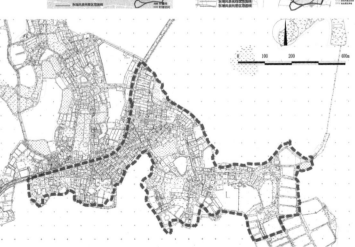

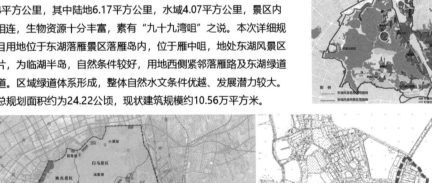

湖言 倾听一派"湖言" 体味自然之理——东湖绿心雁中咀村湾改造规划
LISTEN TO THE "LAKE TALK" AND SAVOUR THE NATURAL REASON——TRANSFORMATION PLANNING OF TSUI CUN WAN

上位规划解读

《东湖风景名胜区总体规划(2010—2025年)》

风景资源

景区	景源级别	景源名称	数量	合计
落雁景区	一级景源	落雁岛	1	10
	二级景源	鸟岛、雁落坪	2	
	三级景源	清河桥、古树林、团湖	3	
	四级景源	化蝶并蒂、鸳鸯合欢、龙舟码头、芦洲古渡	4	

东湖风景名胜区风景资源分级评价表

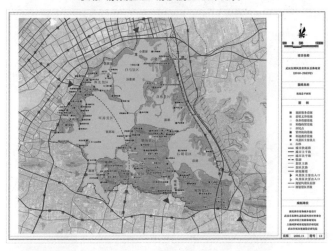

景区规划

规划将东湖风景名胜区划分为五大功能区域:

(1)风景游览区域:包括落雁景区、后湖景区、喻家山景区的大部分地区,以游览、观赏为主要活动内容,可结合游览安排适当的参与性的旅游活动。

(2)休闲活动区域:以听涛景区、渔光景区和白马景区为主,开展各类休闲娱乐活动,配置少量服务设施建设。

(3)自然景观区域:包括风景名胜区内的山体和沼泽湿地,主要职能为通过对生态环境与景观的保护,营造赏心悦目、生态良好游憩空间。

(4)旅游服务区域:主要有八处,分布于各个景区,为风景名胜区旅游服务设施集中分布的区域。

(5)东湖水域:是东湖风景名胜区的灵魂,以提供湖泊观光、水上运动等为主要活动内容。

劳作体验游览线:磨山景区(农家乐一条街)—曲桥新荷—落雁景区(湖光农舍)。

大类	中类	景源名称	景点数量	景物数量
自然景源	天景	先月亭(月色)、烟浪亭(日出)	2	2
	地景	曲陵、落雁岛、滨湖石、湖中埂(嵌水平台、跳蹦)、团坞双堤、封郫山	6	6
	水景	小童园、汤菱湖、郭河湖、团湖、庙湖、后湖	6	0
	生景	古树林、鸟岛(栈道观鸟、晚趣)、水杉林、古树名木园	4	2
人文景源	园景	楚人狂欢岛(儿童乐园)、菊园、听涛轩(柳浪渡)、楚才园(南国诗思思)、沙才园(南园诗思)、蔓子寨、长天楼(落雁大观)、瀛海园圃、小梅岭(陶铸绿、多景台)、苦柏园(隐君戏法)、杜鹃园、金鹭园、荷花园(水生池)、梅森、竹美园、樱花园、武汉植物园、茶园、紫藤园、抱朴(德德堂)、雕塑园林	19	11
	建筑	行吟阁(水云乡、沧浪亭)、屈原纪念馆、湖光阁、澜月桥、梦城、楚天阁(国际)、龙舟码头(水上栈道)、翠柳蕴道路(友谊林)、瀑河桥、凤凰堡(抱冰堂、鸿林阁)、梧桐台(大楚村)、波罗园、雷霸娱城	14	8
	胜迹	九女地(可歌寨)、鲁迅广场、安王冢、离骚楼、楚辞轩、祝融观星台、芦洲古渡(素轩戏武)、雁落坪(赵氏花园)、鹊桥悠悠	8	4
	风物	白马洲、朱碑亭(千帆竟、清渡)、东湖赏梅梅岭一号、化蝶并蒂、鸳鸯合欢、刘备邓天台(草庐石刻)	6	3
总计			65	32
			97	

区域现状分析

政策优势

区位优势+景观优势 **文化优势**

国家重视文化产业相关建设,提倡增强文化自觉和文化自信,打造文化强国。这体现了建设历史文化主题公园的必要性。

东湖作为全国最大的城中湖,雁中咀作为东湖湖心岛,优势明显,沿湖景观性良好,为建设历史文化主题公园提供了必然性。

武汉作为国家级历史文化名城,历史文化资源丰富,文化底蕴深厚。这为历史文化主题公园的实现提供了可能性。

要素提炼

01 敬水	02 驭水	03 防水	04 尚水
【 起源 】	【 发展 】	【 起伏 】	【 融合 】
临水建城	因水优城	用水防水	品水优城
滨水区最初呈现一种自发的发展态势,形成农渔生产与城市生活混合的空间形态。	依托便捷的水运优势,形成商贸城市和通商口岸,城市依托滨水区发展兴盛。	工业生产、交通运输功能强化;同时,工业废水导致滨水空间品质下降,甚至废弃。	江河湖泊保护意识增强,更加强调游憩功能、生态功能与文化功能等。

临水建城时期水生态环境稳定:这一时期,人水和谐共生;

因水优城时期水环境保持平衡:人类活动对水环境造成的影响尚未超过水的自净能力;

用水防水时期水环境平衡破坏:人类过分追求经济效益使水环境的自身平衡遭到破坏;

品水优水时期重新建立"人水城"和谐:人类需要通过努力重新达到社会、经济、水环境效益的平衡与统一。

发展策略

新形象	新功能	新格局
保护水系资源 打造核心景点	产业转型 产业升级	水文化体验地 东湖旅游新地
优生态 生态修复	强功能 功能策划	树格局 空间优化
平衡生态保护与城市开发	功能合理性与激发区域活力	理念前瞻性与成果可实施性
● 结合湖岸生态修复	● 功能置换与改造	● 借鉴国际先进设计理念与模式
● 利用岸线景观资源	● 产业选择与定位	● 结合半岛区域空间特色
● 景中村整治改造		● 结合自然人文环境

湖言 倾听一派"湖言" 体味自然之理——东湖绿心雁中咀村湾改造规划
LISTEN TO THE "LAKE TALK" AND SAVOUR THE NATURAL REASON—TRANSFORMATION PLANNING OF TSUI CUN WAN

基地现状分析

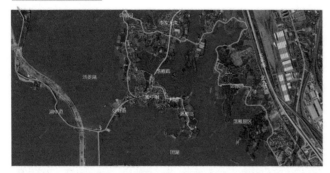

项目用地位于东湖落雁景区落雁岛内，区域现状建设情况芜杂，以农村宅基地为主，景村产业主要是农业和水产养殖。用地临城市道路落雁路，是区域与外部交通联系的唯一城市道路。区域绿道体系已形成，整体自然水文条件优越、发展潜力较大。

现状建设情况

规划范围内现状建设用地主要为湖光村农民集体所有，以村民宅基地为主。

现状景观资源

用地位于东湖风景区内部腹地，为半岛景观区。区域水网发达、水资源条件优越、自然村湾景观特色显著。

现状交通组织

用地内部有一条宽约3米的村道与落雁路相接。

现状产业资源

规划范围内现状产业以第一产业为主，有少量第三产业。第一产业主要有农耕和水产养殖，现状有一些耕地抛荒现象；第三产业多为以农家乐为主要形式的餐饮业。

湘言 倾听一派"湖言" 体味自然之理——东湖绿心雁中咀村湾改造规划

LISTEN TO THE "LAKE TALK" AND SAVOUR THE NATURAL REASON——TRANSFORMATION PLANNING OF TSUI CUN WAN

案例分析——重庆渝中半岛城市设计

借鉴:充分挖掘区域资源特色,找准发展定位,建立城市中心点,为区域创造一个独特的新形象。

基地现状

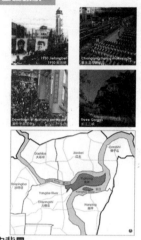

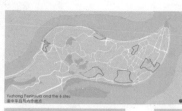

历史背景

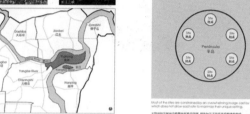

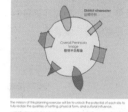

地形城市

研究范围

设计方案

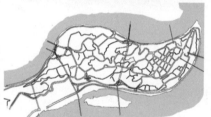

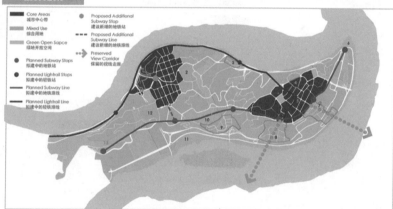

渝中区,位于长江上游地区、重庆大都市区,属重庆主城九区之一。地处在长江、嘉陵江交汇地带,由于两江环抱,形似半岛,又名渝中半岛。

渝中区作为重庆市政治、经济、文化以及商贸流通中心,别称"山城"、"江城",巴渝文化、抗战文化以及红岩精神在此发源。

被西面的通远门和东面的小什子包围的解放碑城市中心区是重庆原有的,新上清寺城市中心区位于半岛西部。该中心区与解放碑城市中心区的城市结构在地块面积及规划上有明显的分别。半岛的南部已被编成绿色住宅区,拥有不同特色的邻里将会沿着地铁线路发展。黄花园桥头的一个地区将被发展成为渝中都市区域。

城市设计构想

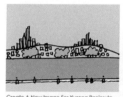

Create A New Image For Yuzong Peninsula
创造一个渝中新形象

Strengthen And Establish Urban Cores
增加及建立城市中心点

Strengthen The Character Of Place
增加地方独特

Open More Public Access To The River
开放往江滨的公共通道

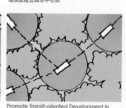

Promote Transit-oriented Development In New Neighborhoods
于新推广交通连接发展概念

Establish Better Circulation Hierarchy and Improved Connections
轻铁循环组织层次

湘言 倾听一派"湖言" 体味自然之理——东湖绿心雁中咀村湾改造规划
LISTEN TO THE "LAKE TALK" AND SAVOUR THE NATURAL REASON——TRANSFORMATION PLANNING OF TSUI CUN WAN

案例分析——三亚·海棠湾概念性总体规划

借鉴：根据雁中咀自身资源特点进行以生态为核心的设计，尽量维持自然状态进行限制性开发，提供游人亲近自然、亲水的活动平台。根据岸线自然特点布置相应内容和处理方式，将沿湖岸线利用与纵身腹地保护、开发有机结合。

背景研究

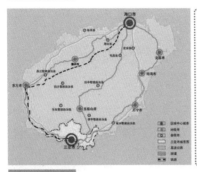

①世界上热带海洋旅游资源最为密集的地区之一
②位处东南亚的中心位置
③中国最南端，是中国唯一热带滨海旅游城市
④位于海南岛最南端，海南南部中心城市、经济文化中心和对外贸易中心
⑤海南省第二发展极

现状分析

海拔

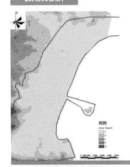

规划区域及周边地势高差较大在550米左右。
如图：地势越高，敏感程度越高。

坡度

规划区域内坡度较平缓，周边山地坡度较陡。
如图：坡度越大，敏感程度越高。

交通廊道

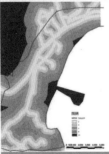

道路的等级越高、交通流量越大，其对生态环境的影响也就越大，生态敏感性也就越低。
如图：敏感度与道路的距离越近越低。

土地利用

不同的土地利用方式其自然属性不同，如动植物资源、土壤资源、水资源等，对于生态保护的贡献程度不同；从而形成了不同的敏感程度。

概念初想

空间布局模式

分散型

集中型

组团型

生态保护模式

肌理型

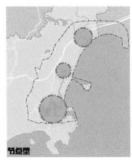
节点型

轴线型

空间形态方案

圣核城

带型城

倾听一派"湖言" 休味自然之理——东湖绿心雁中咀村湾改造规划
LISTEN TO THE "LAKE TALK" AND SAVOUR THE NATURAL REASON——TRANSFORMATION PLANNING OF TSUI CUN WAN

规划策略

规划定位

【城中岛 湖心园 观古今 品未来】
千年湖无言 汤汤自成语
以武汉水文化为主线，有机融合各时期人们与水的关系演变
打造休闲体验与游乐项目于一体的主题公园

Planning and positioning land function, use (target)
规划定位·用地功能·费用表（目标）

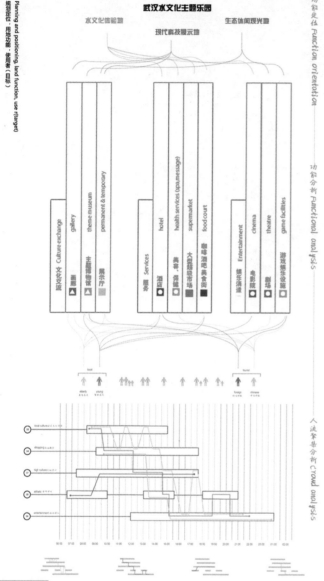

功能定位 Function orientation

Design a new grid system for slow space
为慢行交通设计的新系统

功能分析 Functional analysis

人流聚集分析 crowd analysis

规划理念

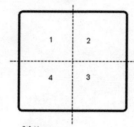

划分场地
为方便访问
Divide into 4 Lots
For Easy Access

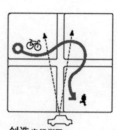

创造步行街区
为开放入口和视觉安全
Create Walkable Blocks
For Open Access and Visual Security

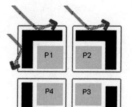

集群发展
为促进社区分期发展与自然
Cluster Development
To Protect from Winds and Foster Community

随时间进程扩大发展
Expand Development Over Time

连系各社区
Connect Communities

链接区域扩张与生态走廊
Link Expansion with Ecology Corridor

打造一个适宜慢行的湖心公园——通过布置串联区域整体的绿道实现一个适合慢行交通的小尺度空间，区域内仅保留原有的一条对外联系的车行干道，减少快速交通对区域整体环境的影响。创造一座体验丰富的游乐乐土——通过布置以水为主线的活动场所及室外娱乐设施使区域更具吸引力。区域内布置了诸如观景台、趣味广场、生态沙地、现代科技展览馆、大型综合会馆等丰富多样的构筑物及公共空间，加强了区域整体的趣味性。营造一处水天一色的文化小岛——基于雁中咀得天独厚的防水资源和武汉深厚渊源的水文化历史，我们将水文化引入设计，打造取水、收水、防水、尚水四大主题光区，构建多种形式的绿地、开放空间等，形成绿化景观系统，打造"千年湖无言，汤汤自成语"的城市印象。

Create a suitable slow central park—through the arrangement of the green way to achieve a series overall regional is suitable for the small scale space, slow traffic area only retain the original contact a foreign car trunk road, reduce the influence of rapid transit on overall regional environment. Create a fun, fun place to experience—make the area more attractive by setting up water-themed venues and outdoor entertainment facilities. Area set up such as observatory, interest square, ecological sand, modern science and technology exhibition hall, large-scale integrated hall and other rich variety of structures and public space, to strengthen the overall regional interest—based on building a culture of yt island goose water and wuhan tsui advantaged in the deep water culture history, we introduce the water culture design, make water, controlling water, waterproof, it is the big four subject area, build various kinds of green space, open space, and so on, form a system of greening landscape system, makes the idiom "the silent garden lake in one thousand" the city image.

规划理念

relationship between man water links planning, positioning and function
以人与水的关系为线索展现规划的用地功能

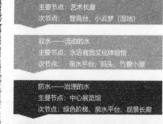

取水——原始的水
主要节点：艺术长廊
次节点：登高台、小云梦（湿地）

吸水——流动的水
主要节点：水运商贸文化体验馆
次节点：亲水平台、码头、竹寮小屋

防水——治理的水
主要节点：中心展览馆
次节点：绿色阶梯、亲水平台、观景长廊

尚水——和谐的水
主要节点：现代科技博物馆（水/电/光）
次节点：野钓台、阳光浴场、游泳净水池

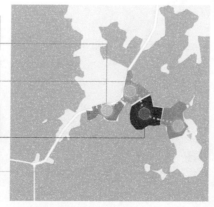

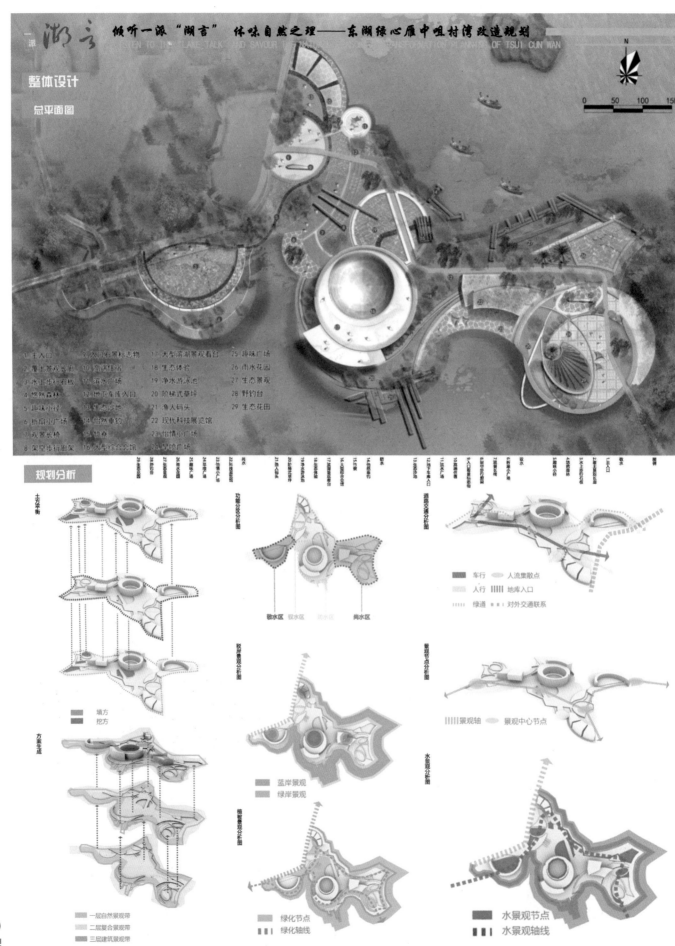

倾听一派"湖言" 体味自然之理——东湖绿心雁中咀村湾改造规划
LISTEN TO THE LAKE TALK AND SAVOUR ... TRANSFORMATION PLANNING OF TSUI CUN WAN

整体设计

总平面图

湖言 倾听一派"湖言" 体味自然之理——东湖绿心雁中咀村湾改造规划

LISTEN TO THE "LAKE TALK" AND SAVOUR THE NATURAL REASON——TRANSFORMATION PLANNING OF TSUI CUN WAN

一个适宜慢行的湖心公园

通过布置串联区域整体的绿道实现一个适合慢行交通小尺度空间，减少快速交通对区域整体环境影响。

一座体验丰富的趣味乐土

通过布置以水为主题的活动场所及室外娱乐设施使区域更具吸引力。区域内布置了诸如瞭望台、趣味广场、生态沙地、现代科技展览馆、大型综合会馆等丰富多样的构筑物及公共空间，加强了区域整体的趣味性。

一处水天一色的文化小岛

基于雁中咀得天独厚的水资源和武汉底蕴深厚的水文化历史，我们将水文化引入设计，打造敬水、驭水、防水、尚水四大主题片区，打造"千年湖无言 汤汤自成语"的城市印象。

局部透视图①

局部透视图③

局部透视图②

局部透视图⑤

局部透视图④

节点位置示意

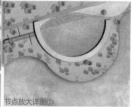

节点放大详图①

节点放大详图②

景观小品透视图

东西南北中
2017 全国城乡规划专业五校研究生设计课程*作品集*

湖言 倾听一派"湖言" 体味自然之理——东湖绿心雁中咀村湾改造规划
LISTEN TO THE "LAKE TALK" AND SAVOUR THE NATURAL REASON——TRANSFORMATION PLANNING OF TSUI CUN WAN

开放空间策略

空间要素

场所的营造
Placemaking

人体舒适
Human Comfort

道路识别性 Wayfinding

季节性植物策略
Seasonal Strategies

开放空间

开放空间是任何城市结构中一个重要的功能性元素，开放空间网络汇集了景观生态、水资源管理战略、体育活动项目，从而创造一个迷人的环境，以鼓励户外活动以及与周边城市结构整合一体的开放空间。自然精致的景观联系和生态系统相互叠合。

街道空间

活动点

更多的市民，更多的开放空间
More citizens, more open spaces

咨询点

小型商业

标志物

聚会点

媒体室

展示建筑

美丽的城市应有美丽的慢行街道空间
动态美可以是精彩难忘的
Dynamic beauty can be wonderful and unforgettable

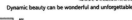

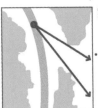

自行车存放处

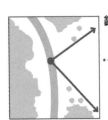

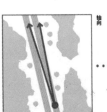

倾听一派"湖言" 体味自然之理——东湖绿心雁中咀村湾改造规划

LISTEN TO THE "LAKE TALK" AND SAVOUR THE NATURAL REASON——TRANSFORMATION PLANNING OF TSUI CUN WAN

生态景观策略

生态/能量/舒适

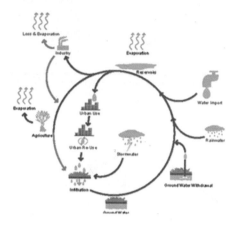

雨洪管理

生态/能量/舒适
夏天/冬天
在夏天,利用湿地进行自然水处理,并充分利用河道或水渠引导洪水,有改善局部气候的益处。滨水植被可以这样降温,减少地面所得热量。选用落叶树种,可以使地面在夏天受到保护,在冬天获得更多的太阳辐射。

Ecology/energy/comfort
Summer/winter
In summer, the use of wetlands for natural water treatment, and the full use of river channels or canals to guide floods, have the benefit of improving local climate. Shoreline vegetation can cool in this way, reducing the heat from the ground. The use of deciduous tree species can protect the ground in the summer, more solar radiation in the winter.

节能措施

节能措施
雨水收集、过滤、回收和节水

可持续发展利用创新的废水技术,结合雨水收集、过滤、回收和节水循环再利用体系,整合整个用地发展需求设计收集、过滤和再利用雨水和中水。规划需要结合坡度分级与排水和雨水收集系统,自然过滤的植栽注地植被以及一个系统来收集和清洁对环境最有害的暴雨排水径流。

Energy saving measures
Rainwater collection, filtration, recycling and water saving

The sustainable development of innovative wastewater treatment technology, combined with rainwater collection, filtering, recycling and saving water recycling system, and integration of the whole land development needs design rainwater collecting, filtering, and reuse and water.

Planning requires a combination of slope grading and drainage and stormwater collection systems, naturally filtered plant-planting lowland vegetation,and a system to collect and clean storm drainage runoff that is most harmful to the environment.

雨洪管理
The rain flood management

雁说新语
Goose Tells Pleasant Words
基于城市文化需求的生态村落营造

规划背景

随着生态文明建设纳入"五位一体"总布局的战略高度，保护与发展的双赢成为城市生态文化建设的发展趋势。"长江新城、长江主轴、东湖绿心"三者是"现代化、国际化、生态化"大武汉的具体体现。规划建设东湖城市生态绿心，传承楚风汉韵，打造世界级城中湖典范。东湖风景区内现有大量景中村，制订良好的景中村改造计划是东湖绿心发展的关键。

景中村　健康　科技
生态文明建设　Health Technology
WHO AM I?　生态 Ecolonogy
长江新城　城中湖　东湖绿心　文化　创意
Culture　Idea

场地区位

武汉　●　东湖　●　雁中咀

东湖位于武汉市武昌区东郊，雁中咀位于东湖风景区东北片，为临湖半岛，自然条件较好，基地西侧紧邻落雁路及东湖绿道郊野道。

发展需求分析

从三个不同的维度分析了东湖发展的诉求和发展的必要性，首先是国家生态文明的建设要求，其次是城市生态修复的试验田，最后是地区生态修复技术展示的节点。

国家发展需求

城市发展需求

基地发展需求

相关规划

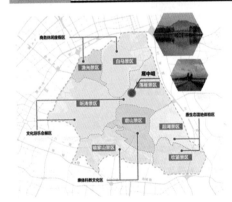

《武汉东湖风景名胜区旅游发展总体规划》
城市山水生态特色的风景旅游区
武汉市国际旅游精品的重要组成部分
湖北省著名的生态与文化观光休闲度假胜地

《武汉东湖落雁景区景中村项目策划》
一环——落雁绿道环
两轴——产业发展轴、文旅发展轴
三镇——楚天云梦小镇、楚韵水乡小镇、落雁文创小镇

《武汉东湖绿道系统规划》
规划形成"一心三带"的绿道网结构
主线——串联景区的主要路线
副线——结合景点设置，是主线的重要

现状分析

城中湖

合理规划景区范围，突出城中湖生态景点特色，强化凸现城中湖水域区的功能与作用，加强城中湖景区详细规划设计与景点修造，修建湖湖连通工程，加强水质环境监测与水资源保护。

景中村

引导景中村的理性扩张，保证景村空间进退和谐，优化基础设施，强化吸引力，达到景亦村、村亦景的和谐，深入挖掘村落原始的层次化公共空间，保证村落的交流空间的数量和质量。

雁 说 新 语
Goose Tells Pleasant Words

基于城市文化需求的生态村落营造

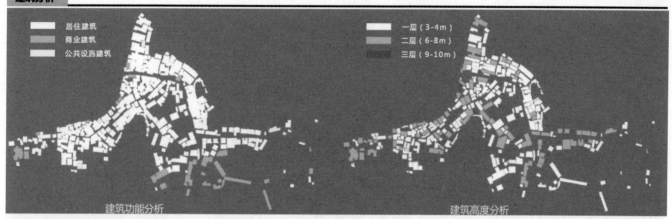

居住建筑
商业建筑
公共设施建筑

一层（3-4m）
二层（6-8m）
三层（9-10m）

建筑功能分析　　　　　　　建筑高度分析

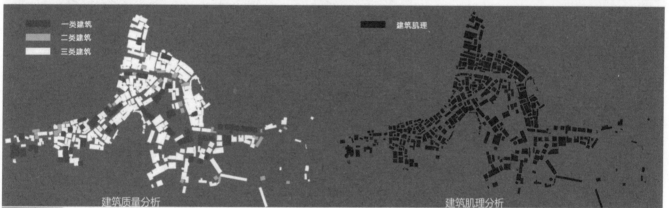

一类建筑
二类建筑
三类建筑

建筑肌理

建筑质量分析　　　　　　　建筑肌理分析

人群分析

东湖绿道断交于地块西南角使得地块与东湖的联系明显减少，同时也降低了地块的人群的吸引力，人们更希望有更好的地方和更有趣的场所。

当地有一些民办的艺术教育辅导机构，但是当地甚至整个武汉都没有一个较为集中和完善的艺术家工作坊，供艺术家们集中交流展示，供游客参观和鉴赏。

当地的居民认为周边的生态环境资源较为丰富，但是比较缺乏的是环境的综合治理，内部的道路部分损坏、垃圾没有集中处理的地方等。

大武汉还没有一个像样的艺术家工作坊。

东湖绿道好像到尽头了，前面如果再有个好玩的地方就好了。

这里的环境不是很好，希望可以改善一下。

雁说新语
Goose Tells Pleasant Words

基于城市文化需求的生态村落营造

需求分析

习近平总书记在十九大报告指出："我国社会主要矛盾已经转化为人民日益增长的美好生活需要和不平衡不充分的发展之间的矛盾。"

宏观需求

武汉需要城市文化创意产业崛起

中观需求

武汉市"设计之都"提出了新的诉求

微观需求

武汉需要城市文化创意产业崛起。

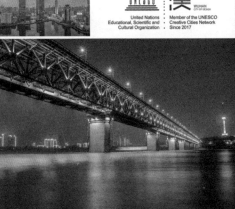

差异分析

在武汉四个创意产业园及创意街区中自然景观、城市空间与功能序列、建设条件与模式方面有着独一无二的条件。

差异分析

•••••••• 空间序列 •••••••• ━━━━━━━ 时间序列 •••••••••

历史中武汉的工艺制造业十分发达，早在春秋战国时期，楚国的青铜器冶炼技术为各诸侯国之标杆，且在建筑和工艺设计领域独领风骚。

近现代时期武汉凭借得天独厚的区位、自然优势成为中国的重要工业基地，拥有钢铁、汽车、造船、光电子、化工、冶金、纺织、造船制造、医药等完整的工业体系。

武汉在桥梁、高铁等工程设计领域居世界领先地位。马鞍山长江大桥获"乔治·理查德森奖"、中山大道街区复兴规划获得"规划卓越奖"、东湖绿道设计获联合国人居署"改善中国城市公共空间示范项目"。

雁说新语
Goose Tells Pleasant Words

基于城市文化需求的生态村落营造

发展方向

经济"新常态"

创新宏观调控思路和方式 → 协同推进"新四化" → 新型工业化 · 信息化 · 城镇化 · 农业现代化 → 形成新经济发展方式

发展创新驱动力（动力源泉） ⇄ 创新驱动发展（动力路径）

开放型经济发展新优势 ← 具体表现
现代产业发展新体系 ← 战略支撑
市场主体发展新活力 ← 基础条件

中国经济进入"新常态"，从要素驱动、投资驱动转向创新驱动，经济增长结构发生变化，生产结构中的农业和制造业比重明显下降，服务业比重明显上升，成为经济增长的主要动力。

文创产业

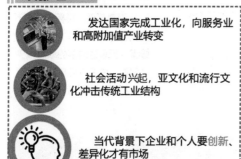

发达国家完成工业化，向服务业和高附加值产业转变

社会活动兴起，亚文化和流行文化冲击传统工业结构

当代背景下企业和个人要创新、差异化才有市场

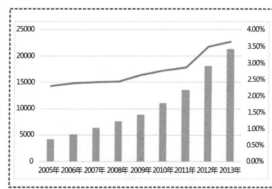

文化制造
文化批发零售
文化服务

2005－2014年中国文化创意产业规模年均复合增长率达到21.3%，2014年全国文化及相关产业增加值23,940亿元，比上年增长12.1%，比同期 GDP 增速高 3.9%；占 GDP 的比重为3.76%，比上年提高 0.13%。

文创"创造"了什么

文化创意产业主要包括广播影视、动漫、音像、传媒、视觉艺术、表演艺术、工艺与设计、雕塑、环境艺术、广告装潢、服装设计、软件和计算机服务等方面的创意群体。中国近几年文化艺术市场蓬勃、公共展演场地加大建设（如国家大剧院、798艺术区）等，除在既有制造业的优势下寻找出路外，也开始重视文化创意产业的发展。

出版

电影

文化休闲

网络文化

新闻

艺术

设计思路

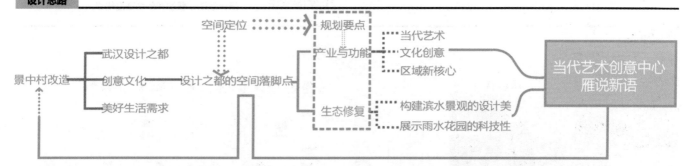

空间定位 ┈> 规划要点 ┈ 当代艺术
景中村改造 ┤ 武汉设计之都 / 创意文化 / 美好生活需求 → 设计之都的空间落脚点 → 产业与功能 ┈ 文化创意 · 区域新核心
生态修复 ┈ 构建滨水景观的设计美 · 展示雨水花园的科技性

当代艺术创意中心 雁说新语

设计说明：
该设计利用规划区区位优势以及新时代背景下人们生活的需求特点，结合武汉设计之都的概念，在风景秀美的东湖景区中形成武汉艺术设计的落脚点。设计分析需求、挖掘差异，通过对理念进行 求分析和差异化发展论证，确定以当代艺术为基调、创意设计为核心，结合生态修复理念对基地进行整体定位规划。根据城市需求与原生地居民安置以及新生动力导向，安排功能分区。形象定位则依托武汉设计之都的形象，在空间上为武汉的设计文化做补充，从实体空间上为武汉设计之都做支撑。

雁说新语
Goose Tells Pleasant Words
基于城市文化需求的生态村落营造

行动策略

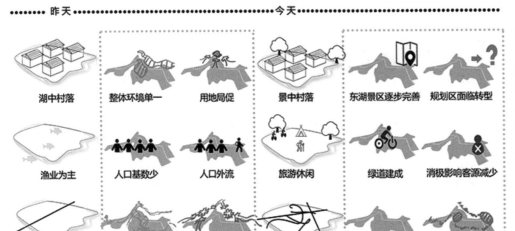

昨天———村庄的过去

作为一个湖中村落，其环境风貌较为单一，用地天然受限。村民以从事渔业为主，面临人口外流问题。用地以渔业用地为主，生产生活交叉。

今天———村庄的现状

东湖景区逐步完善的背景下，规划区面临转型。虽然建成绿道，但直达道路的取消减少了客源。生态本底破坏严重且缺少品质旅游项目。

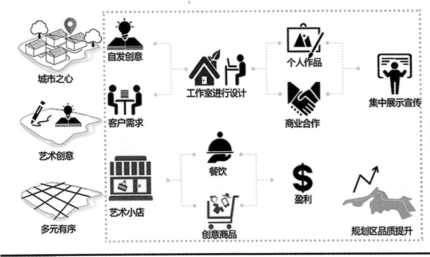

明天———村庄的未来

通过艺术创意植入，建设多元有序空间，打造城市艺术之心。内部多种活动类型，如工作室设计活动、餐饮和创意商品售卖。

产业策略

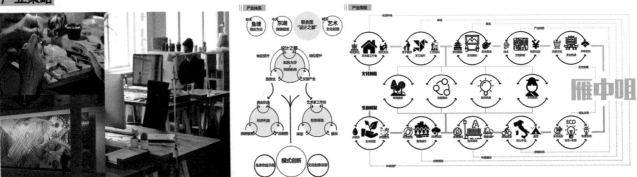

雁说新语
Goose Tells Pleasant Words
基于城市文化需求的生态村落营造

空间策略

设计理念

宏观层面

功能体相对独立　　路线激发活力　　产业链延伸、空间多元　　整体活力迸发

中观层面

平行功能　　　　引入业态、活力　　　功能边界的混合

微观层面

 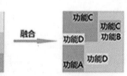

功能边界　　　　　功能混合　　　　　功能融合

设计理念上，宏观层面我们注重功能独立性，交通线路激发活力，多元化产业空间和整体的活力迸发；中观层面寻求功能的平行，通过引入新的业态，激发新的活力，达到功能与边界的混合；微观层面，我们通过具体的空间设计达到多样功能混合的目的。

建筑营造策略

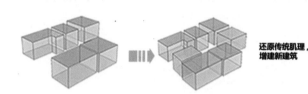

还原传统肌理，增建新建筑

拆除违规及质量较差建筑

沿街立面改造，体现艺术文化村落

功能置换，商业业态变化

功能植入，内部居住空间设施改造

公共空间营造策略

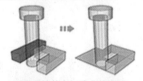 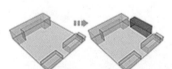

利用现状节点打造公共空间　　　新建建筑，置换空间功能

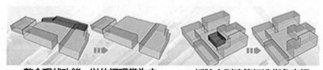 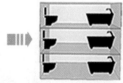

整合现状功能，以休闲观赏为主　　拆除个别建筑打造街角空间

建筑设计上，保留或还原原有自然激励，增加新建筑，拆除违规及低质量建筑。

在沿街立面上，通过风貌改造体现艺术文化村落的特征。

置换其中建筑功能，改变原有商业业态，改造内部居住空间。

利用现状节点打造公共空间，高效利用现有建筑空间，通过置换整合功能，拆除个别建筑，打造新的街角空间。

雁说新语
Goose Tells Pleasant Words

基于城市文化需求的生态村落营造

方案设计

设计说明：雁中咀景中村改造——当代艺术创意中心规划。平面规划分区分为北部的安置区、西部的艺术创意商业街区、中部的核心展示区以及东部的艺术家工作坊区；交通组织上采取人车分流，保留规划区原有的唯一的车行道，改造提升，作为进入规划区的主要通道，多样的人行道可以将来自绿道和北部的慢行人群引导入规划区，结合丰富的景观设计，形成良好的慢行空间。景观结构方面中部核心展示区作为规划区核心，在南部滨水和湖湾区设置三个节点，整体结构在慢行系统支持下进行连接。建筑布置则采用低密度、中体量建筑设计。

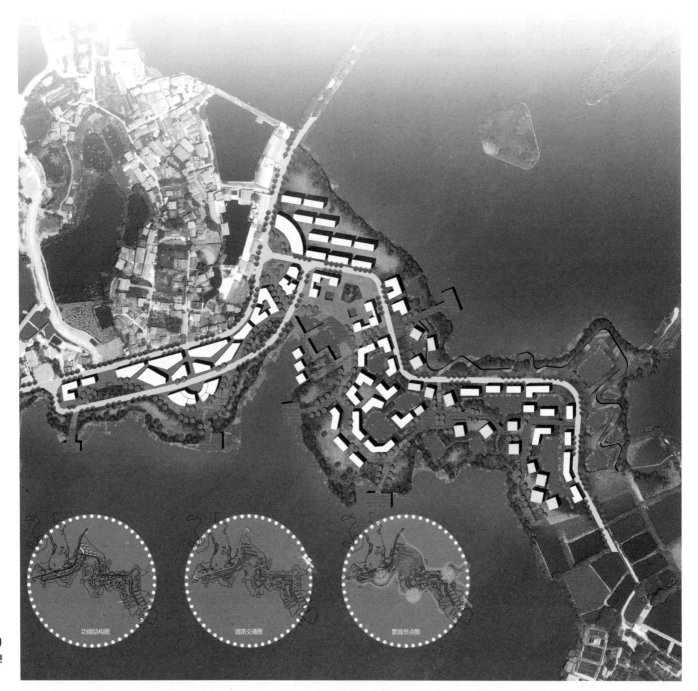

功能结构图　　　道路交通图　　　景观节点图

雁说新语
Goose Tells Pleasant Words
基于城市文化需求的生态村落营造

雨洪管理

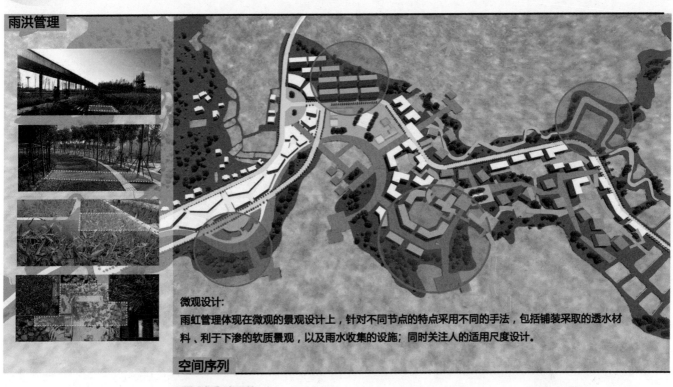

微观设计：
雨虹管理体现在微观的景观设计上，针对不同节点的特点采用不同的手法，包括铺装采取的透水材料、利于下渗的软质景观，以及雨水收集的设施；同时关注人的适用尺度设计。

空间序列

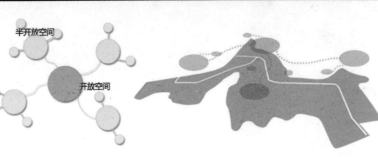

开放空间与半开放空间的序列节奏是规划区公共空间结构，其核心区与副核心逐层由开放向秘密转变。

半开放空间

开放空间

岸线整治

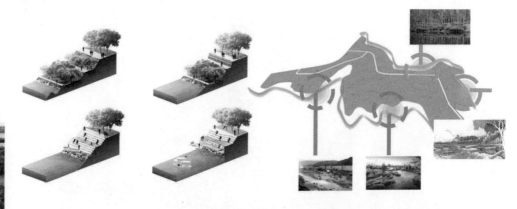

规划区南岸以人工驳岸为主，兼具游玩和景观功能；北岸则主要是生态修复，形成生态屏障。

雁说新语
Goose Tells Pleasant Words

基于城市文化需求的生态村落营造

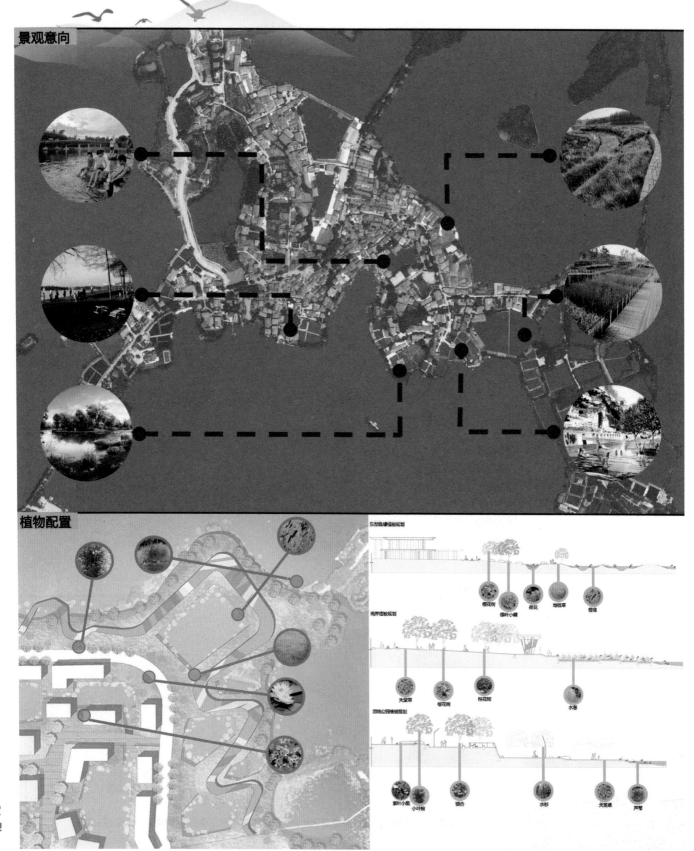

景观意向

植物配置

雁说新语
Goose Tells Pleasant Words
基于城市文化需求的生态村落营造

文化创意体验的旅游开发
Cultural creative experience tourism development

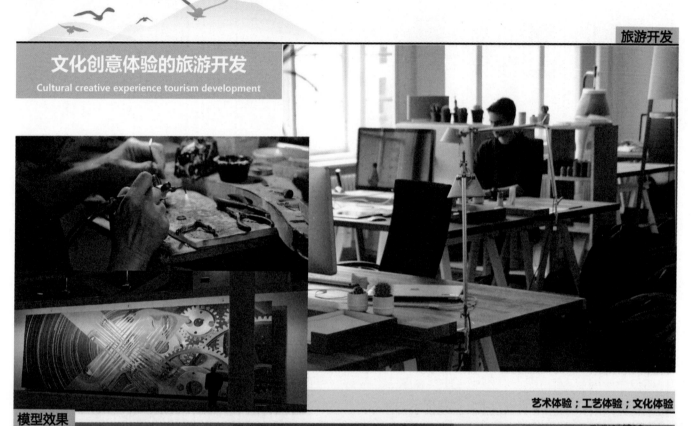

艺术体验；工艺体验；文化体验

模型效果

后记
EPILOGUE

本书记录和呈现的是来自我国东西南北中五所院校 2017 级研究生设计教学过程以及部分学生作品。累累硕果载满了苏州科技大学、西南交通大学、华侨大学、北京建筑大学、武汉大学师生的辛劳付出。

本次课程教学的选题、中期交流以及最后答辩都离不开社会各界的大力支持，感谢苏州规划设计研究院股份有限公司的虞林洪部长等高级规划师的参与和帮助；感谢江苏省城镇与乡村规划设计院赵毅副院长的参与和帮助；在本次教学过程中，深业集团姚虹总经理、江苏师范大学魏晨教授、苏州市吴中区城乡规划编制研究中心周德坤主任等社会各界人士参与了教学交流，在此一并感谢。

研究生设计课程的教学重在"研究"与"设计"的结合，本次课程设计成果的交流与展示搭建了一个城乡规划硕士研究生设计类课程的交流平台，相互学习，共同发展。感谢西南交通大学、华侨大学、北京建筑大学、武汉大学各位老师百忙之中在教学组织和筹备过程中的协助和支持，在此不一一道谢，期待明年再聚！感谢中国建筑工业出版社！

最后，感谢苏州科技大学建筑与城市规划学院杨新海、郑皓、秦虹、姜月茹等老师对本次联合教学的指导、帮助和支持。本书编写工作主要由于淼老师组织并统稿完成，苏科大 2017 级研究生董嘉维、郑奇洋和马晓婷协助，在此表示衷心感谢！

苏州科技大学建筑与城市规划学院城乡规划系
2018 级研究生规划设计课指导教师组
罗 超 于 淼 彭 锐 顿明明
2018 年 7 月